W0244867

Erfolgsgeheimnisse der Natur

Hermann Haken

Erfolgsgeheimnisse der Natur

Synergetik:
Die Lehre vom Zusammenwirken

Deutsche Verlags-Anstalt

CIP-Kurztitelaufnahme der Deutschen Bibliothek

Haken, Hermann:
Erfolgsgeheimnisse der Natur :
Synergetik, d. Lehre vom Zusammenwirken /
Hermann Haken. – 4., durchges. u. erg. Aufl. –
Stuttgart : Deutsche Verlags-Anstalt, 1986.
ISBN 3–421–02724–2

4. durchgesehene und ergänzte Auflage
© 1981 Deutsche Verlags-Anstalt GmbH, Stuttgart
Alle Rechte vorbehalten
Lektorat: Ursel Locke
Gesamtherstellung: Friedrich Pustet, Regensburg
Printed in Germany

Inhalt

5

Vorwort

Die Natur, insbesondere die Tier- und Pflanzenwelt, überrascht uns immer wieder durch die Fülle ihrer Formen und ihre feingegliederten Strukturen, in denen die einzelnen Teile höchst sinnvoll zusammenwirken. Frühere Generationen sahen diese Strukturen als gottgegeben an. Heute wendet sich das Interesse der Wissenschaft immer mehr der Frage zu, wie diese Strukturen entstehen und welche Kräfte dabei am Werke sind. Während es bis vor kurzem noch schien, als würde die selbständige Entstehung von Strukturen den Prinzipien der Physik widersprechen, stellt dieses Buch einen Wendepunkt des Denkens dar. Ausgangspunkt hierfür ist die Erkenntnis, daß auch in der unbelebten Materie neuartige, wohlgeordnete Strukturen aus dem Chaos herauswachsen und unter ständiger Energiezufuhr aufrechterhalten werden können. Das vorliegende Buch liefert hierfür höchst anschauliche Beispiele aus Physik und Chemie, wie z. B. die Ordnung im Laser, Bienenwabenmuster bei Flüssigkeiten oder chemische Spiralwellen. Wie wir bereits anhand dieser Beispiele sehen werden, liegen der Bildung von Strukturen allgemeingültige Gesetzmäßigkeiten zugrunde. Diese Einsicht ermöglicht es uns dann, uns mit noch schwierigeren Problemen zu befassen, etwa der Frage, wie die Musterbildung von Zellen in Tieren gesteuert wird, wie kollektive Verhaltensweisen von Firmen das Wirtschaftsgeschehen bestimmen können oder nach welchen Regeln sich eine öffentliche Meinung in der Gesellschaft bildet. Fast immer müssen bei diesen Vorgängen sehr viele Einzelteile in sinnvoller Weise zusammenwirken. Wir haben es, wie man auch sagt, mit komplexen Systemen zu tun. Solche Systeme lassen sich von verschiedenen Gesichtswinkeln aus betrachten: Man kann die Funktionsweise der einzelnen Teile untersuchen oder den Blick mehr auf das Ganze richten. Im ersteren Falle wird man wie bei einem Spiel von Regeln ausgehen, die die Einzelschritte der Teile bestimmen und damit schließlich ein »Muster« ergeben. Dies wird in eindrucksvoller Weise in dem Buch von Manfred Eigen und Ruthild Winkler »Das Spiel« (Piper 1975) dargestellt.

Den zweiten Weg geht die Synergetik, deutsch »Die Lehre vom Zusammenwirken«. Hier fragen wir zumeist nicht nach den einzelnen elementaren Regeln, sondern nach welchen allgemeinen Gesetzen sich Strukturen bilden. Obwohl jeder Vergleich hinkt, sei doch ein solcher gewagt. Es ist wie bei einem Schachspiel. Wir können dieses Spiel immer wieder spielen und dabei die Bewegungen der einzelnen Figuren verfolgen. Wir können aber auch fragen: Was läßt sich über den Endzustand bei einem Schachspiel aussagen? Dies ist im vorliegenden Fall natürlich allen geläufig. Entweder der weiße König wird geschlagen oder der schwarze König wird geschlagen oder es gibt ein Remis. Obgleich die einzelnen Schritte in ihrer Gesamtheit ungemein kompliziert sind, ist das Endergebnis in wenigen Worten darzustellen. Ähnliches geschieht bei den hier untersuchten Strukturbildungen: Wir fragen nach den sich schließlich ausbildenden globalen Mustern. Wir werden so erkennen, daß es allgemeine, übergeordnete Zwangsläufigkeiten gibt, die zu den neuen Strukturen, den neuen Mustern führen. Die im wissenschaftlichen Bereich gewonnenen Erkenntnisse über kollektives Verhalten weisen auch weit in unseren persönlichen Bereich, sei es im Wirtschafts- oder im Gesellschaftsleben, hinein. Dieses Buch gibt aber in diesem Bereich keine fertigen Lösungen. Es will vielmehr Denkanstöße geben und keine Patentrezepte für unser eigenes Verhalten. Wir werden sogar die These aufstellen und belegen, daß es manchmal gar nicht möglich ist, eindeutige Lösungen zu finden. Dies wirft zugleich ein neues Licht auf das Wesen von Konflikten und wie man mit ihnen fertig werden kann.

Das Gebiet der Synergetik befindet sich in einer stürmischen Entwicklung, was sich in der wachsenden Zahl internationaler Tagungen dokumentiert, wie auch darin, daß die VW-Stiftung die Synergetik im naturwissenschaftlich-technischen Bereich durch ein Schwerpunktprogramm fördert. Der Springer Verlag widmet ihr die Buchreihe »Springer Series in Synergetics«. Ziel dieses Buches soll es sein, dieses die Wissenschaftler faszinierende neue Gebiet auch dem interessierten Laien zugänglich zu machen.

Es wird in unserer Zeit oft von der »Bringschuld« der Wissenschaft gesprochen. Wie mir scheint, leben Gesellschaft und Wissenschaft in einer untrennbaren Symbiose. Die Gesellschaft ist für die Wissenschaft genauso lebensnotwendig wie umgekehrt. Daher erscheint jeder Brückenschlag zwischen diesen beiden wichtig. Die obengenannte Bringschuld abzutragen, fällt dem Wissenschaftler nicht leicht. Es fehlt meist nicht an gutem Willen, aber die Sprache der Wissenschaft – insbesondere wenn sie sich der Mathematik bedient – hat sich soweit von der Umgangssprache entfernt, daß eine Übersetzung sehr schwerfällt. Trotzdem möchte ich behaupten, daß ein Vorgang, ereigne er sich in den Naturwissenschaften oder z. B. in den Wirtschaftswissenschaften, in vielen Fällen erst dann von Wissenschaftlern völlig verstanden worden ist, wenn dieser Vorgang sich auch durch Worte der Umgangssprache ohne jede Formeln wiedergeben läßt. Gerade aus dem Zwang, sich dem Nichtfachmann verständlich machen zu müssen, erwachsen dem Wissenschaftler neue Einblicke in größere Zusammenhänge.

Ich hoffe, daß meine Darstellung dieses neuen Gebietes auch dem Einzelnen Anregungen und Hinweise gibt, wie er die Erfolgsgeheimnisse der Natur zu seinem Besten und zum Wohle der Menschheit verwenden kann.

Meiner Frau danke ich für die kritische Durchsicht des Manuskripts und wertvolle Verbesserungsvorschläge, Frau Ursula Funke für die rasche und perfekte Erstellung des Manuskripts. Ihr unermüdlicher Elan half mir sehr, das Buch zu einem guten Ende zu bringen.

Den Mitarbeitern der Deutschen Verlags-Anstalt, insbesondere Herrn Dr. Lebe und Frau Locke, danke ich für die gute Zusammenarbeit.

Stuttgart, im Frühjahr 1981 *Hermann Haken*

Vorwort zur 4. Auflage

Nachdem die erste Auflage dieses Buches bereits 1981 veröffentlicht wurde, erscheint es angebracht, dem Vorwort zu dieser ersten Auflage einige Bemerkungen über die weitere Entwicklung der Synergetik und auch über die Aktualität dieses Buches anzuschließen. Zum Buch selbst ist zu sagen, daß es inzwischen in englischer, italienischer und spanischer Übersetzung erschienen ist und eine japanische Übersetzung sich in Vorbereitung befindet.

Zu meiner großen Freude erhielten diese Ausgaben sowohl im Inland als auch im Ausland hervorragende Kritiken. Trotzdem erschien es mir angebracht, dieses Buch nochmals auf seine Aktualität hin zu überprüfen und auch neuere Entwicklungen der Synergetik zu betrachten. Wie sich dabei zeigte, hat die Weiterentwicklung der Synergetik die Ausführungen, die in dem Buch gemacht werden, nur bestätigt, so daß keine sachlichen Änderungen nötig sind. Hingegen wurden inzwischen eine Fülle weiterer Phänomene im Bereich der Physik, der Chemie und anderer Gebiete aufgefunden, die genau in den Rahmen der Synergetik passen. Des weiteren konnten neue Anwendungsgebiete für die Synergetik erschlossen werden, insbesondere in der Biologie und Medizin.

So gelang es, neue Vorstellungen über die Koordination von Muskeln und Gliedmaßen bei Bewegungsvorgängen zu entwickeln, die in beispielhafter Form neue Einblicke in dieses schwierige Gebiet der Physiologie geben. Interessante und wichtige Querverbindungen konnten auch zur Gruppendynamik und hier insbesondere zur Familientherapie hergestellt werden, um nur einige Beispiele zu nennen. Auf besondere Resonanz stieß das Buch im fernen Osten, in Indien, China und Japan. In der Tat kommt die Synergetik der fernöstlichen, ganzheitlichen Betrachtungsweise der Welt sehr entgegen. Interessante Beziehungen scheinen sich hier zur chinesischen Medizin anzubahnen, wie auch zum Yoga.

Am Schluß habe ich aber doch der Verlockung widerstanden, diese ganz neuen Bezüge in das vorliegende Buch aufzunehmen, da dies den Rahmen und den Umfang dieses Buches bei weitem gesprengt hätte. Vielleicht wäre dies aber ein Ausgangspunkt für einen neuen Band. Ich habe mich daher darauf beschränkt, einige kleinere Hinweise auf neuere Forschungsergebnisse, insbesondere beim Laserlichtchaos, zu geben.

Des weiteren habe ich einige neuere Literaturhinweise ganz am Schluß des Buches aufgenommen, um es dem interessierten Leser zu ermöglichen, auch in die Fachliteratur der neuesten Zeit einzudringen.

Stuttgart, im Sommer 1986   *Hermann Haken*

1. Kapitel

Einleitung und Übersicht

Warum Sie dieses Buch interessieren könnte

Unsere Welt besteht aus den verschiedenartigsten Dingen. Viele davon hat sich der Mensch selbst geschaffen: Häuser, Autos, Werkzeuge, Gemälde. Viele andere aber hat die Natur hervorgebracht. Für den Wissenschaftler wird diese Welt der Dinge zu einer Welt von Strukturen und Ordnungen, die strengen Gesetzmäßigkeiten unterworfen ist. Richten wir unsere Fernrohre in die unermeßlichen Weiten des Weltraums, so erblicken wir dort die Spiralnebel, von denen Abb. 1.1 ein Beispiel zeigt. Die Spiralarme, die dem Nebel seine Struktur, seine Gliederung verleihen, sind deutlich zu erkennen. In ihnen entstehen aus Gas immer wieder neue, hell leuchtende Sonnen in unvorstellbar großer Zahl. Unsere Erde und Sonne gehören selbst einem Spiralnebel an – der Milchstraße, die wir in klaren Nächten deutlich am Himmel wahrnehmen. In ihr ist unsere Sonne nur eine unter 100 Milliarden anderer – eine fast unvorstellbare Zahl. Der Planet Erde umkreist gemeinsam mit den anderen Planeten die Sonne auf Bahnen, die ehernen Gesetzen unterliegen.

Aber um Strukturen aufzufinden, brauchen wir gar nicht ins Weltall zu blicken. Unsere tägliche Umgebung liefert uns unzählige Beispiele. Eines hiervon sind Schneekristalle in ihrer Ebenmäßigkeit (Abb. 1.2). Die lebende Natur überrascht uns immer wieder durch die Fülle ihrer Formen, die oft ganz skurril sein können. Die Abb. 1.3 zeigt uns das vergrößerte Bild des Auges einer Tropenfliege, das auf einem Stiel sitzt, der aus dem Kopf herausragt. Die bienenwabenförmige Struktur des Auges besticht durch ihre Ebenmäßigkeit. Zugleich erscheint die ganze »Konstruktion« höchst sinnvoll, ermöglicht sie doch eine perfekte Rundumsicht. Oft auch entzücken uns Tiere und Pflanzen durch die Harmonie ihrer Gestalt, die uns in unglaublicher Vielfalt entgegentritt.

Abb. 1.1: Beispiel eines Spiralnebels.
Abb. 1.2: Schneekristall
Abb. 1.3: Augenstiel einer Tropenfliege (Diopsis thoracica). Auffällig ist u. a. die hexagonale Struktur.

In vielen Fällen erscheint uns der Aufbau der Lebewesen höchst zweckbestimmt, dann aber, wenn wir nur an die Blütenpracht denken, wieder verspielt und launenhaft.

Es sind aber nicht nur unbewegliche Strukturen, die wir voll Staunen bewundern. Auch Bewegungsabläufe in ihrer Ordnung erfreuen uns, wie etwa der Trab eines Pferdes oder die Anmut des Tanzes. Im menschlichen Zusammenleben finden wir auf noch höherer Ebene Strukturen. Die Gesellschaft ordnet sich in bestimmte Staatsformen, die ganz unterschiedlicher Natur sein können. Auch im rein geistigen Bereich treten uns Strukturen entgegen, so in der Sprache, in der Musik oder schließlich in der Welt der Wissenschaft. Wir stehen somit – angefangen von der unbelebten Natur über die belebte Natur bis hin zur geistigen Welt – immer wieder Strukturen gegenüber, und wir haben uns oft schon so an sie gewöhnt, daß uns das Wunder ihrer Existenz gar nicht mehr bewußt wird.

In früheren Zeiten betrachteten die Menschen Strukturen als gottgegeben, wie das z. B. in der Schöpfungsgeschichte des Alten Testaments deutlich wird. Auch in der Wissenschaft befaßte man sich lange nur mehr mit der Frage, wie Strukturen aufgebaut sind und nicht damit, wie sie entstehen. Erst in der neueren Zeit wendet sich das Interesse der Forschung immer mehr dieser letzteren Frage zu. Will man nicht jedesmal eine übernatürliche Macht zur Erklärung dieser Strukturen, d. h. jedesmal einen neuen Schöpfungsakt bemühen, so steht die Wissenschaft vor der Aufgabe zu erklären, wie Strukturen von allein gebildet werden oder, mit anderen Worten, wie diese sich selbst organisieren.

Das Streben nach dem einheitlichen Weltbild

Wenn wir uns angesichts der Fülle all dieser Strukturen fragen, wie sie entstanden sind, so ist dies auf den ersten Blick ein Unternehmen, dessen Ende nicht abzusehen ist. Nahm und nimmt schon die Aufschlüsselung der Strukturen die Zeit vieler Forschergenerationen in Anspruch, muß dann nicht erst recht die Enträtselung ihrer Entstehung noch viel mehr Arbeit und Mühe kosten? In der Tat, wäre die Bildung jeder einzelnen Struktur ganz speziellen Gesetzen unterworfen, die nur für diese Struktur gelten würden, so wäre es nicht damit getan ein Buch zu schreiben, man müßte das Wissen in einer ganzen unübersehbaren Bibliothek niederlegen.

Hier springt uns nun eine Idee an, die sich wie ein roter Faden durch die Wissenschaft zieht. Dem Sammeln von Tatsachenmaterial steht nämlich der Wunsch gegenüber, ein einheitliches Weltbild, eine einheitliche Weltschau zu entwickeln. Besonders in den Naturwissenschaften, in der Physik, der Chemie und der Biologie, aber auch in der Philosophie, sind uns diese Bemühungen bekannt. Die Suche nach Fundamentalgesetzen der Physik ist uns allen geläufig. Mit Isaac Newtons (1642–1727) Bewegungsgesetzen und seinem Gesetz von der Schwerkraft verstehen wir die Bewegung der Planeten um die Sonne, eine Bewegung, die im Altertum aus keiner einheitlichen Wurzel heraus verstanden werden konnte. Durch James Clark Maxwell (1831–1879) wurde es uns möglich zu erkennen, daß Licht nichts anderes als eine elektromagnetische Schwingung ist, genauso wie eine Radiowelle. Albert Einstein (1879–1955) gelang die Verknüpfung der Schwerkraft mit Raum und Zeit. In der Chemie brachte Dimitrij I. Mendelejew (1834–1907) als erster Ordnung in die Fülle chemischer Substanzen, indem er das periodische System der Elemente aufstellte. Die moderne Atomphysik konnte dieses System auf Grundgesetze des Atomaufbaus zurückführen. In der Biologie zeigten die Mendelschen Gesetze wie die Vererbung von Merkmalen verläuft, z. B. wenn verschiedenfarbige Blumen gekreuzt werden. In unserer Zeit war es die Entdeckung der chemischen Grundlage der Vererbung in Form biochemischer Riesenmoleküle, der sogenannten DNS (Desoxyribonukleinsäure).

Wie diese Beispiele, die noch um viele Dutzende vermehrt werden könnten, zeigen, lassen sich immer wieder einheitliche Grundgesetze für das Naturgeschehen auffinden.

Während auf der einen Seite die verschiedenartigsten Erscheinungen auf wenige Grundgesetze zurückgeführt werden können, schafft die Forschung immer neues Tatsachenmaterial von noch komplizierteren Erscheinungen heran, und wir sind oft nahe daran, von der Fülle dieses Materials erdrückt zu werden. In der Wissenschaft findet so ein ständiger Wettlauf zwischen der Flut neuer Tatsachen und ihrem Einordnen, ihrem Verstehen, ihrer Erfassung durch allgemeine Gesetze statt.

Zerlegen oder Aufbauen

Welche Möglichkeiten haben wir überhaupt, Strukturen oder Vorgänge in ihnen zu verstehen? Ein beliebtes und oft auch erfolgreiches Vorgehen ist hierbei, Untersuchungsobjekte in immer kleinere Einzelteile zu zerlegen. So zerlegt der Physiker den Kristall in seine einzelnen Bestandteile, die Atome (wir werden auf Kristalle noch in Kapitel 3 näher zu sprechen kommen), oder er zerlegt die Atome in noch weitere kleinere Teilchen, die Atomkerne und die Elektronen. Ein wichtiger Zweig moderner physikalischer Forschung befaßt sich mit noch »elementareren« Teilchen, den Quarks und den Gluonen, die aber beide vielleicht immer noch nicht die letzten elementarsten Bausteine der Materie sind. Der Biologe präpariert Zellen aus den Geweben heraus und zerlegt auch diese wieder in die einzelnen Bestandteile, wie etwa Zellmembranen oder den Zellkern, bis hin zu deren Bestandteilen in Form von Biomolekülen selbst. Diese Beispiele ließen sich durch unzählige weitere aus den verschiedensten Wissenschaftsbereichen ergänzen. Ja, auch die Wissenschaft selbst erscheint uns bereits in ihre einzelnen Zweige, Mathematik, Physik, Chemie, bis hin zu Soziologie und Psychologie zerlegt.

Bei dieser Methode kann es allerdings dem Forscher ganz ähnlich ergehen wie dem kleinen Jungen, der ein Spielzeugauto geschenkt bekommen hat. Sehr bald möchte der Junge verstehen, warum das Spielzeugauto läuft, und er zerlegt es dazu in seine Einzelteile, was ihm im allgemeinen nicht allzu schwerfällt. Häufig sitzt er am Schluß weinend vor den Einzelteilen, weil er nun noch immer nicht verstanden hat, warum das Auto lief und er auch gar nicht in der Lage ist, die Einzelteile zu einem sinnvollen Ganzen zusammenzufügen. Er erfährt so früh die Bedeutung des Satzes, daß das Ganze mehr als die Summe seiner Teile ist, oder, wie Goethe es ausdrückte: »Die Teile hab ich nun in meiner Hand, fehlt leider noch das geistige Band.« Auf die verschiedensten Wissenschaften übertragen heißt dies: Selbst wenn wir Strukturen in ihrem Aufbau erkannt haben, so müssen wir erst noch verstehen, wie die Einzelbestandteile zusammenwirken. Wie wir noch sehen werden, ist damit die Frage eng verknüpft, wie Strukturen entstehen. An dieser Problematik setzt nun die Synergetik ein. Das Wort *Synergetik* stammt aus dem Griechischen, wie das oft bei wissenschaftlichen Begriffen der Fall ist, und bedeutet soviel wie »Lehre vom Zusammenwirken«. Wir wollen uns mit ihr fragen, ob es nicht trotz der Fülle verschiedenartigster Strukturen, die in der Natur auftreten, möglich ist, einheitliche Grundgesetze aufzufinden, aus denen heraus wir verstehen können, wie Strukturen zustande kommen. Das klingt natürlich sehr unanschaulich, sehr abstrakt. Ich will auch nicht verschweigen, daß die genaue Antwort nur in einer mathematischen Theorie selbst zu finden ist und von mir für weite Bereiche gefunden wurde. Andererseits ermöglicht uns aber gerade die Fülle der verschiedenen Beispiele, die wir zur Verfügung haben, die Grundvorgänge ganz anschaulich darzustellen. Hierbei können wir auf einfache Beispiele, etwa aus der Mechanik, zurückgreifen. Dies bedeutet natürlich nicht, daß ich hier ein mechanistisches Weltbild entwerfen will. Aber auch unsere Sprache entlehnt viele Begriffe der Mechanik. Denken wir etwa an das Wort »Gleichgewicht«. Im ursprünglichen Sinne steht hier das Bild einer Waage vor uns, auf der zwei gleich schwere Gewichte liegen. Die Waage bewegt sich nicht, sie ist im Gleichgewicht. Wenn wir hingegen vom seelischen Gleichgewicht sprechen, so würde kein Mensch auf die Idee kommen, zu behaupten, daß wir das Seelenleben plötzlich mechanistisch gedeutet hätten. Der Leser wird gut daran tun, sich bei der Lektüre dieses Buches immer wieder an dieses Beispiel zu erinnern. Wir wollen uns nämlich nicht nur mit dem Zustandekommen von Strukturen in der materiellen Welt befassen, sondern auch mit denen in der ideellen Welt, wie etwa Wirtschaftsvorgängen oder kulturellen Entwicklungen.

Widersprechen biologische Strukturen
grundlegenden Naturgesetzen?

Die Physik nimmt für sich in Anspruch, die grundlegende Naturwissenschaft schlechthin zu sein. Sie befaßt sich mit der Materie, und nachdem alles aus Materie aufgebaut ist, muß auch alles Materielle den Gesetzen der Physik genügen. Diese Überzeugung war – etwa bei den Biologen – keineswegs immer vorhanden. Die Vitalisten vertraten ja gerade die Ansicht, daß den Lebewesen noch eine eigene, ganz spezifische Lebenskraft innewohne. Nachdem es prinzipiell gelungen war, die Vorgänge in der Chemie auf solche der Physik zurückzuführen (man denke nur an die chemische Bindung oder den Atomaufbau), zweifelt heute kaum jemand daran, daß es im Prinzip möglich sein sollte, auch die Vorgänge in der Biologie auf solche der Physik zurückzuführen. Übrigens haben wir uns bei dieser Feststellung ein Hintertürchen offengelassen mit dem Wort »im Prinzip«. Wir werden später noch sehen, daß sich dahinter ein ganzer Komplex von Fragen verbirgt.
Bleiben wir bei der – an sich viel zu naiven – Feststellung, daß auch in der Biologie die physikalischen Gesetze gültig sind. Wenn man aber die These, daß die Biologie auf die Physik zurückführbar sei, ernst nahm, so verwickelte man sich noch vor wenigen Jahren sehr schnell in einen Widerspruch. Hätte man nämlich damals einen Physiker gefragt, ob die

Entstehung des Lebens mit den Grundgesetzen der Physik im Einklang sei, so hätte er ehrlicherweise mit einem Nein antworten müssen. Woher kam dies? Nach den Grundgesetzen der Physik, genauer nach denen der Wärmelehre, müßte nämlich die Unordnung in der Welt immer mehr zunehmen. Alle geregelten Funktionsabläufe müßten aufhören, alle Ordnungen zerfallen.

Der einzige Ausweg, den viele, vor allem auch maßgebende Physiker, in dieser Lage sahen, war, die Entstehung von Ordnungszuständen in der Natur als eine riesige Schwankungserscheinung zu betrachten, die nach den Regeln der Wahrscheinlichkeitstheorie überdies beliebig unwahrscheinlich sein sollte. Eine wahrhaft absurde Idee, aber wie es schien, im Rahmen der sogenannten statistischen Physik die einzig akzeptable.

Warum die Physiker glaubten, daß die Unordnung immer mehr anwachsen müßte, wollen wir in Kapitel 2 erläutern. Wir werden sehen, daß die Physik eine erste Hintertür für die Bildung von Strukturen (z. B. für die Kristalle) offen läßt. Aber dies sind, wie wir sehen werden, tote Strukturen. Sie haben nichts mit Lebensvorgängen zu tun. War die Physik damit in eine Sackgasse geraten, indem sie behauptete, biologische Vorgänge beruhten auf physikalischen Gesetzen, aber die Entstehung des Lebens selbst würde den Grundgesetzen der Physik widersprechen? Ein glücklicher Zufall half uns, aus diesem Teufelskreis herauszukommen. Wir fanden nämlich heraus, daß die Physik uns selbst ein schönes Modellbeispiel für Vorgänge lieferte, in denen eine gewisse Art lebendiger Ordnung entsteht, die aber streng den Gesetzen der Physik gehorcht, ja erst durch diese möglich wird. Es handelt sich hier um den Laser, eine inzwischen sehr bekanntgewordene neuartige Lichtquelle. Wir werden an diesem Beispiel sehen, daß sich auch unbelebte Materie selbst organisieren kann, um sinnvoll erscheinende Vorgänge hervorzubringen. Hierbei werden wir auf ganz merkwürdige Gesetzmäßigkeiten stoßen, die sich wie ein roter Faden durch alle Erscheinungen der Selbstorganisation hindurchziehen (Abb. 1.4). Wir werden erkennen, daß sich die einzelnen Teile wie von einer unsichtbaren Hand getrieben anordnen, andererseits aber die Einzelsysteme durch ihr Zusammenwirken diese unsichtbare Hand erst wieder schaffen. Diese unsichtbare Hand, die alles ordnet, wollen wir den »Ordner« nennen. Wieder scheinen wir uns in einem Teufelskreis zu befinden.

Der Ordner wird durch das Zusammenwirken der einzelnen Teile geschaffen, umgekehrt regiert der Ordner das Verhalten der Einzelteile. Es ist wie bei dem alten Problem: Was war zuerst da, Ei oder Henne (vom Hahn redet keiner).

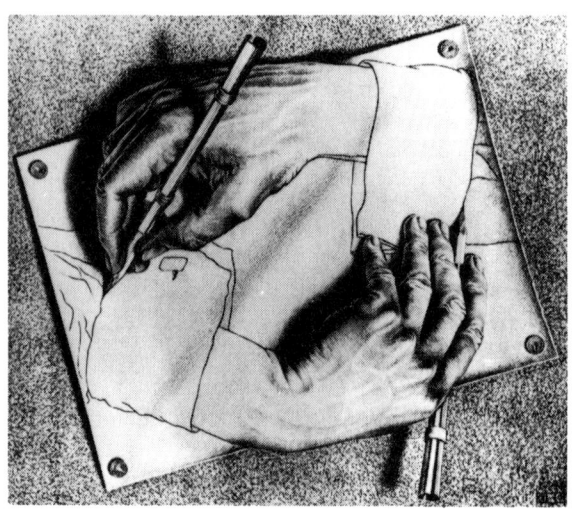

Abb. 1.4: Dieses von Escher stammende Bild zweier Hände, die sich gegenseitig zeichnen, verdeutlicht die Problematik der Selbstorganisation: Der Ordner (die eine Hand) bedingt das Verhalten der Einzelteile (die andere Hand) und wird umgekehrt in seinem Verhalten wieder durch das Verhalten der Einzelteile bestimmt.

Um mit den Worten der Synergetik zu sprechen, versklavt der Ordner die einzelnen Teile. Der Ordner ist wie ein Puppenspieler, der die Marionetten tanzen läßt, bei dem aber die Marionetten selbst wieder auf den Puppenspieler einwirken, ihn steuern. Wie wir sehen werden, spielt das Versklavungsprinzip eine zentrale Rolle in der Synergetik. Wir wollen aber schon hier darauf hinweisen, daß dies völlig wertfrei zu verstehen ist. Es bringt eine bestimmte Folgebeziehung zum Ausdruck, hat aber nichts mit Versklavung im ethischen Sinne zu tun. So werden z. B. die Angehörigen eines Volkes von dessen Sprache versklavt.

Als ich weitere Erscheinungen zunächst in der Physik, dann aber auch in der Chemie und schließlich in der Biologie unter dem Blickwinkel von Ordner und Versklavung untersuchte, stieß ich immer wieder auf die gleiche Erscheinung. Die Vorgänge der Strukturbildung laufen irgendwie zwangsläufig in bestimmter Richtung, aber keineswegs so, wie es die Wärmelehre voraussagte, keineswegs eben in eine immer größer werdende Unordnung. Ganz im Gegenteil werden auch noch ungeordnete Teilsysteme in den bestehenden Ordnungszustand hineingezogen und in ihrem Verhalten von ihm versklavt.

Diese Zwangsläufigkeit der Entstehung von Ordnung aus dem Chaos ist, wie wir noch sehen werden, weitgehend unabhängig vom materiellen Substrat, auf dem sich die Vorgänge abspielen. Ein Laser kann sich in diesem Sinne ganz genauso wie eine Wolkenformation oder eine Zellansammlung verhalten. Offensichtlich haben wir es mit einem einheitlichen Phänomen zu tun. Das legt uns nahe, daß derartige Gesetzmäßigkeiten auch im nichtmateriellen Bereich anzutreffen sind.

Hierzu gehört z. B. in der Soziologie das Verhalten ganzer Gruppen, die sich plötzlich einer neuartigen Idee zu unterwerfen scheinen, etwa der Mode, oder geistigen Strömungen der Kultur, einer neuen Richtung in der Malkunst oder einer neuen Stilrichtung in der Literatur.

Wie wir zugleich erkennen werden, öffnen uns diese Gesetzmäßigkeiten einen Zugang zu Erfolgsgeheimnissen der Natur. Wie gelingt es ihr zum Beispiel, in der belebten Welt immer kompliziertere Arten hervorzubringen? Wie gelingt es einigen Arten, sich immer mehr durchzusetzen und andere zu verdrängen? Wie ist es andererseits möglich, daß trotz härtesten Wettbewerbs Arten miteinander leben können, ja durch ihre Existenz erst sich gegenseitig stabilisieren? In diesem Sinne erscheinen Phänomene, die früher als vereinzelt angesehen wurden, in der neuen Sicht als Beispiele einer einheitlichen Gesetzmäßigkeit. Früher Rätselhaftes, ja sogar Widersprüchliches wird plötzlich klar. Wir werden erkennen, daß es das kollektive Verhalten vieler einzelner Individuen, seien es Atome, Moleküle, Zellen, Tiere oder Menschen, ist, die durch Konkurrenz einerseits, Kooperation andererseits ihr eigenes Schicksal indirekt bestimmen. Dabei werden sie oft aber mehr geschoben, als daß sie selbst schieben.

In diesem Sinne kann die Synergetik als eine Wissenschaft vom geordneten, selbstorganisierten, kollektiven Verhalten angesehen werden, wobei dieses Verhalten allgemeinen Gesetzen unterliegt. Wenn eine Wissenschaft Aussagen von großer Allgemeingültigkeit macht, so hat dies sogleich auch einige wichtige Konsequenzen. Die Synergetik erstreckt sich auf ganz verschiedene Disziplinen, wie etwa Physik, Chemie, Biologie, aber auch Soziologie und Ökonomie. Aus diesem Grund werden wir erwarten, daß die von der Synergetik beschriebenen und entdeckten Gesetzmäßigkeiten mehr oder minder verborgen in verschiedenen Disziplinen schon vertreten sind. Wir werden so erkennen, wie ganz im Sinne der Synergetik aus vielen Einzeltatsachen ein neues Bild, ähnlich wie beim Puzzle, entsteht.

Eine zweite Konsequenz dürfen wir jedoch auch nicht übersehen. Wir haben in der Wissenschaft immer wieder gelernt, daß es voreilig ist,

Gesetze als ganz allgemeingültig zu betrachten. Immer wieder mußten wir erleben, wie Naturgesetze zwar in bestimmten Bereichen als richtig erkannt und nachgewiesen wurden, aber dann in noch weiterem Rahmen nur eine gewisse Näherung sein konnten oder ihre Bedeutung ganz verloren. So ist etwa die Newtonsche Mechanik nur eine Annäherung an die Mechanik der Relativitätstheorie Einsteins. Die klassische Mechanik, die die Bewegung makroskopischer Körper beschreibt, mußte in der mikroskopischen Welt der Atome durch die Quantenmechanik ersetzt werden. In diesem Sinne weist die Synergetik über die Wärmelehre, die Thermodynamik, hinaus, sie hat einen wesentlich breiteren Anwendungsbereich. Andererseits wird die Synergetik selbst wieder Einschränkungen unterworfen sein. Wenn wir diese erläutern wollen, müssen wir unterscheiden zwischen dem, was die Synergetik bezweckt und dem, was sie bisher erreicht hat. Aufgabe der Synergetik ist es, die Gesetzmäßigkeiten herauszufinden, die der Selbstorganisation von Systemen in den verschiedensten Wissenschaftsbereichen zugrunde liegen. Es gelang ihr, derartige allgemeine Gesetzmäßigkeiten gerade für die interessantesten Fälle aufzufinden, in denen nämlich Strukturen neu entstehen oder sich die makroskopischen Zustände von Systemen drastisch ändern. Aber was sind makroskopische Zustände und was heißt drastisch? Statt langer Erläuterungen können Beispiele die Begriffe besser erklären. Diese werde ich im vorliegenden Buch in großer Zahl vorführen. Ich hoffe, daß der Leser so schrittweise in die Fragestellungen der Synergetik einerseits und deren Ergebnisse andererseits eingeführt wird.

Alle Lebensvorgänge, angefangen von denen einer Zelle bis hin zum Zusammenleben von Menschheit und Natur, sind stets äußerst ineinander verzahnt, alle Teile greifen direkt oder auf Umwegen ineinander. Wir haben es also immer mit sehr verwickelten, d. h. komplexen Systemen zu tun. Die wachsende Bevölkerungsdichte und die fortschreitende Technologie bringen es mit sich, daß die Komplexität unserer Welt immer mehr zunimmt. Zugleich wächst für uns alle die Aufgabe, das Verhalten komplexer Systeme zu verstehen. Hier gibt die Synergetik grundsätzliche neue Einblicke, wie sich im vorliegenden Buch immer wieder zeigen wird. Ein komplexes System ist wie ein umfangreiches Buch. Um es wirklich zu kennen, seinen Inhalt völlig zu erfassen, müßte man es ganz lesen. Was aber tun, wenn einem hierzu die Zeit fehlt? Wir können dann in verschiedener Weise vorgehen, etwa indem wir stichprobenartig lesen. Oder aber, jemand stellt uns eine kurze Inhaltsangabe zur Verfügung. Derartige Inhaltsangaben können nach ganz verschiedenen Gesichtspunkten ausgewählt worden sein. Der eine sieht die Liebesaffäre in dem Buch als das Wichtigste an, ein anderer vielleicht das dort geschilderte soziale Milieu. Schließlich läßt sich ein Buch meist auch durch einen oder mehrere Begriffe kennzeichnen, etwa »historischer Roman«, »Sachbuch«, »Krimi« usw.

Auch andere Charakterisierungen sind von Interesse, wie Ladenhüter oder Bestseller. Da unser menschliches Gehirn (selbst die Gehirne aller Wissenschaftler zusammen) nur einen beschränkten Informationsgehalt aufnehmen kann, müssen wir bei komplexen Systemen wie bei einem zu langen Buch verfahren; wir müssen nach verkürzten, für unsere Zwecke wichtigen, d. h. nach den relevanten Informationen suchen.

Aber selbst wenn wir alle Daten sammeln könnten, so trübt dies zuweilen unser Urteilsvermögen mehr, als daß es ihm nützt. Wir sehen den Wald vor lauter Bäumen nicht mehr. Kaum ein anderes Sprichwort könnte besser die Problematik komplexer Systeme beleuchten. Wir dürfen nicht an unwichtigen Details hängenbleiben. Wir müssen lernen, den Gesamtzusammenhang zu sehen und zu begreifen. Wir müssen die »Komplexität reduzieren«.

Wie nun die Synergetik zeigt, wird uns bei komplexen Systemen die »relevante Information«, der Gesamtzusammenhang, durch die Ordner geliefert, die gerade dann besonders deutlich in Erscheinung treten, wenn sich das makroskopische Verhalten der Systeme ändert. Im allgemeinen sind diese Ordner die langlebigen Größen, die die kurzlebigen versklaven. Wir werden hierfür zahlreiche Beispiele kennenlernen.

Wenn dort, wo Ordnung aus dem Chaos entsteht oder eine Ordnung in eine neue übergeht, so allgemeine Gesetzmäßigkeiten gelten, dann muß diesen Vorgängen zugleich ein bestimmter Automatismus anhaften. Wenn wir diese Gesetzmäßigkeiten auch im wirtschaftlichen, soziologischen oder politischen Bereich zu erkennen lernen, wird es uns leichter, mit Schwierigkeiten des Lebens fertig zu werden. Wir erkennen z. B., daß eine gegen uns gerichtete Haltung anderer nicht auf einer Verschwörung gegen uns beruht, sondern die anderen Menschen aufgrund bestimmter kollektiver Verhaltensweisen so handeln, ja sogar so handeln müssen. Die Kenntnis dieser Automatismen mag sogar dafür sorgen, daß diese für uns arbeiten. Ähnlich wie wir mit Hilfe des Hebelgesetzes mit geringer Kraft größte Lasten heben können, so lassen sich durch Anwendung synergetischer Gesetze mit kleinem Aufwand große Wirkungen erzielen. In diesem Sinne können wir so die »Erfolgsgeheimnisse der Natur« für uns selbst nutzbar machen.

Immer wieder werden wir sehen, daß die belebte Welt sich erst dadurch so weit entwickeln konnte oder auch soweit entwickeln *mußte*, daß sie nicht aus dem vollen schöpfen konnte. Sie lebt aus begrenzten Ressourcen, begrenzten Quellen. Sie kann ihre Vorgänge nur in begrenzten Zeiten abspielen lassen, ganz ähnlich, wie es uns immer wieder selbst im Leben ergeht. Aber gerade diese äußeren Einschränkungen trieben in der Natur die Entwicklung voran, führten zu immer neuen Arten von Lebewesen. Ich halte es nicht für zufällig, daß die Technik, die Zivilisation sich gerade in den Ländern, in denen kein ewiger Sommer herrscht, sondern auch beißende Kälte, am weitesten fortentwickelte.

Wenn wir in dieses neue Gebiet der Synergetik eindringen wollen, so liegt es nahe, von einfachen Vorgängen zu immer schwierigeren fortzuschreiten. Daher wollen wir mit Beispielen aus Physik und Chemie beginnen, um uns dann Fragen der Wirtschaftswissenschaften, der Soziologie und der Wissenschaftskunde zuzuwenden. Die Methode, Erfahrungen, die an einfachen Beispielen gewonnen wurden, auf schwierigere zu übertragen, ist nicht neu. In der Soziologie und den Wirtschaftswissenschaften wurden z. B. Modelle entwickelt, die an denen der Physik orientiert waren und ausgiebig vom physikalischen Begriff der »Entropie«, der ein Maß für die Unordnung darstellt, Gebrauch machen.

Mit den neuen, zunächst bei der Physik gewonnenen Erkenntnissen setzt sich aber bereits jetzt ein neues Denken auch in anderen Wissenschaftszweigen durch. Während früher die Struktur einer Gesellschaft als statisch ruhend, sich im Gleichgewicht befindend angesehen wurde, hat sich unser Blickwinkel völlig verschoben. Strukturen entstehen, vergehen, konkurrieren, kooperieren oder fügen sich zu größeren Strukturen zusammen. Wir sind an einer Wende des Denkens angekommen, an der wir von der Statik zur Dynamik übergehen.

Bevor wir an all diese Fragen herangehen, müssen wir uns zunächst mit dem Grundeinwand der Physik gegenüber Strukturbildungen auseinandersetzen: dem Prinzip der immer mehr wachsenden Unordnung.

2. Kapitel

Wächst die Unordnung immer mehr an?
Der Wärmetod der Welt

Die Einbahnstraße der Natur

Es ist ein Vorzug der Physik, daß sie die Vorgänge in der Natur unter genau festgelegten Versuchsbedingungen ablaufen läßt. Indem die Physik feststellt, daß die Vorgänge immer wieder gleichartig ablaufen, ist sie in der Lage, allgemeingültige Naturgesetze zu formulieren. Einige solcher Gesetze können wir schon im täglichen Leben erkennen. Erhitzen wir eine Eisenstange an einem Ende, so gleicht sich nach einiger Zeit die Temperatur in der Eisenstange aus, und sie hat schließlich überall die gleiche Temperatur (Abb. 2.1). Der umgekehrte Vorgang, d. h. daß eine Eisenstange von sich aus plötzlich an einem Ende heiß und am anderen Ende kalt wird, wird nie beobachtet. Bringen wir zwei Gefäße, von denen das eine mit Gas gefüllt und das andere leer ist, zusammen und ziehen die Trennwand heraus, so strömt das Gas zischend in das

heiß   kalt   warm

Abb. 2.1: Die Temperatur in einer einseitig erwärmten Eisenstange gleicht sich aus. Es entsteht eine mittelwarme Eisenstange.

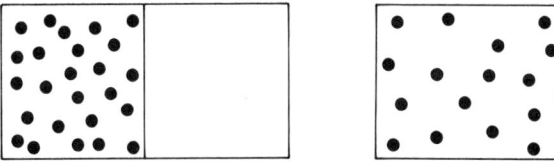

Abb. 2.2: Wird zwischen den beiden Gefäßen der Abbildung links die Trennwand herausgezogen, so füllen die Gasatome gleichmäßig beide Gefäße.

zweite Gefäß, bis schließlich das Gas beide Gefäße gleichmäßig erfüllt (Abb. 2.2). Der umgekehrte Vorgang, daß in einem mit Gas gefüllten Gefäß die Gasmoleküle sich plötzlich in einer Hälfte versammeln, wird dagegen ebenfalls nie beobachtet.

Fahren wir mit dem Auto und bremsen, so kommt das Auto schließlich zum Stehen, wobei sich die Bremsen und eventuell auch die Reifen erhitzen. Durch das Erwärmen von Bremsen und Reifen ist hingegen ein Auto noch nie zum Laufen gebracht worden. Offensichtlich laufen alle diese Naturvorgänge nur in einer Richtung ab. Der umgekehrte Vorgang ist verboten. Diese Vorgänge heißen übrigens auch irreversible Vorgänge, da man sie nicht umkehren kann.

Im letzten Jahrhundert ist es dem genialen österreichischen Physiker Ludwig Boltzmann (1844–1906) gelungen, eine erste entscheidende Antwort zur Lösung der Frage, warum die Naturvorgänge in einer bestimmten Richtung ablaufen, zu geben. Die Antwort lautete, daß die Vorgänge im Sinne einer immer größer werdenden Unordnung verlaufen.

Was ist Unordnung?

Aber wie läßt sich Unordnung überhaupt definieren? Hier ist der physikalische Begriff der Unordnung gar nicht so weit von dem Begriff der Unordnung entfernt, wie er uns aus dem täglichen Leben geläufig ist. Warum ist z. B. das Zimmer eines Schulkindes in Unordnung? Nun, weil es nicht aufgeräumt ist oder mit anderen Worten, weil die einzelnen Dinge (etwa Schulhefte und Schulbücher) nicht an dem Platz liegen, an den sie eigentlich hingehören (Abb. 2.3). Das Biologiebuch z. B. steht nicht im Regal an seinem Platz, sondern es liegt auf dem Tisch, auf dem Fensterbrett, auf dem Stuhl, auf dem Bett, auf dem Fußboden oder sonstwo. Es gibt also sehr viele Möglichkeiten, wo es liegen kann. Ähnlich ist es bei einem Schulheft, beim Füllfederhalter oder dem Radiergummi. Sind hingegen alle Gegenstände an ihrem dafür vorgesehenen Platz, so haben wir den Zustand des aufgeräumten Zimmers, d. h. den der Ordnung vor uns. Es gibt also genau *einen* Zustand der Ordnung. Zugleich erkennen wir sofort, daß die Unordnung mit der großen Zahl der verschiedenen Möglichkeiten, wo etwas sein kann, verknüpft ist. Deshalb ist es ja gerade so schwierig, in einem ungeordneten Zustand den betreffenden Gegenstand, den wir gerade suchen, zu finden. Es ist also, wie wir nochmals festhalten wollen, die große Zahl der verschiedenen Möglichkeiten, wo etwas sein könnte, die den Zustand der Unordnung ausmacht.

Diese Vielzahl der verschiedenen Möglichkeiten gibt auch in der Physik das Maß für die Unordnung an. Dies können wir uns an dem ganz einfachen Beispiel des Gases vor Augen führen. Betrachten wir ein Modell eines Gases, das aus nur vier Gasmolekülen besteht, die wir mit den Ziffern 1–4 durchnumerieren, und die wir auf zwei Kästen verteilen können.

Es gibt nur eine *einzige* Möglichkeit, alle vier Moleküle in einen bestimmten Kasten zu tun, z. B. den linken der Abb. 2.4 oben. Dagegen gibt es, wie man anhand dieser Abbildung nachprüfen kann, sechs Möglichkeiten, die Kugeln auf zwei Kästen in verschiedener Weise, aber gleichmäßig je zwei und zwei, zu verteilen. Makroskopisch gesehen, d. h. grob gesprochen, sind eben einmal alle Moleküle in einem Kasten, das andere Mal je zur Hälfte in einem der beiden Kästen. Das Boltzmannsche Prinzip besagt nun, daß die Natur solche Zustände

Abb. 2.3: Wie der Künstler Escher Ordnung und Chaos darstellt. Offenbar ist beim Chaos nichts an seinem Platz, wo es hingehört (z. B. im Mülleimer).

27

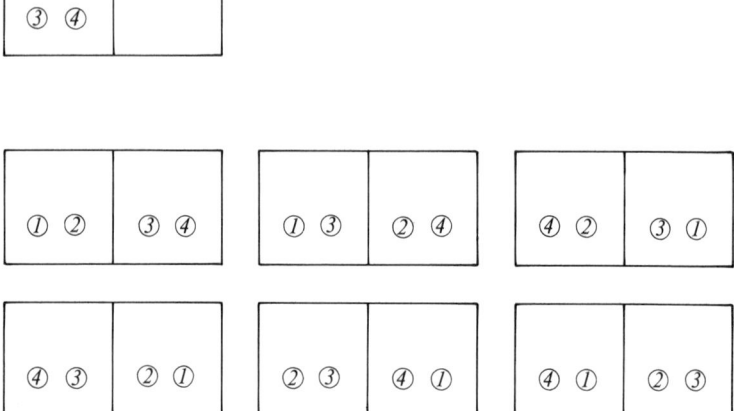

Abb. 2.4: Zur Veranschaulichung der Abzählungsvorschrift von Boltzmann, um die größte Entropie zu ermitteln. Obere Bildhälfte: Es gibt nur eine Möglichkeit, die vier Kugeln in einem Gefäß unterzubringen. Untere Bildhälfte: Es gibt sechs Möglichkeiten, die vier Kugeln gleichmäßig auf die beiden Gefäße zu verteilen.

anstrebt, bei denen es die größte Zahl von Möglichkeiten gibt, die verwirklicht werden können. Der von den Physikern benutzte Begriff der »Entropie« ist nach Boltzmann durch die jeweilige Zahl dieser Möglichkeiten bestimmt (genauer gesagt: durch den Logarithmus dieser Zahl). Damit strebt also die Natur den Zustand an, dessen Entropie am größten ist.

Bei unserem Beispiel von vier Molekülen standen die sechs Möglichkeiten der »Gleichverteilung« der einen – »alle Moleküle in einem Kasten« – gegenüber. In der Natur ist die Zahl der Gasmoleküle z. B. in einem Kubikzentimeter bereits ungeheuer groß und entsprechend die Zahl der individuellen Möglichkeiten bei einer gleichmäßigen Verteilung über beide Kästen einfach riesig. Als Folge hiervon ist die Chance, daß die Natur den gleichverteilten Zustand verwirklicht, eben auch ungemein groß, und alle Abweichungen hiervon sind bestenfalls eine kleine Schwankung – z. B. eine kleine Dichteschwankung (Abb. 2.5).

Ein volles Verständnis des Boltzmannschen Prinzips gelingt allerdings erst dann, wenn wir uns auch Bewegungsvorgänge ansehen. Das hat nämlich mit der Abzählung der Möglichkeiten, die sich verwirklichen

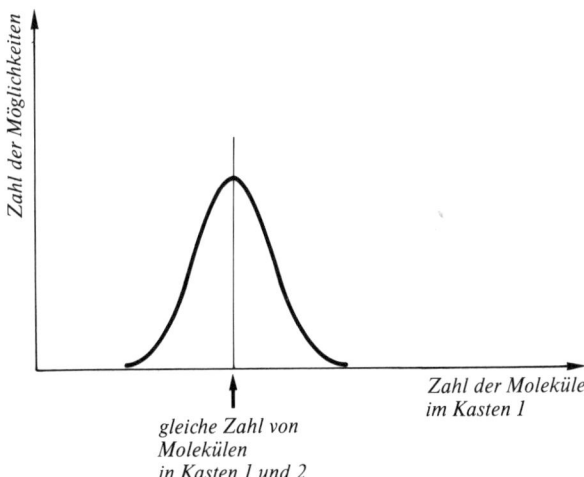

Abb. 2.5: Dieses Bild stellt eine sogenannte Verteilungskurve dar, wenn wir es mit sehr vielen Molekülen zu tun haben. Das Maximum der Kurve zeigt den Zustand an, bei dem die Gasmoleküle gleichmäßig auf zwei Gefäße verteilt sind. Ist die Verteilung ungleichmäßig, so nimmt die Zahl der verschiedenen Möglichkeiten ganz rapide ab.

lassen, zu tun. Wenn wir den Schreibtisch eines Professors betrachten, so befindet er sich oft in einer scheinbar großen Unordnung. Wenn die Putzfrau hingegen seinen Schreibtisch aufgeräumt hat, so ist der Professor am nächsten Tag ganz aufgebracht, weil er – wie er sagt – seine Unterlagen jetzt nicht mehr findet, während er vorher dazu in der Lage gewesen wäre. Wie kommt dies? Ist dies eine Marotte von ihm oder hat er zu seiner Beschwerde wirklich Grund?

Die Erklärung dieses Widerspruchs liegt in folgendem. Bei dem für den Nichteingeweihten unaufgeräumten Schreibtisch wußte der Professor genau, wo ein betreffendes Buch oder eine Manuskriptseite lag. Es ist also trotz der scheinbaren Unordnung auch hier nur *ein* bestimmter Zustand da, in dem er die Unterlagen findet. Räumt hingegen die Putzfrau auf, so hat sie einen neuen Zustand geschaffen, bei dem der Professor eben die Dinge nicht mehr an ihrem »richtigen« Platz findet. Zum Begriff der Unordnung gehört deshalb auch, daß die verschiedenen Möglichkeiten, die wir vorhin bei der Verteilung der Moleküle im Kasten besprachen, ständig immer wieder neu verwirklicht werden, daß also, mit anderen Worten, der Schreibtisch des Professors dann in Un-

ordnung ist, wenn die Dinge auf ihm immer wieder durcheinandergebracht werden.
Genauso macht es die Natur mit den Gasmolekülen. Da diese (z. B. Sauerstoff bei Zimmertemperatur) mit 460 m pro Sekunde dahinfliegen, werden sie ständig vor uns durcheinandergewirbelt – immer neue Verteilungen der Moleküle auf die beiden Kästen werden verwirklicht. Die Natur ist wie ein Kartenspieler, der mit großer Geschwindigkeit die Spielkarten vor uns mischt, ohne daß wir im einzelnen zu folgen vermögen. Die Bewegung, mit der die Moleküle ständig neue Plätze einnehmen, ist selbst wieder ungeordnet – es ist die Wärmebewegung.

Energie wird immer weniger wert

Diese Erkenntnisse können auch noch anders formuliert werden, etwa am Beispiel des Autos. Wenn das Auto fährt, so steckt seine ganze Energie in der Fortbewegung oder, mit anderen Worten, in seiner kinetischen Energie. Da die Fortbewegung in einer bestimmten Richtung erfolgt, hat das Auto, wie der Physiker sagt, einen *Freiheitsgrad.* Wird das Auto abgebremst, so wird seine Bewegungsenergie in Wärme verwandelt, seine Bremsen und Reifen werden erhitzt (Abb. 2.6). Wärme bedeutet aber mikroskopische Bewegung sehr vieler Atome oder Moleküle. Ein Körper ist bekanntlich deshalb wärmer als ein anderer, weil seine einzelnen Moleküle sich heftiger bewegen als die des kalten Körpers. Da sich aber die Moleküle, wenigstens im mikroskopischen Bereich, in verschiedene Richtungen bewegen können und die Moleküle selbst sehr zahlreich sind, ist die Wärmeenergie nun auf sehr viele Freiheitsgrade verteilt. Mit anderen Worten, beim Abbremsen des

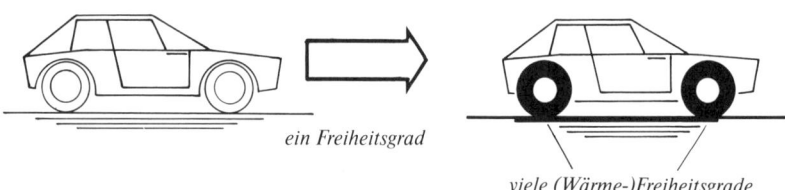

ein Freiheitsgrad

viele (Wärme-)Freiheitsgrade

Abb. 2.6: Das sich in Fahrt befindende Auto (links) hat nur einen Freiheitsgrad. Beim Abbremsen wird dieser eine Freiheitsgrad in die außergewöhnlich vielen Freiheitsgrade der Wärmebewegung, z. B. der Räder und Bremsen, verwandelt.

Autos wird die Energie eines Freiheitsgrades auf die Energie sehr vieler Freiheitsgrade verteilt, und dabei gibt es eben wieder sehr, sehr viele Möglichkeiten, diese Verteilungen vorzunehmen. Der umgekehrte Vorgang würde bedeuten, daß plötzlich von sich aus alle Moleküle, wie auf ein Kommando hin, in die gleiche Richtung fliegen und aus den vielen Freiheitsgraden wieder ein einziger wird. Das ist aber nach dem Grundgesetz der Thermodynamik nicht möglich. Wir können zwar die in dem einen Freiheitsgrad steckende Energie, die Fortbewegungsenergie des Autos, in Wärme umwandeln, umkehren können wir jedoch diesen Vorgang nicht oder zumindest nicht völlig. Wie wir gleich sehen werden, ist die in einem Freiheitsgrad geballte Energie höherwertig als die auf viele Freiheitsgrade verteilte Energie.

Dem Streben der Natur nach einer immer größer werdenden Unordnung können gewisse Grenzen gesetzt werden. Indem wir z. B. eine Trennwand in ein Gefäß einbringen, können wir verhindern, daß die Moleküle sich noch weiter verteilen. In diesem Sinne müssen wir stets daran denken, daß die Natur die größte Unordnung nicht zwangsläufig erreichen muß, sondern ihr Schranken von außen auferlegt werden können. Durch Tricks gelingt es so dem Menschen in der Technik, einen Teil der Wärmeenergie in nutzbringende Energie zu verwandeln. Dies gelingt ihm z. B. beim Verbrennungsmotor dadurch, daß er den Kolben beweglich macht. Die bei der explosionsartigen Verbrennung des Benzins entstehende Wärmebewegung wird zum Teil in den einen Freiheitsgrad der Kolbenbewegung verwandelt, der größere Teil der Wärmeenergie ist aber hierfür verloren und wird im Kühlwasser abgeleitet. Wie die Physik zeigt, sind dieser »Rückgewinnung« hochwertiger Energie prinzipielle Grenzen gesetzt – und wir brauchen überdies dazu Maschinen, von Menschenhirnen erdacht und von Menschenhand geschaffen. Im Weltall scheinen keine derartigen Schranken zu bestehen, die das Anwachsen der Unordnung verhindern. Daraus haben die Physiker geschlossen, daß die Welt einem Zustand maximaler Unordnung zustrebt, bei dem schließlich alle Ordnungszustände zerfallen und kein Leben mehr möglich ist, die Welt stirbt den »Wärmetod«. Um mit dem berühmten Hermann L. F. von Helmholtz (1821–1894) zu sprechen: »Von da an ist das Universum zu einem Zustand ewiger Ruhe verdammt.« Und der nicht minder berühmte Rudolf J. E. Clausius (1822–1888) sagte: »Je mehr das Universum den Grenzzustand erreicht, indem die Entropie maximal ist, desto mehr verringern sich die Gelegenheiten für weitere Veränderungen.« Wenn dieser Zustand erreicht sei, dann sei »das Universum in einem Zustand des unveränderlichen Todes«.

Ebensowenig wie dieser Blick in die Zukunft scheint uns der Blick in die Vergangenheit des Universums einen Hinweis auf die Möglichkeit des Lebens zu geben. Nach Auffassung wohl fast aller Physiker ist die Welt vor ca. 10 Milliarden Jahren in einem »Urknall« als ungeheuer heißer Feuerball, in dem keine Ordnung herrschte, entstanden. Chaos, keine Ordnung also auch am Anfang der Welt. Und danach soll die Unordnung noch mehr, bis hin zu ihrem Maximum ansteigen. Wo ist da noch Platz für geordnete sinnvolle Strukturen, also schlechthin für das Lebendige?

3. Kapitel

Kristalle – geordnete, aber tote Strukturen

Im letzten Abschnitt haben wir gesehen, daß höhere Temperatur eine heftigere Wärmebewegung der Moleküle und damit eine größere Unordnung mit sich bringt. Dies legt den Gedanken nahe, ob man nicht dadurch einen geordneten Zustand schaffen könnte, daß man einem System Wärmeenergie entzieht. Dies geschieht tatsächlich beim Abkühlen. Betrachten wir hierzu einige Erfahrungstatsachen. Wenn wir Wasser abkühlen, so gefriert dies zu Eis, genauer gesagt, es bildet sich ein Eiskristall (Abb. 3.1).

Da die einzelnen Wassermoleküle winzig klein sind, etwa nur ein millionstel Millimeter dick, können wir sie selbst mit dem besten Mikroskop nicht erkennen. Aber mit Röntgenstrahlen oder Elektronenwellen lassen sich Kristalle so genau »abtasten«, daß die Physiker ein sehr

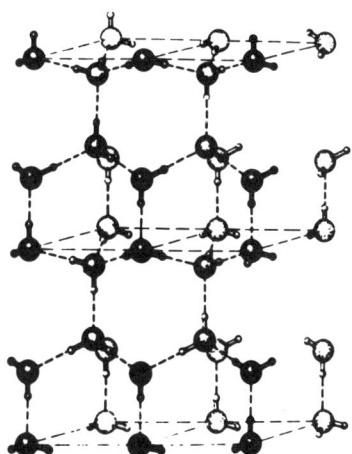

Abb. 3.1: Im Eiskristall sind die Wassermoleküle in einem festen Gitter periodisch angeordnet. Die großen Kugeln stellen die Sauerstoff-Atome dar, die herausragenden Arme die Wasserstoff-Atome.

33

genaues Bild vom Aufbau der Kristalle zeichnen können. Danach sind in einem Kristall die einzelnen Moleküle in Reih' und Glied aufgereiht – wir haben also einen hochgeordneten und zugleich starren Zustand der Materie vor uns. Im Wasser selbst können sich die Wassermoleküle aneinander vorbeischieben, wodurch das Fließen des Wassers möglich wird. Erhitzen wir Wasser, so verdampft es bei der Siedetemperatur und geht über in Wasserdampf. In ihm fliegen die Wassermoleküle wie viele winzige Tennisbälle wild durcheinander, die immer wieder aufeinanderprallen und dabei ihre Flugbahn ändern – also einen Zustand völliger Unordnung darstellen (Abb. 3.2).

In der Physik nennt man diese verschiedenen Aggregatzustände – fest, flüssig, gasförmig – auch Phasen, und die Übergänge zwischen verschiedenen Phasen heißen dementsprechend Phasenübergänge. Da bei diesen Phasenübergängen offensichtlich Zustände ganz verschiedener Ordnung bzw. Unordnung entstehen, haben derartige Übergänge die Physiker schon seit langem fasziniert. Die Untersuchung dieser Übergänge dauert bis heute noch an. Was ist nun das Besondere an diesen Phasenübergängen?

Wie bereits am Beispiel des Wassers deutlich wird, liegen den verschiedenen Phasen Wasserdampf, Wasser und Eiskristall genau die gleichen Moleküle zugrunde. Die verschiedenen Phasen unterscheiden sich mikroskopisch lediglich durch die gegenseitige Anordnung der Moleküle. Im Wasserdampf fliegen diese wild durcheinander, und zwar mit hoher Geschwindigkeit (ca. 620 m pro Sekunde). Dabei wirken zwischen den Molekülen praktisch keine Kräfte, mit Ausnahme der Fälle, in denen sie aufeinanderstoßen. In der Flüssigkeit kommen sich die Atome sehr nahe und unterliegen Anziehungskräften. Dabei sind aber die Moleküle noch gegeneinander beweglich. Im Kristall hingegen sind die einzelnen Moleküle in einem streng periodischen »Gitter« angeordnet (Abb. 3.3).

Mit diesen verschiedenartigen mikroskopischen Ordnungszuständen sind makroskopisch ganz verschiedene Eigenschaften verknüpft. Besonders auffallend sind die Unterschiede bei den mechanischen Eigenschaften. Z. B. läßt sich ein Gas (oder Wasserdampf) sehr gut zusammendrücken, Wasser fast nicht, Eis ist ein fester Körper. Auch andere physikalische Eigenschaften makroskopischer Natur ändern sich, wie z. B. die Lichtdurchlässigkeit. Wir sehen an diesen Beispielen, wie aufgrund mikroskopischer Änderungen völlig neuartige makroskopische Eigenschaften der Stoffe – nicht nur des Wassers – hervorgerufen werden können.

Dampf	Wasser	Eis

Abb. 3.2: Die verschiedenen Aggregatzustände des Wassers.

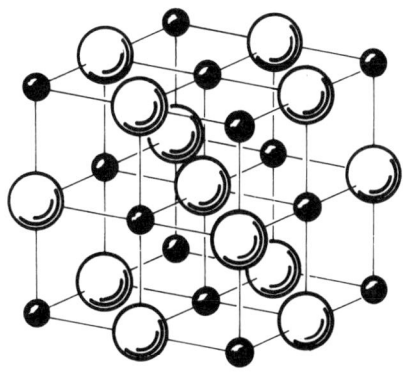

Abb. 3.3: Anordnung der Atome in einem Kochsalzkristall (NaCl). Große Kugeln: Chlor-Ionen, kleine Kugeln: Natrium-Ionen.

Eine weitere Eigenschaft dieser Phasenübergänge ist hervorzuheben. Die Übergänge erfolgen (bei sonst gleichbleibenden Bedingungen, wie etwa Druck) bei einer ganz bestimmten Temperatur, die man als kritische Temperatur bezeichnet. Z. B. das Kochen von Wasser bei 100 °C und das Gefrieren bei 0 °C (übrigens ist die Temperaturskala nach Celsius gerade so festgelegt worden, daß die Temperaturangaben als die Zahlen 0 bzw. 100 erscheinen). Andere Stoffe schmelzen bei ganz anderen Temperaturen, z. B. Eisen bei 2081 °C oder Gold bei 1611 °C, und sie verdampfen erst bei entsprechend höheren Temperaturen.

Supraleitung und Magnetismus.
Ordnung im Mikroskopischen macht stark im Makroskopischen

Derartige Phasenübergänge brauchen nicht nur zwischen verschiedenen Aggregatzuständen zu erfolgen. Auch ein Kristall selbst kann noch weitere Eigenschaften aufweisen, die sich schlagartig ändern können. Eine auch für technische Anwendungen besonders interessante Erscheinung ist die Supraleitung. Um das Außergewöhnliche an ihr zu verstehen, erinnern wir uns an die Fortleitung des Stroms in elektrischen Leitungen, sei es in Überlandleitungen oder im Radio. Leiten wir den elektrischen Strom durch Metalle, so wird dieser von den kleinsten

35

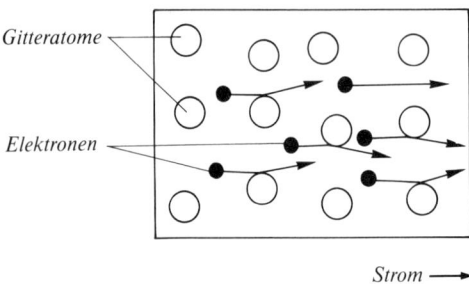

Gitteratome

Elektronen

Strom ⟶

Abb. 3.4: Dieses Bild zeigt einen mikroskopischen Ausschnitt aus einem Metallgitter. Die einzelnen Atome des Kristalls sind durch große Kreise dargestellt. Infolge der Wärmebewegung zittern diese ständig hin und her. Die durch kleine schwarze Kreise dargestellten Elektronen stoßen mit diesen schwingenden Atomen zusammen und werden dabei aus ihrer Bahn geworfen und abgebremst. Sie geben ihre Energie dabei zum Teil an die Metallatome ab, wodurch das Metall erwärmt wird. Gleichzeitig wird der Strom der Elektronen verkleinert.

geladenen Teilchen, den Elektronen, transportiert. Die Metalle bilden zumeist ein Kristallgitter. In ihm bewegen sich die Elektronen wie ein Gas, stoßen dabei aber mit den einzelnen Gitteratomen zusammen und verlieren dabei Energie (Abb. 3.4). Mit anderen Worten, sie reiben sich an dem Kristallgitter und geben einen Teil ihrer Energie ab, die nun in die ungeordnete Wärmebewegung der Gitteratome verwandelt wird. Auf diese Weise geht ständig Energie des Stroms als Wärmeenergie verloren. Im elektrischen Bügeleisen ist dies gerade ein erwünschter Effekt, nicht aber z. B. bei Überlandleitungen. Hier möchte man ja den Strom auf der Verbraucherseite am liebsten in seiner vollen Stärke entnehmen, so wie er im Kraftwerk erzeugt wurde, und nicht damit die Leitungen erwärmen. Leider treten aber durch den eben beschriebenen Reibungsvorgang, den man als elektrischen Widerstand bezeichnet, erhebliche Energieverluste auf. Bereits 1911 hatte der holländische Physiker Kammerlingh Onnes gefunden, daß bestimmte Metalle, z. B. Quecksilber, beim Abkühlen unter eine bestimmte, sehr tiefe Temperatur ihren Widerstand völlig verlieren (Abb. 3.5). Er nannte dieses Phänomen *Supraleitung*. Das wirklich Verblüffende an dieser Erscheinung ist, daß etwas völlig Neues geschieht. Es ist keineswegs so, daß der Widerstand nur sehr klein wird, er verschwindet offensichtlich völlig. Dies beweisen Experimente, bei denen man einen Draht zusammengebogen hat, der also in sich geschlossen war. In einem solchen Draht lief

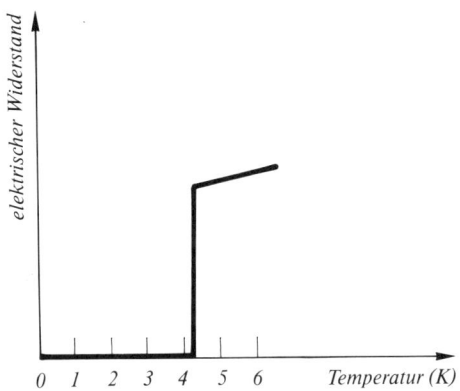

Abb. 3.5: In dieser Abbildung ist nach rechts die Temperatur aufgetragen, nach oben der elektrische Widerstand. Unterhalb einer »kritischen« Temperatur (hier 4,2° Kelvin [absolute Temperatur]) verschwindet der elektrische Widerstand völlig, darüber nimmt er einen endlichen Wert an.

der Strom über länger als ein Jahr hinweg ohne jegliche Ermüdungserscheinung. Lediglich den Physikern wurde es zu langweilig, und sie beendeten den Versuch, indem sie den Draht wieder aufwärmten. Die theoretische Erklärung dieses Phänomens hat mehr als vierzig Jahre auf sich warten lassen. Wie wir heute wissen, liegt dem Vorgang der Supraleitung auch wieder ein ganz spezieller mikroskopischer Ordnungszustand zugrunde, indem die Elektronen in einem Metall jeweils paarweise durch den Kristall laufen. Diese Paare finden sich selbst wieder zu einer streng geordneten Bewegung zusammen, die nun den Widerstandsversuchen der Kristallatome trotzen kann. Es ist gewissermaßen so, als würde eine Marschkolonne mit gegenseitig verhakten Armen durch ein Gestrüpp laufen. Das Gestrüpp kann die einzelnen Marschierer nicht mehr von ihrem Weg ablenken. Auch hier wieder ist, wie bei den anderen Phasenübergängen, eine neue mikroskopische Ordnung (das »Paarlaufen«) mit einem ganz neuartigen makroskopischen Zustand (der ungebremste Strom) verbunden.

Warum verwendet man daher heute nicht in Überlandleitungen Supraleiter? Die Schwierigkeit besteht darin, daß Supraleitung erst bei sehr tiefen Temperaturen eintritt (–260 °C z. B.) und die entsprechende Kühlung der Drähte sehr teuer wäre. Es gibt aber andere, sehr wichtige Anwendungen, wo sich die Kühlung durchaus lohnt. Wie wir wissen, können elektrische Ströme Magnetfelder erzeugen. Die Supraleitung hat es möglich gemacht, ungeheuer starke Magnetfelder zu erzeugen. Diese werden bereits heute u. a. in den Maschinen verwendet, in denen Sonnenenergie durch Kernfusion auf der Erde erzeugt werden soll. Aus winzigsten Supraleitern lassen sich Schaltelemente für Computer bauen – die nächste Computergeneration besteht aus Elektronengehirnen, die nur in Tiefkühltruhen arbeiten können – nahe am absoluten Nullpunkt. Ein anderes Beispiel für die drastische, schlagartige Änderung einer physikalischen Eigenschaft ist der Eisenmagnet. Es handelt sich hier um Eisenkristalle, die bei Zimmertemperatur magnetisch sind, beim Erwärmen aber bei einer bestimmten Temperatur, nämlich 774 °C, ihren Magnetismus schlagartig verlieren (Abb. 3.6). Es ist interessant, auch hier der mikroskopischen Deutung nachzugehen. Als die Physiker den Magneten immer mehr zerlegten, stellten sie fest, daß er selbst aus immer kleineren Magnetchen besteht, deren kleinster die Eisenatome selbst (genauer deren Elektronen) sind. Die »Elementarmagnete« üben untereinander Kräfte aus. Während aber normalerweise sich gleiche Magnetpole abstoßen, haben die Elementarmagnete gerade die umgekehrte Eigenschaft, daß nämlich gleiche Pole sich anziehen. Mit anderen Worten, und physikalisch genauer ausgedrückt, die Elementarmagneten wollen sich alle in dieselbe Richtung einstellen (Abb. 3.7). Die Erklärung für dieses merkwürdige Verhalten ist übrigens erst durch die

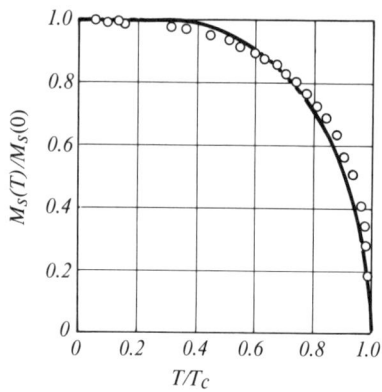
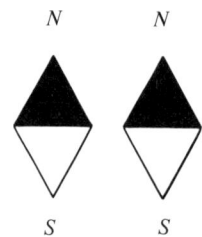

Abb. 3.6: Nach rechts ist wieder die Temperatur aufgetragen, nach oben die Größe der Magnetisierung eines Ferromagneten. Oberhalb einer bestimmten Temperatur T = T_c verschwindet die Magnetisierung, d. h. der Ferromagnet wird plötzlich unmagnetisch.
Abb. 3.7: Die mikroskopischen Elementarmagnetchen des Ferromagneten versuchen, sich parallel zu stellen, und zwar jeweils Nordpol zu Nordpol, Südpol zu Südpol.

Quantentheorie, durch die Arbeiten von Heisenberg, möglich geworden, doch würde uns die genauere Erläuterung zu weit vom eigentlichen
Thema wegführen. Alle mikroskopischen Magnetfelder addieren sich
und erzeugen so ein makroskopisches Magnetfeld, das wir vom Eisenmagneten her kennen.

Phasenübergänge: Von Unordnung zu Ordnung –
oder umgekehrt

Im ungeordneten Zustand des Eisenmagneten können die Elementarmagneten in alle möglichen Richtungen zeigen. Wir haben, wie man
sagt, einen symmetrischen Zustand vor uns. Keine Richtung ist hier vor
einer anderen bevorzugt. Ist der Gesamtzustand hingegen magnetisch,
so zeigen plötzlich alle Elementarmagneten in eine ganz bestimmte
Richtung. Obwohl alle Richtungen vor dem Übergang gleichberechtigt
waren, wird nunmehr eine ganz bestimmte Richtung ausgewählt. Die
ursprünglich vorhandene Symmetrie der Richtungen wird »gebrochen«
(Abb. 3.9).
Am Eisenmagneten läßt sich besonders schön studieren, wie eine Pha-
senumwandlung mikroskopisch abläuft. Dabei sind in der geordneten,
magnetischen Phase alle Elementarmagneten ausgerichtet, während
diese in der ungeordneten Phase in die verschiedensten Richtungen
zeigen. Die Ursache für diese zwei ganz verschiedenen Phasen liegt im
Wettstreit zweier ganz verschiedenartiger physikalischer Kräfte. Die
eine Art von Kräften zwischen den Elementarmagneten wirkt auf eine
parallele Ausrichtung der Magnetchen hin. Die andere Art von Kräften
beruht auf der Wärmebewegung. Wärme heißt ja gerade ungeordnete
Bewegung. Die Wärmebewegung versucht also, die Elementarmagnetchen immer wieder in die verschiedensten Richtungen zu stoßen. Es ist
nun wie bei einer Balkenwaage. Das eine Gewicht symbolisiert die
Wärmebewegung, das andere die Kräfte der Parallelstellung. Hat die
Temperaturbewegung das größere »Gewicht«, so überwiegt die Temperaturbewegung, die Waage schlägt nach der einen Seite aus, d. h. es
überwiegt beim Eisenmagneten die ungeordnete Bewegung (Abb. 3.8).
Die Wirkung der einzelnen Magnetchen nach außen hin hebt sich
gegenseitig auf, und wir beobachten keine makroskopische Magnetisierung. Entziehen wir dem Eisenstab jedoch Wärmeenergie, d. h. machen
wir diese Seite der Waage nunmehr leichter, so überwiegen die Kräfte
zwischen den Elementarmagneten. Die Waage wird sich also nun

39

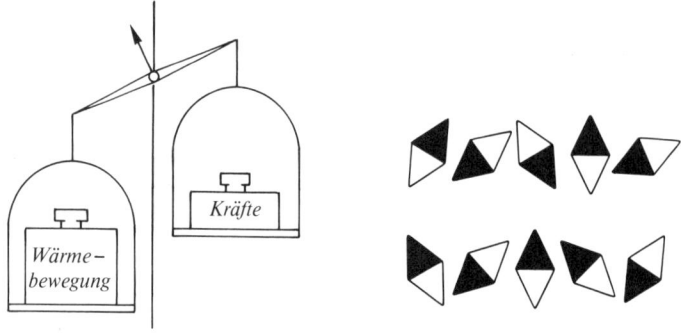

Abb. 3.8: Die Waage symbolisiert den Wettkampf zwischen der Wärmebewegung und den Kräften, die die Elementarmagnete parallel stellen wollen. Überwiegt die Wärmebewegung, so zeigen die Elementarmagnetchen in die verschiedensten Richtungen.

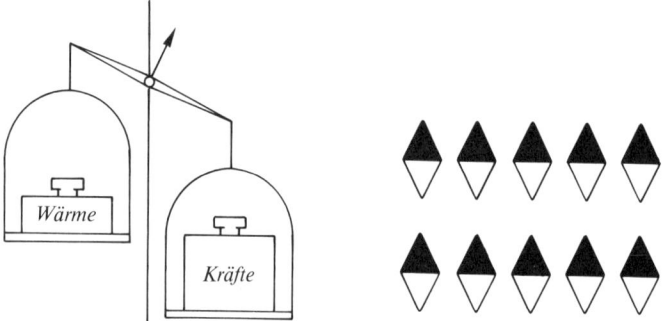

Abb. 3.9: Das Entsprechende wie bei Abb. 3.8, nur ist die Wärmebewegung schwächer geworden. Die Kräfte überwiegen und stellen alle Elementarmagnetchen parallel.

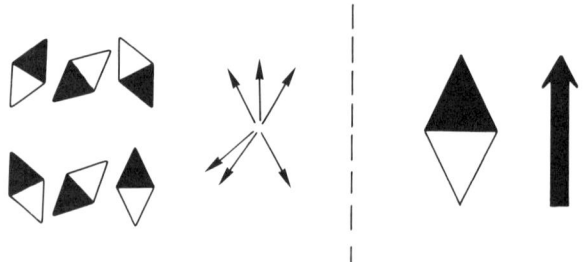

Abb. 3.10: Diese Abbildung faßt die beiden Fälle der vorhergehenden Abbildungen 3.8 und 3.9 zusammen.
Links: Zeigen die Elementarmagnete in verschiedene Richtungen, so heben sie sich in ihrer magnetischen Wirkung nach außen hin auf, d. h. die Magnetisierung ist gleich Null.
Rechts: Zeigen alle Elementarmagnete in eine Richtung, so verstärken sie sich in ihrer magnetischen Wirkung nach außen. Es entsteht eine große Magnetisierung, d. h. der Ferromagnet ist jetzt magnetisch.

40

schlagartig nach der anderen Seite neigen, d. h. alle Elementarmagnete richten sich aus (Abb. 3.10).

Für die Vorgänge, die wir später im Rahmen der Synergetik nicht nur in der Physik, sondern z. B. in der Soziologie und Psychologie betrachten wollen, werden sich einige Begriffe als wichtig erweisen, die wir schon an Phasenübergängen kennenlernen können.

Eine solche wichtige Eigenschaft vieler Phasenübergänge können wir mit bloßem Auge beim Sieden einer Flüssigkeit beobachten. Unterhalb des Siedepunkts ist z. B. Wasser durchsichtig und auch oberhalb in der Dampfphase. Erhitzen wir das Wasser vorsichtig, so daß es an den Siedepunkt herankommt, so wird das Wasser undurchsichtig, es wird milchig-trüb. Dies beruht darauf, daß das durchgehende Licht sehr stark gestreut wird. Diese Lichtstreuung rührt wiederum daher, daß die Bewegung der Moleküle in der Nähe des Übergangspunkts besonders heftig wird. Es kommt zu kritischen Schwankungen oder, wie der Physiker sagt, zu »kritischen Fluktuationen«. Um ein anschauliches Bild zu bringen: Es ist wie beim Ende einer Versammlung auf einem öffentlichen Platz. Die Menschen strömen plötzlich auseinander, es entsteht eine heftige Bewegung, mal kommt es zu Verdichtungen, mal zu Verdünnungen in der Menschenmenge, bis schließlich jeder wieder seiner eigenen Wege geht (Abb. 3.11). Wie wir schon anfangs feststellten, sind die Phasenübergänge auch heute noch ein intensives Untersuchungsobjekt physikalischer Forschung. Hierbei hat sich in den letzten Jahren überraschenderweise gezeigt, daß diese Phasenübergänge trotz des verschiedenen Charakters der Substanzen und der Phänomene selbst gleichen Gesetzmäßigkeiten gehorchen und immer wieder die gleichen Grunderscheinungen auftreten, wie etwa die kritischen Fluktuationen oder der Symmetriebruch. In den letzten Jahren ist es in der Physik

Abb. 3.11: Löst sich eine Versammlung auf, so treten starke Schwankungen in der Dichteverteilung der Teilnehmer auf.

gelungen, die einheitlichen Gesetzmäßigkeiten zu begründen. Das plötzliche Auftreten geordneter Strukturen bei den Phasenübergängen könnte natürlich dazu verleiten, diese Erscheinungen nun direkt auf Lebensvorgänge zu übertragen, weil wir es ja auch hier in gewissem Sinne mit geordneten Systemen zu tun haben. Es gibt aber hierzu schwerwiegende Einwände. Bei den Beispielen, die wir betrachtet haben, handelt es sich um Stoffe, die ihren Ordnungszustand erst durch Absenken der Temperatur annehmen. Lebensvorgänge hingegen erlahmen beim Absenken der Temperatur, ja, sie kommen sogar vollständig zum Stillstand und führen bei vielen Lebewesen sogar zum Tod.

Lebewesen werden durch einen ständigen Strom von Energie und Stoff, den sie aufnehmen und verarbeiten, am Leben erhalten. Gerade die höher entwickelten Lebewesen, nämlich die Warmblütler, sind überdies gar nicht im thermischen Gleichgewicht mit ihrer Umgebung. Sie sind vielmehr fernab von ihm. Unsere Körpertemperatur beträgt 37 °C, die eines Zimmers etwa 20 °C. Offensichtlich müssen Lebensvorgänge auf ganz anderen Prinzipien beruhen, die nichts mit den Vorgängen in der Kristallbildung der Supraleitung oder des Ferromagnetismus zu tun haben. Wie es hier scheint, kann die Physik gar nichts zur Erklärung des Lebens beitragen. Aber urteilen wir nicht voreilig, sondern schauen wir die nächsten Kapitel an.

4. Kapitel

Flüssigkeitsmuster, Wolkenbilder und geologische Formationen

Wie wir alle wissen, gibt es verschiedene Arten von Gleichgewicht in der Mechanik (Abb. 4.1–4.3). Denken wir uns eine Kugel in einer nach oben geöffneten Schale, so bleibt die Kugel am tiefsten Punkt in Ruhe, sie ist im Gleichgewicht. Lenken wir die Kugel ein klein wenig aus, so fällt sie wieder in die Gleichgewichtslage zurück. Es handelt sich hier um ein stabiles Gleichgewicht. Liegt die Kugel hingegen auf einer ebenen Tischplatte und verschieben wir die Kugel, so bleibt sie in ihrer neuen Lage in Ruhe. Wir haben das sogenannte indifferente Gleichgewicht. Gelingt es uns schließlich, die Kugel auf einer umgekehrten Schale auf der Spitze zu balancieren, so ist die Kugel hier wieder im Gleichgewicht.

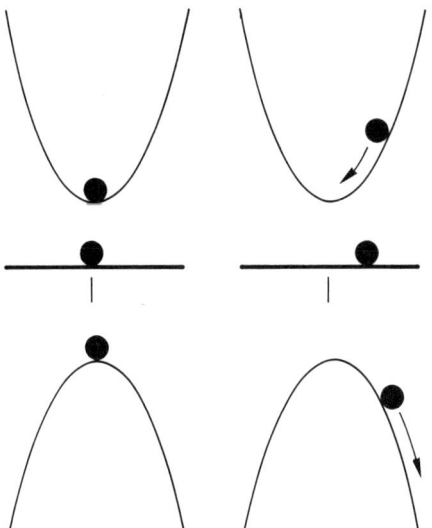

Abb. 4.1: Die Kugel in einer nach oben geöffneten Schale ist im stabilen Gleichgewicht.

Abb. 4.2: Die Kugel auf einer ebenen Unterlage ist im indifferenten Gleichgewicht.

Abb. 4.3: Die Kugel auf einer nach unten geöffneten Schale ist im instabilen Gleichgewicht.

Schieben wir sie aber ein klein wenig von der Spitze weg, so entfernt sie sich immer mehr von der Spitze. Es handelt sich hier um das instabile Gleichgewicht. Diese simplen Begriffe werden wir gleich brauchen, um interessante Phänomene aus der Flüssigkeitsbewegung besser zu verstehen. Es handelt sich hier um Erscheinungen, die uns allen geläufig sind, die wir uns aber selten bewußtmachen. So erblicken wir zuweilen am Himmel Wolkenstraßen, streng geordnete Züge von Wolken (Abb. 4.4). Wie Segelflugpiloten wissen, handelt es sich hierbei nicht um statische Formationen, sondern um bewegte Luftmassen, wobei jeweils längs einer Straße die Luft nach oben, längs der anderen die Luft nach unten geht. Die Luft bewegt sich also in Form von Rollen. Derartige Bewegungen lassen sich in viel kleinerem Maßstab im Labor erzeugen, wenn man nicht Luft, sondern eine Flüssigkeit nimmt. Erwärmt man eine Flüssigkeitsschicht in einer Schale von unten, so geschieht folgendes (Abb. 4.5): Ist der Temperaturunterschied zwischen unten und oben nur gering, so bewegt sich die Flüssigkeit makroskopisch nicht. Natürlich versucht die Flüssigkeit, die Temperaturunterschiede durch den Transport von Wärme auszugleichen, aber wie wir wissen ist Wärme eine mikroskopische Bewegung, die wir nicht sehen können.

Abb. 4.4: Wolkenstraßen

Bei weiterer Erhöhung der Temperaturdifferenz passiert dann etwas völlig Überraschendes. Die Flüssigkeit setzt sich makroskopisch in Bewegung, und zwar keineswegs wild durcheinander, sondern ganz wohlgeordnet in Form von Rollen (Abb. 4.6). Die Flüssigkeit steigt in Längsstreifen auf, kühlt sich an der Oberfläche ab und sinkt wieder nach unten. Das Überraschende an dieser Rollenbildung ist, daß sich die Flüssigkeitsmoleküle über für sie riesige Entfernungen gewissermaßen verständigen müssen, um zu einer kollektiven Bewegung zu kommen. Die Flüssigkeitsrollen sind ja viele Milliarden mal größer als die Flüssigkeitsmoleküle selbst. Betrachten wir zunächst eine ruhende Flüssigkeitsschicht. Wird diese von unten her erhitzt, so dehnen sich natürlich die unteren Flüssigkeitsteile aus und möchten somit nach oben steigen. Von oben her drückt die kältere und damit schwerere Flüssigkeit nach unten. Die aufwärtsstrebende und die abwärtsstrebende Flüssigkeit halten sich aber im Gleichgewicht (Abb. 4.7). Ist dieses nun stabil oder labil? Auf den ersten Blick könnte es scheinen, als wäre die Lage instabil, weil ja die obere Flüssigkeit nach unten strebt, die untere nach oben und wir der Flüssigkeit nur einen kleinen Schub zu geben brauchen um sie in Bewegung zu setzen. Die Situation ist aber ein klein wenig komplizierter, wie wir gleich sehen werden.

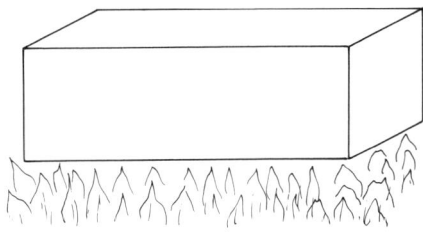

Abb. 4.5: Eine von unten erhitzte Flüssigkeitsschicht.

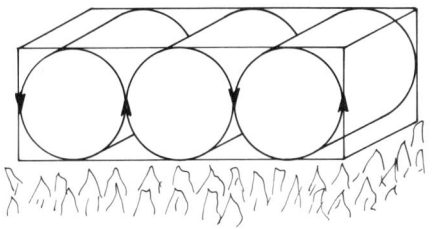

Abb. 4.6: Rollenförmige Bewegung der Flüssigkeit.

45

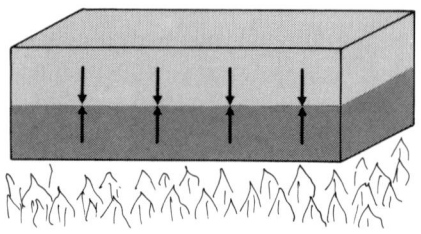

Abb. 4.7: Die sich noch in Ruhe befindende Flüssigkeit.

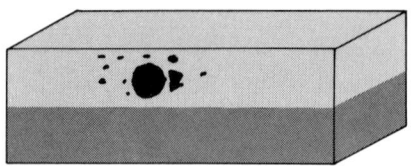

Abb. 4.8: Nach oben aufsteigende Flüssigkeitskugel.

Lassen wir eine kleine erwärmte Flüssigkeitskugel einmal in Gedanken nach oben steigen (Abb. 4.8). Gerät sie mit den kälteren Schichten zusammen, so wird von ihr Wärme abgeleitet. Sie wird damit abkühlen, sich zusammenziehen und die Tendenz verlieren, nach oben steigen zu wollen. Außerdem wird sie bei der Bewegung nach oben von der Umgebung durch Reibung abgebremst. Durch Abkühlung einerseits, Abbremsung andererseits, steigt also die Flüssigkeitskugel nicht weiter, die Flüssigkeitsschicht muß also doch in Ruhe bleiben. Diese Situation läßt sich aber nur bei nicht zu großen Temperaturdifferenzen aufrechterhalten. Wird nämlich die Flüssigkeit genügend stark erhitzt, so kann eben doch das heiße Flüssigkeitströpfchen nach oben streben und zu makroskopischer Bewegung Anlaß geben. Das Erstaunliche ist aber nun, daß derartig heiße Flüssigkeitströpfchen nicht unregelmäßig nach oben streben, sondern gleichmäßig geordnet. Es scheint als wäre eine außenstehende Macht am Werke, wie wir das leicht an einer Analogie erkennen können.

Denken wir uns dazu ein Schwimmbecken, bei dem die Schwimmer in einer Richtung zum anderen Rand und zurückschwimmen sollen. Ist das Schwimmbecken sehr voll, wie das an heißen Sommertagen der Fall ist, so sind sehr viele Schwimmer unterwegs und behindern sich beim Hin- und Herschwimmen (Abb. 4.9). Deshalb kommen manche Bademeister auf die Idee, die Schwimmer im Kreis herum ziehen zu lassen (Abb. 4.10). Die gegenseitige Behinderung ist hierbei viel kleiner. Hier

Abb. 4.9: Schwimmer in einem Becken. Ungeordnete Bewegung.

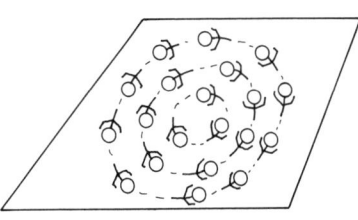

Abb. 4.10: Schwimmer in einem Becken. Kreisförmige, geordnete Bewegung.

ist den Schwimmern vom Bademeister eine kollektive Bewegung vorgeschrieben worden. Aber auch ohne Bademeister können die Schwimmer auf die Idee kommen, im Kreise zu schwimmen. Erst sind es vielleicht nur einige, aber immer mehr schließen sich ihnen an, da es auch für diese bequemer ist, im Kreise zu schwimmen. So entsteht schließlich eine kollektive Bewegung, und zwar ohne äußere Anordnungen, d. h. *selbstorganisiert*. Die Natur, sprich die Flüssigkeit, macht es nicht anders. Sie findet heraus, daß sie die erwärmten Teile viel besser nach oben transportieren kann, wenn sich diese zu einer regelmäßigen Bewegung zusammenfinden. Wie macht es aber nun die Flüssigkeit im einzelnen? Dies geschieht durch Schwankungen. Die Flüssigkeit testet also ständig verschiedene Bewegungsmöglichkeiten, indem sie immer wieder kleine, heiße Flüssigkeitsteile gewissermaßen probeweise losschickt und dafür kühlere absinken läßt. In Gedanken können wir uns diese verschiedensten Bewegungsmöglichkeiten in besonders einfache Bewegungen zerlegt denken, und zwar kann eine beliebig wilde Flüssigkeitsbewegung in gleichmäßig erscheinende Bewegungsformen zerlegt werden. In Abb. 4.11/12 sind zwei Bewegungsformen dargestellt. Bei der einen findet die Flüssigkeit heraus, daß hier die Verhältnisse besonders günstig sind für das Aufsteigen der warmen Teile. Diese Bewegungsform wächst immer mehr an. Immer mehr Teile der Flüssigkeit werden in diese Bewegung hineingezogen, werden von ihr »versklavt«. Die andere Bewegungsform klingt nach einiger Zeit wieder ab. Sie war

47

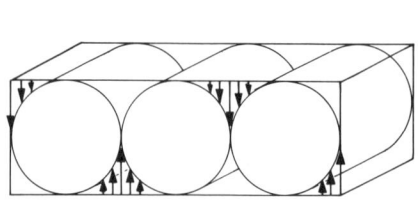 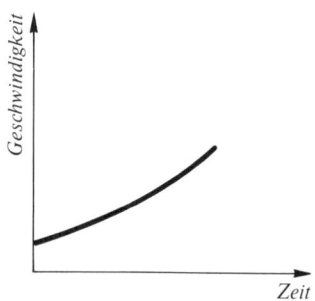

Abb. 4.11: Links: Eine mögliche Anordnung der Bewegungsrollen
Rechts: Im Lauf der Zeit (waagerechte Achse) steigt die Rollengeschwindigkeit (senkrechte Achse) immer mehr an.

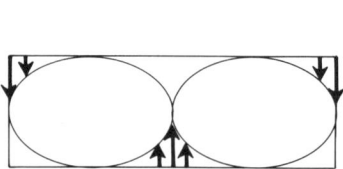 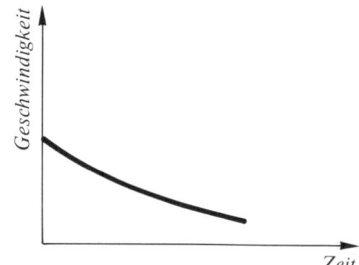

Abb. 4.12: Eine andere Rollenkonfiguration, deren Umlaufgeschwindigkeit im Lauf der Zeit wieder abklingt.

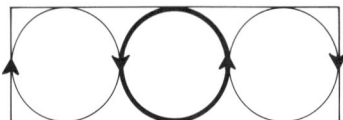

Abb. 4.13: Zur Veranschaulichung der Symmetriebrechung. Die mittlere Rolle läuft in diesem Falle links herum.

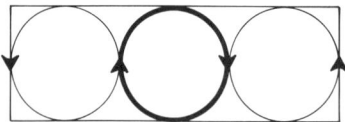

Abb. 4.14: Wie Abb. 4.13, aber die mittlere Rolle läuft nun rechts herum. Entsprechend ist die Drehrichtung der anderen Rollen umgekehrt.

nur eine Art Schwankung. Hier begegnet uns das Konkurrenzverhalten verschiedener kollektiver Bewegungsformen: Eine Bewegungsform setzt sich immer mehr durch und unterdrückt dabei alle anderen. Es entsteht eine ganz bestimmte Rollenbewegung der Flüssigkeit. Diese Rollenbewegung spielt die Rolle eines Ordners. Er gibt an, wie sich die einzelnen Flüssigkeitsteile bewegen müssen. Ist auch nur in Teilbereichen der Flüssigkeit eine solche Bewegungsform einmal etabliert, so werden auch andere Flüssigkeitsbereiche in diese Bewegungsform hineingezogen oder, mit anderen Worten, sie werden vom Ordner versklavt. Interessanterweise läßt sich genau berechnen, welche kollektive Bewegung am Schluß gewinnen wird und welche anderen Bewegungen von dieser versklavt werden. Allerdings gilt das nur cum grano salis. Sehen wir uns nämlich eine einzelne Rolle z. B. die mittlere, an, so ist es ganz klar, daß die Bewegung im Prinzip genausogut links wie rechts herum erfolgen kann (Abb. 4.13/14). Welche der beiden Bewegungsrichtungen ausgesondert wird, hängt von Zufällen ab. Die Symmetrie der Bewegungen links herum oder rechts herum wird durch eine zufällige Anfangsschwankung gebrochen. Wenn der ursprüngliche Zustand der Ruhe der Flüssigkeit erst einmal instabil geworden ist, genügt eine ganz kleine Schwankungserscheinung, um die Rollenbewegung anzuwerfen. Bereits diese kleine Schwankungserscheinung genügt auch, um die makroskopischen Bewegungen festzulegen. Wir werden später in der Soziologie sehen, daß bei politischen oder wirtschaftlichen Entscheidungen oft kleine Schwankungen, gewissermaßen Zufälligkeiten, darüber entscheiden, welche folgenschwere Richtung dann schließlich eingeschlagen wird. Wenn man die Auswahl getroffen hat, ist die andere Wahl ausgeschlossen, und die erste Wahl kann nicht mehr rückgängig gemacht werden. Kleine Schwankungen entscheiden dabei oft, welche Wahl getroffen wird. Ist die Wahl getroffen, so müssen alle Teilchen diese Bewegung mitmachen, ob sie nun wollen oder nicht.

Zu Anfang dieses Abschnitts hatten wir die verschiedenen Gleichgewichtsarten an einem einfachen mechanischen Modell, nämlich einer Kugel und einer Schale, erläutert. Mit Hilfe einer derartigen Vorstellung läßt sich auch die Stabilisierung der Rollen verstehen. Dazu tragen wir die größte Senkrechtgeschwindigkeit nach rechts auf. Wir veranschaulichen uns also die Größe der Geschwindigkeit durch die Auslenkung einer Kugel. Ist der Ruhezustand der Flüssigkeit stabil, so bedeutet dies, daß alle Schwankungen dieser Geschwindigkeit auf Null abklingen müssen. Wir haben dann das Bild der Abb. 4.15 vor uns. Erhitzen wir die Flüssigkeit von unten immer mehr, so wird der Ruhezustand

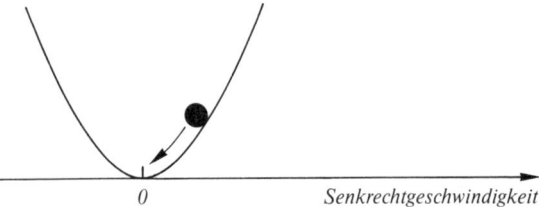

0   *Senkrechtgeschwindigkeit*

Abb. 4.15: Diese Abbildung veranschaulicht die Gleichgewichtslage der Flüssigkeit, wenn die Erhitzung von unten nur schwach ist. Nach rechts ist die Senkrechtgeschwindigkeit der Flüssigkeit aufgetragen. Die Kugel, deren Lage die Senkrechtgeschwindigkeit symbolisiert, fällt bei einer Störung in die Ruhelage zurück.

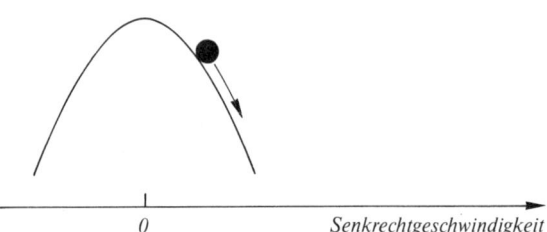

0   *Senkrechtgeschwindigkeit*

Abb. 4.16: Ist die Temperaturdifferenz zwischen unterer und oberer Begrenzung der Flüssigkeit hinreichend groß, so wächst die Senkrechtgeschwindigkeit der Rollen an. In unserem mechanischen Analogon bedeutet dies, daß die Kugel eine instabile Lage hat.

instabil. Bei einer kleinen Schwankung wächst die Senkrechtgeschwindigkeit. Die neue, instabile Situation können wir uns wieder wie schon zu Anfang dieses Abschnitts durch die Abb. 4.16 veranschaulichen. Da aber die Rollen sich schließlich stabilisieren, darf die Geschwindigkeit nicht mehr weiter anwachsen, sondern hat einen stabilen endlichen Wert erreicht. Die Kugel befindet sich nun wieder in einer nach oben gekrümmten Schale. Setzen wir die Bilder zusammen, so ergibt sich das Bild der Abb. 4.17. Da aber die Umlaufrichtungen links herum oder rechts herum gleichwertig sind, bedeutet dies in unserer Figur, daß das Bild symmetrisch sein muß, d. h. daß für die Geschwindigkeit, symbolisiert durch die Lage des Teilchens, die Abb. 4.18 gilt. In dieser Weise können wir den schon oben besprochenen Bruch der Symmetrie noch-

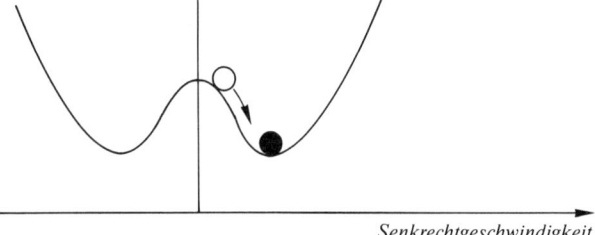

Senkrechtgeschwindigkeit

Abb. 4.17: Da die Senkrechtgeschwindigkeit nicht beliebig stark anwächst, sondern schließlich zur Ruhe kommt, muß die instabile Lage der Kugel von Abb. 4.16 schließlich in eine stabile Lage einmünden. Dies ist in unserer Abbildung dargestellt.

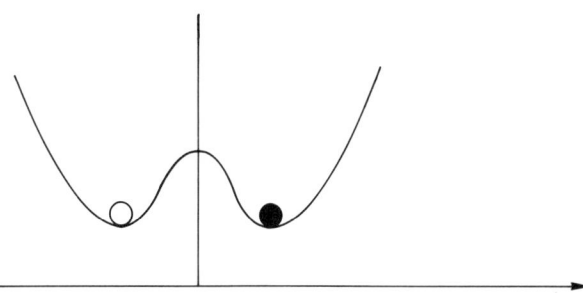

Senkrechtgeschwindigkeit

Abb. 4.18: Eine Veranschaulichung der Symmetriebrechung. Die Kugel kann eine von zwei völlig gleichberechtigten Lagen einnehmen. Für die Rollen bedeutet dies, daß diese sowohl rechts als auch links herum laufen können.

mals deutlich, jedoch in anderer Weise sehen. Die Kugel, deren Lage die Geschwindigkeit der Rollen symbolisiert, kann im Prinzip zwei gleichberechtigte Lagen annehmen, muß sich dann aber natürlich für eine der beiden Lagen entscheiden und auf diese Weise die Symmetrie brechen.

Rollenbewegungen sind nicht die einzig möglichen makroskopischen Bewegungen bei von unten erhitzten Flüssigkeiten. Haben wir z. B. eine Flüssigkeit in einem kreisförmigen Gefäß, so ist die Richtung der Rollenachse ja noch völlig beliebig. Hier kann es nicht nur zur Konkurrenz zwischen verschiedenen Rollen kommen, bei der schließlich eine einzige Rollenrichtung gewinnt, sondern es können sich auch Rollenbewegungen verschiedener Richtungen gegenseitig stabilisieren. Das be-

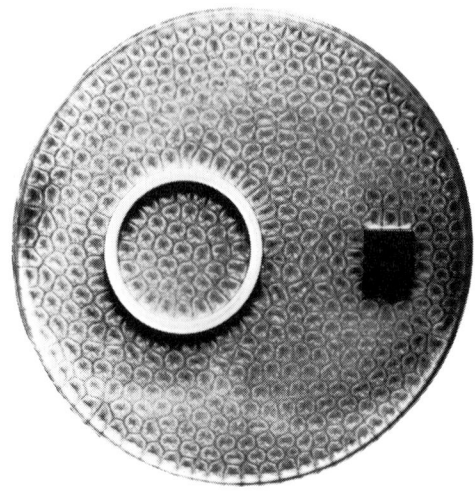

Abb. 4.19: Bienenwabenmuster der Flüssigkeitsbewegung. In der Mitte jeder Wabe steigt die Flüssigkeit auf, um an den Begrenzungen wieder nach unten zu sinken.

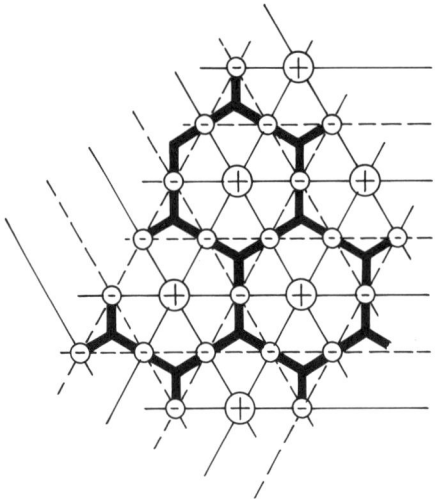

Abb. 4.20: Diese Abbildung veranschaulicht, wie durch Überlagerung verschieden orientierter Rollen das hexagonale Bienenwabenmuster von Abb. 4.19 zustande kommt. An den mit einem Plus-Zeichen versehenen Kreisen steigt die Flüssigkeit nach oben, an den mit einem Minus-Zeichen versehenen Kreisen nach unten. Die ausgezogenen und die gestrichelten Linien geben die jeweilige Berandung der Rollen an. An den ausgezogenen Linien steigt die Flüssigkeit nach oben, an den gestrichelten fällt sie nach unten. Die dicken Linien geben die entstehenden Hexagone an, wo die Flüssigkeit sich nach unten bewegt.

kannteste Beispiel hierfür ist in Abb. 4.19 dargestellt. Hier stützen sich die Rollenbewegungen gegenseitig und stabilisieren sich ähnlich wie etwa drei sich gegenseitig stützende Stangen, die auf diese Weise nicht mehr umfallen können (Abb. 4.20). Addiert man die einzelnen Bewegungen der Rollen jeweils zusammen, was etwas mühsam ist, so ergibt sich schließlich das Muster von Bienenwaben, also von Hexagonen. In der Mitte solcher Waben steigt die Flüssigkeit nach oben, um an deren Rändern wieder abzusinken. Erwärmt man z. B. Skiwachs in einer runden Dose von unten, so kommt es zu diesen Mustern.

Dieses Beispiel zeigt schon, daß der Begriff Flüssigkeit einen sehr breiten Bereich umfaßt. In der Tat kann es sich hierbei um Lava handeln, die dann erstarrt und zu sechskantigen Blöcken wird. In Salzseen, die durch die Wärme aus dem Erdinneren von unten erhitzt werden, kann es zur Auskristallisation von Salzplatten kommen, die wieder hexagonal in mehr oder minder deutlicher Form gestaltet sind. Bilden sich auf diesen dann Bakterienkulturen roter Farbe, so ergeben sich die in Abb. 4.21 dargestellten Formationen.

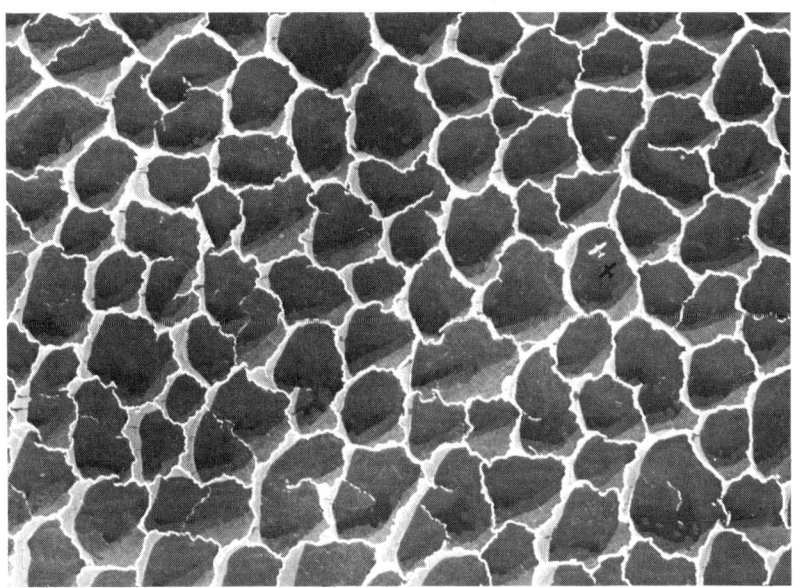

Abb. 4.21: Sechseckförmige Salzablagerungen. Purpurbakterien färben den ausgetrockneten Boden des Natronsees in Ostafrika.

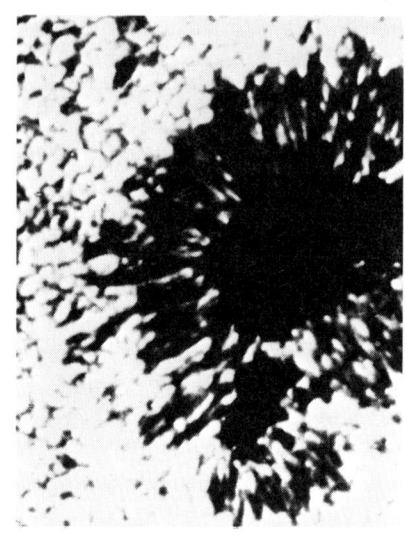

Abb. 4.22: Granulen auf der Sonne

Auf der Sonnenoberfläche beobachten Astronomen Strukturen, die Granulen genannt werden. Es wird angenommen, daß diese Granulen durch das hier besprochene Phänomen entstehen (Abb. 4.22).

Erhitzt man eine Flüssigkeit, bei der sich ein Bienenwabenmuster ausgebildet hat, von unten her stärker, so kann dieses Muster wieder durch einfache Rollen verdrängt werden, d. h. statt Abb. 4.19 entsteht Abb. 4.6. Die mathematische Analyse, die wir hier natürlich nicht wiedergeben können, läßt eine teils amüsante, teils nachdenklich stimmende Deutung zu. Unter den neuen Bedingungen setzt nämlich zwischen den ursprünglichen drei Rollenrichtungen, die sich gegenseitig stabilisierten, um die Wabenstruktur zu bilden, ein Konkurrenzkampf ein. Diesen Konkurrenzkampf gewinnt wieder durch eine zufällige Schwankung eine der Rollen, die dann die Herrschaft übernimmt und die anderen Rollen versklavt, d. h. deren Bewegung ihrer eigenen Bewegung unterwirft.

Wie wir an dieser Art der Beschreibung sehen, verschmilzt hier die Darstellung von Naturphänomenen mit Darstellungen, die etwa in der Psychologie oder Soziologie eine Rolle spielen. Der Vorteil der hier betrachteten Naturvorgänge ist jedoch, daß wir diese mathematisch im einzelnen berechnen und verfolgen können.

Verblüffenderweise sind ganz verschiedenartige Naturvorgänge genau

Abb. 4.23: Draufsicht auf eine Flüssigkeitsschicht, die von unten erwärmt wird und in der sich zwei zueinander senkrechte Rollenbewegungen ausbilden.

den gleichen Gesetzmäßigkeiten unterworfen, wofür wir in diesem Buch noch viele weitere Beispiele bringen werden.

Unsere Kenntnisse erlauben es aber bereits jetzt, das Grundprinzip festzuhalten. Ändern wir äußere Bedingungen, etwa die Temperaturdifferenz zwischen Unter- und Oberseite einer Flüssigkeit, so wird der alte Zustand, z. B. der Ruhezustand, instabil und durch einen neuen makroskopischen Zustand ersetzt. In der Nähe des Übergangspunktes testet das System durch ständige Schwankungen neue Möglichkeiten eines makroskopischen Ordnungszustands. Am Instabilitätspunkt selbst und etwas darüber verstärkt sich die neue kollektive Bewegungsform immer mehr und setzt sich hierbei schließlich gegenüber allen anderen Kollektivbewegungen durch. Bei einigen solcher Kollektivbewegungen braucht es nicht bei einer Konkurrenz zu bleiben. Es kann unter Gleichberechtigten auch zu einer Kooperation kommen, die dann zu neuen Mustern Anlaß gibt. Im Gegensatz zu den Phasenübergängen im thermischen Gleichgewicht entstehen hier aber immer wieder Bewegungsmuster, d. h. wir haben es hier ständig mit einer Dynamik zu tun. Bei der Bildung der Strukturen leistet die Form der Berandung manchmal Hilfe. Ist z. B. die Form der Berandung rechteckig, so können zwei zueinander senkrechte Rollenformen koexistieren und geben so Anlaß zu dem Muster der Abb. 4.23.

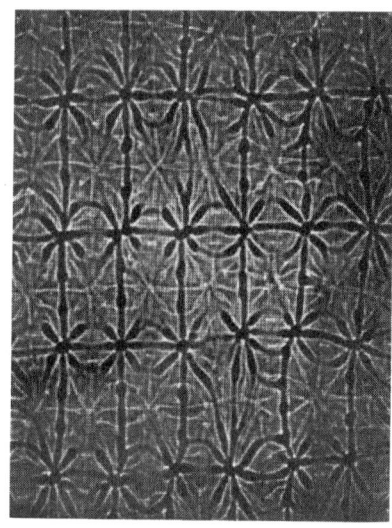

Abb. 4.24: Draufsicht auf eine von unten erwärmte Flüssigkeitsschicht, bei der ein kompliziertes Bewegungsmuster, das fast wie ein Teppichmuster aussieht, entstanden ist.

Auch noch kompliziertere Muster werden beobachtet, z. B. das der Abb. 4.24. Diese Muster sind nicht mehr statisch, sondern auch dem Auge erkennbar in ständiger Bewegung. Sie zeigen ständig Pulsationen der Flüssigkeitsbewegung, was sich manchmal fast wie ein Atmen der Flüssigkeit ausnimmt.

Stufenleiter von Bewegungsmustern

Bewegungsmuster in Flüssigkeiten entstehen aber nicht nur durch Erwärmung.

Im Labor läßt sich der folgende Versuch relativ einfach durchführen. Wir füllen eine Flüssigkeit zwischen zwei Zylinder, die eine gemeinsame Mittelachse haben, und lassen den inneren Zylinder rotieren. Rotiert der innere Zylinder, so wird natürlich die Flüssigkeit von ihm mitgenommen, während sie am äußeren Zylinderrand gewissermaßen noch anklebt. Bei kleinen Umlaufgeschwindigkeiten des inneren Zylinders ergeben sich konzentrische Stromlinien. Erhöht man aber die Geschwindigkeit des inneren Zylinders über eine kritische Geschwindigkeit hinaus, so setzt eine völlig andere Bewegung ein, nämlich Rollen, wie sie in Abb. 4.25a dargestellt sind. Diese Rollen liegen nun gewisser-

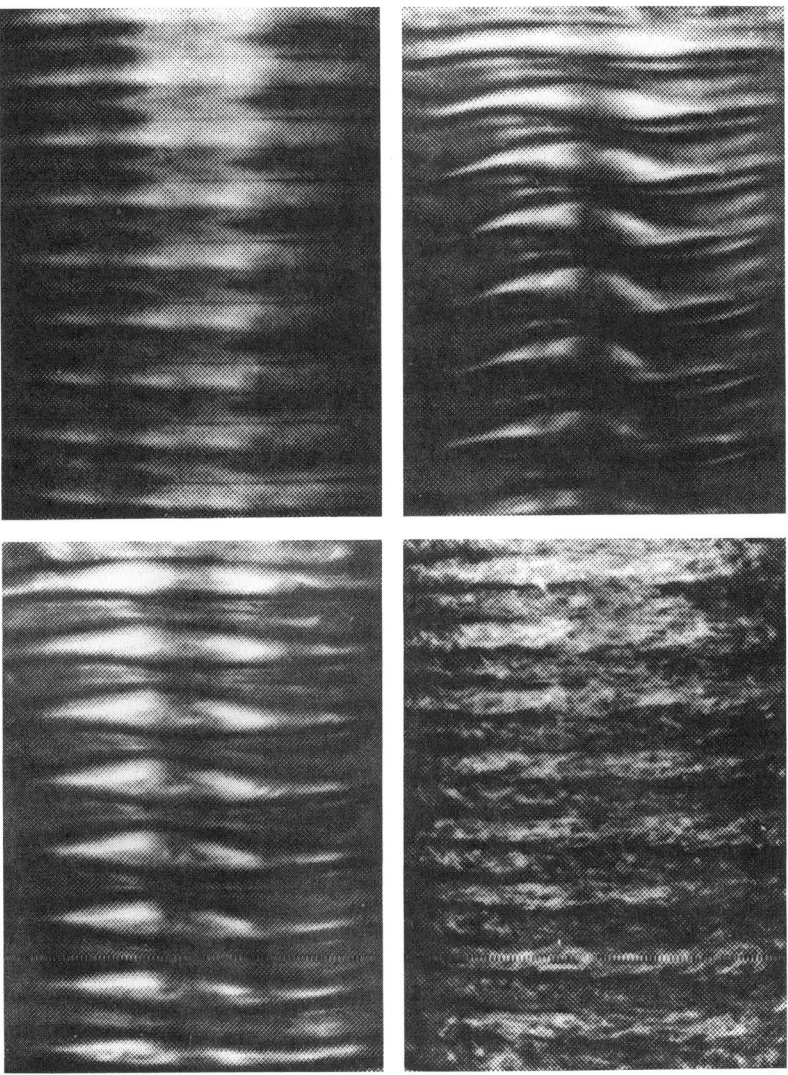

Abb. 4.25: Flüssigkeitsbewegung zwischen zwei senkrechten Zylindern mit gleicher Achse. Der äußere, ruhende Zylinder ist durchsichtig, der innere Zylinder rotiert. Je nach verschiedener Drehgeschwindigkeit des inneren Zylinders bilden sich verschiedene Flüssigkeitsmuster aus.

a) Rollen, die würstchenförmig um den inneren Zylinder liegen,
b) die Rollen schwingen hin und her,
c) die Rollenbewegung wird noch komplizierter,
d) unregelmäßige, chaotische Bewegung.

maßen wie zusammengekrümmte Frankfurter Würstchen in einer Dose. Erhöht man die Umlaufgeschwindigkeit noch weiter, so fangen die Rollen an zu schwingen. Es laufen Wellen um (Abb. 4.25b). Bei noch höherer Geschwindigkeit werden diese Schwingungen komplizierter (Abb. 4.25c), um dann bei einer letzten Geschwindigkeitsstufe in eine völlig unregelmäßige Bewegung überzugehen. Diese Bewegung wird als Turbulenz bezeichnet, neuerdings auch als Chaos (Abb. 4.25d).

Wie dieses Beispiel einer Flüssigkeitsbewegung deutlich macht, können durch Selbstorganisation immer kompliziertere Bewegungsmuster entstehen. In der Sprache der Synergetik treten der Reihe nach immer neue Ordner auf.

Das Entstehen einer völlig unregelmäßigen, chaotischen Bewegung könnte vermuten lassen, daß die Ordner hier ihre Herrschaft verloren haben. Die Antwort werden wir im 11. Kapitel geben.

Dieses Beispiel ist auch deshalb so wichtig, weil es zeigt, daß unter ganz bestimmten Versuchsbedingungen bei sich selbst organisierenden Vorgängen auch eine chaotische Bewegung einsetzen kann. In den letzten Jahren hat die Erforschung solcher chaotischer Bewegungen einen großen Aufschwung genommen. Wie mathematische Modelle nachweisen, können derartige Erscheinungen nicht nur in der Physik, sondern auch in ganz anderen Gebieten, wie beispielsweise der Wirtschaft, zwangsläufig sein. Wir werden so erkennen, daß wir gezwungen sind, mit bestimmten Dogmen der Wirtschaftstheorie zu brechen. Demjenigen Leser, der an dieser Stelle den Schluß ziehen möchte, daß Selbstorganisation zum Chaos führen kann, Organisation, d. h. Steuerung von außen, hingegen Chaos vermeidet, sei hier schon folgendes gesagt: Wir werden sehen, daß oft gerade auch Kontrollvorgänge bei sich selbst organisierenden Systemen zum Chaos führen können.

Kehren wir aber nochmals kurz zur Physik zurück. Das Auftreten immer komplizierterer Muster ist in der Flüssigkeitsdynamik ein weit verbreitetes Phänomen, das wir schließlich noch an Abb. 4.26 erläutern wollen. Hier wird ein Zylinder von einer Flüssigkeit umströmt, wobei wir von Teilfigur zu Teilfigur die Geschwindigkeit der Flüssigkeit größer werden lassen. So entstehen in ganz bestimmter Folge verschiedenartige Muster, die alle mit Wirbelbildung verknüpft sind.

Alle diese Phänomene mögen vielleicht als Kuriosum und deren Studium als Spielerei erscheinen. Wir haben aber anfangs dieses Kapitels schon am Beispiel der Wolkenbildung gesehen, daß diese Erscheinungen auch in viel größerem Maßstab auftreten. Von diesen Phänomenen aus ergibt sich z. B. eine Erklärung zur Kontinentalverschiebung der

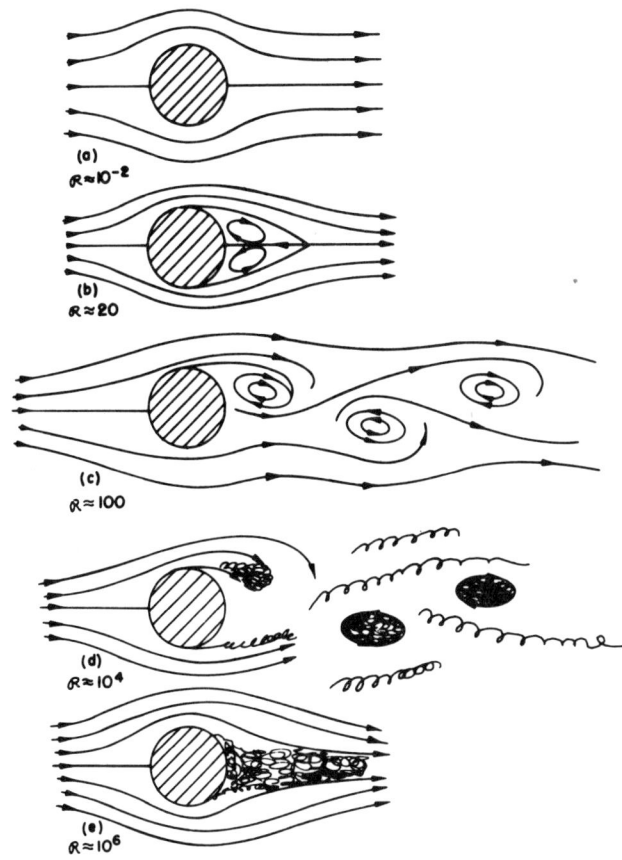

Abb. 4.26: Stromlinienbilder einer Flüssigkeit, die einen Zylinder umströmt. Mit wachsender Umströmungsgeschwindigkeit wird das Strömungsmuster immer komplizierter.

Erdrinde. Wenn wir den Globus ansehen, so erkennen wir, daß z. B. Südamerika direkt in die Westküste von Afrika hineinpaßt. Nicht nur diese oberflächliche Beobachtung, sondern auch weitgehende wissenschaftliche Vergleiche von geologischen Formationen sowie Vergleiche der jeweiligen Tier- und Pflanzenwelt, haben den deutschen Geologen Alfred Wegener (1880–1930) zu seiner Theorie der Kontinentalverschiebung gebracht. Hiernach haben sich die Kontinente im Laufe von Jahrmillionen auf der Erdoberfläche verschoben und sind auf der Erdoberfläche viele tausend Kilometer gewandert. Diese Hypothese erscheint natürlich ungeheuer kühn, weil wir ja die Erdkruste als etwas Festes, Starres ansehen. Wir dürfen aber nicht vergessen, daß das Erdinnere sehr heiß ist und sich mehr wie eine zähe Flüssigkeit verhält. Damit ist aber bereits das Stichwort gegeben. Wir können eine Schicht zwischen dem Zentrum der Erde und ihrer Rinde als eine Flüssigkeitsschicht ansehen, die von unten her erhitzt wird und oben eine bestimmte Temperatur hat. Dann setzen aber gerade die Konvektionsströme ein, die sich wie Rollen bewegen und damit in der Lage sind, selbst Kontinente zu verschieben. Es handelt sich hierbei um Vorgänge, die sehr, sehr langsam ablaufen.

In ähnlicher Weise lassen sich Modellversuche an einer rotierenden Glaskugel, die mit Flüssigkeit gefüllt ist, durchführen. Auch hier entstehen wieder ganz spezifische Muster, etwa in Form von Bewegungsstreifen auf der Flüssigkeitsoberfläche, die Modelle für verschiedenartige Gasgürtel auf dem Jupiter abgeben.

Die theoretische Physik oder Astrophysik ist in der Lage, derartige Musterbildungen zu berechnen und vorherzusagen, wobei es sich immer wieder um das gleiche Grundphänomen handelt, nämlich das Anwachsen bestimmter Moden, d. h. bestimmter Bewegungsformen, die sich dann über das Versklavungsprinzip selbst stabilisieren.

5. Kapitel

Es werde Licht – Laserlicht

Licht ist nicht gleich Licht

Im Jahr 1960 war ich in den USA bei den Bell Telephone Laboratories in Murray Hill als wissenschaftlicher Berater tätig. In weit größerem Umfang als es in Europa üblich ist, unterhalten amerikanische Konzerne große Forschungslaboratorien, in denen eine enge Verzahnung zwischen tiefschürfender Grundlagenforschung und wirkungsvoller Anwendung Selbstverständlichkeit ist. Sehr bald wurde ich in eines der zentralen Geheimnisse der damaligen Forschungstätigkeit, an der mehrere Gruppen beteiligt waren, eingeweiht. Man versuchte, eine Lichtquelle herzustellen, die Licht mit ganz neuartigen Eigenschaften erzeugen sollte. Den Anstoß dazu hatte eine Veröffentlichung im Jahre 1958 von Arthur Schawlow und Charles Townes gegeben. Townes hatte bereits früher (1954) gemeinsam mit seinen Mitarbeitern ein Gerät konstruiert, das in ganz neuartiger Weise die sogenannten Mikrowellen erzeugte. Diese sind genauso wie Radiowellen oder Radarwellen elektromagnetische Wellen. Alle diese Wellen können wir mit unseren Sinnesorganen nicht wahrnehmen; trotzdem existieren sie. Es ist so, als ob wir in stockdunkler Nacht an einem Meeresufer stünden. Die Wellen des Meeres sind dann für uns unsichtbar. Trotzdem können wir sie wahrnehmen, wenn auf ihnen ein Boot mit einer Laterne auf und ab schaukelt. Ähnlich ist es mit den elektromagnetischen Wellen. Hier dient z. B. das Radio als Nachweis für ihre Existenz. Es macht diese Wellen (nach bestimmten Umformungen der elektromagnetischen Schwingungen) schließlich für uns hörbar.
Die Aufgabe bei den Bell Telephone Laboratories (wie auch an Konkurrenzlabors, die in den USA auch nicht schliefen) bestand darin, auch Lichtwellen nach dem Townesschen Prinzip der Mikrowellenerzeugung herzustellen. Dieses Prinzip hatte den Namen »Maser« erhalten. Maser

ist, wie viele andere Bezeichnungen der modernen Wissenschaft und Technik, ein Kunstwort, fast schon eine sprachliche Spielerei. Es besteht aus den Anfangsbuchstaben englischer Wörter, die für die meisten Leser böhmische Dörfer sein dürften – ich führe sie nur der Kuriosität halber an: *M*icrowave *a*mplification (by) *s*timulated *e*mission (of) *r*adiation. Auf deutsch also: Mikrowellenverstärkung durch stimulierte Emission von Strahlung – immer noch böhmische Dörfer. Das Wort »Laser« war aber nun schnell bei der Hand. Statt Mikrowellen wollte man Lichtwellen – also Laser = *L*ight *a*mplification (by) *s*timulated *e*mission of *r*adiation.

Halten wir uns aber hier nicht mit Wortspielereien auf, sondern sehen wir uns an, welch ungeheuren Fortschritt der Laser gegenüber der Lampe gebracht hat. Um diesen richtig einschätzen zu können, müssen wir uns erst ein klein wenig mit Lampen und dem von ihnen ausgestrahlten Licht befassen. Wir werden aber sehen, daß wir auf diese Weise einen sehr direkten Zugang zu grundlegenden Ideen der Synergetik bekommen werden.

Als Beispiel für eine Lampe nehmen wir eine sogenannte Gasentladungsröhre. Es handelt sich hier um eine Glasröhre, die mit einem Edelgas, z. B. Neon, gefüllt ist. Ein einzelnes Gasatom besteht aus dem positiv geladenen Kern und einer Reihe von negativ geladenen Elektronen, die um diesen Kern wie Planeten um die Sonne kreisen. Im folgenden wollen wir uns der Einfachheit halber nur mit dem Verhalten eines Elektrons, dem sogenannten »Leuchtelektron«, befassen (Abb. 5.1). Wie der dänische Physiker Niels Bohr 1913 erkannte, kann ein Elektron nur ganz bestimmte Umlaufbahnen einnehmen, andere sind ihm verwehrt. Dieses Verhalten hat erst in der Quantentheorie eine Begründung gefunden. Hiernach verhält sich das Elektron nicht nur wie ein Teilchen, sondern auch wie eine Welle, die sich beim Umlauf um das

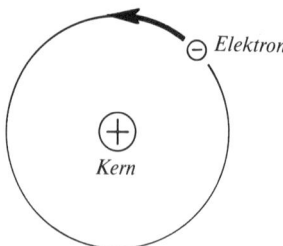

Abb. 5.1: Schema eines Atoms am Beispiel des Wasserstoffatoms. Ein negativ geladenes Elektron umkreist den positiv geladenen Kern.

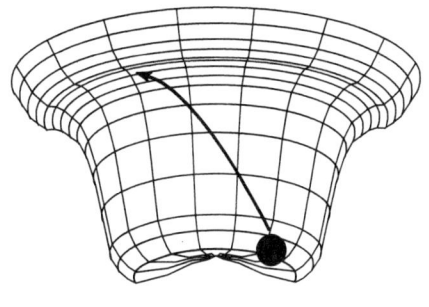

Abb. 5.2: Veranschaulichung der Bewegung des Elektrons (schwarze Kugel) um den Atomkern. Das Elektron läuft in rillenförmigen Tälern. Durch Energiezufuhr von außen, z. B. Lichteinstrahlung, kann das Elektron von der niedrigsten Rille in eine höhere Rille angehoben werden.

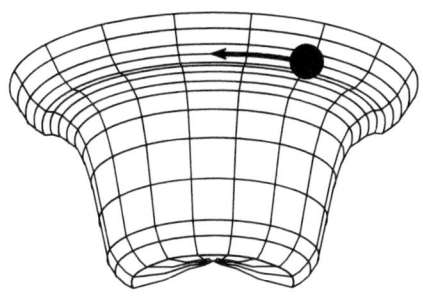

Abb. 5.3: Das Elektron läuft auf der höher gelegenen Rille um. Dies entspricht dem angeregten Atomzustand.

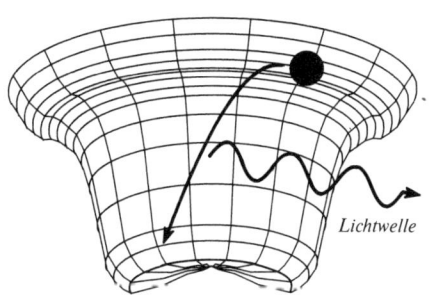

Lichtwelle

Abb. 5.4: Das Elektron fällt von der oberen Rille in die untere Rille zurück und gibt dabei seine Energie in Form einer Lichtwelle ab.

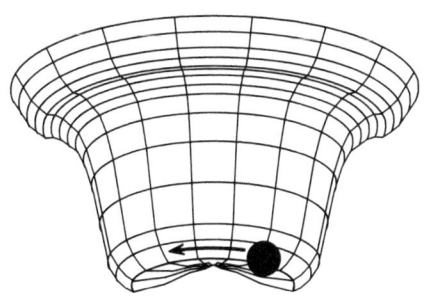

Abb. 5.5: Das Elektron läuft wieder in der tiefsten Rille um.

63

Atom sozusagen in den Schwanz beißen muß. Aus diesem Grunde sind nur ganz bestimmte Umlaufbahnen möglich. Normalerweise läuft das Elektron gewissermaßen wie in einer Talmulde auf einer tiefsten Bahn (Abb. 5.2). Schicken wir einen elektrischen Strom, der von vielen frei herumschwirrenden Elektronen getragen wird, durch die Röhre, so stoßen diese mit den einzelnen Gasatomen zusammen. Dabei kann das »Leuchtelektron« eines Atoms auf eine energiereichere Bahn hinaufgestoßen werden (Abb. 5.3). Von dieser kann es spontan, d. h. ganz plötzlich ohne vorhersehbaren Zeitpunkt, auf seine ursprüngliche Bahn zurückspringen. Die dabei frei werdende Energie gibt es an das Lichtfeld ab (Abb. 5.4), und läuft nun auf der untersten Bahn weiter (Abb. 5.5). Es entsteht eine Lichtwelle, genauso wie eine Wasserwelle entsteht, wenn wir einen Stein ins Wasser werfen.

In einer Gasentladungsröhre widerfährt dieses Schicksal natürlich vielen »Leuchtelektronen«. Es werden dabei Lichtwellen erzeugt, genauso wie wenn wir unregelmäßig eine ganze Reihe von Steinen ins Wasser werfen. Genau wie bei der Wasseroberfläche entsteht eine wilde Bewegung des Lichtfelds, das sich aus einzelnen Wellenzügen, Spaghettis ähnlich, zusammensetzt. Erhöhen wir die Stromstärke durch das Gas, so werden immer mehr Atome angeregt, und man sollte erwarten, daß das Knäuel der Wellenzüge immer dichter würde. Dies war auch tatsächlich die Ansicht vieler Physiker.

Wie ich als erster (und darüber freue ich mich heute noch) in meiner Lasertheorie zeigen konnte, passiert beim Laser aber etwas völlig anderes. Anstelle des wirren Knäuels tritt ein völlig gleichmäßiger, praktisch unendlich langer Wellenzug auf. Experimente, die in verschiedenen Laboratorien auf der ganzen Welt anschließend durchgeführt wurden, bestätigten voll und ganz diese Vorhersage. Es besteht also ein drastischer Unterschied zwischen dem Licht einer gewöhnlichen Lampe und dem Laserlicht. Warum dies so verwunderlich ist, sehen wir an folgender Analogie.

Wir stellen die Atome durch Männchen dar, die an einem mit Wasser gefüllten Kanal stehen (Abb. 5.6). Das Wasser soll dabei das Lichtfeld symbolisieren. Ist die Wasseroberfläche in Ruhe, so entspricht dies dem Fall, daß kein Lichtfeld vorhanden ist, also der Dunkelheit. Stoßen nun die Männchen mit Stöcken in das Wasser, so wird die Wasseroberfläche zu Wellenbewegungen angeregt. Dies entspricht der Erzeugung des Lichtfelds durch die Atome. Wie bei einer Lampe entsteht eine völlig unregelmäßige Bewegung. Den Verhältnissen im Laser hingegen würde es entsprechen, daß die Männchen ihre Stöcke völlig gleichmäßig, wie

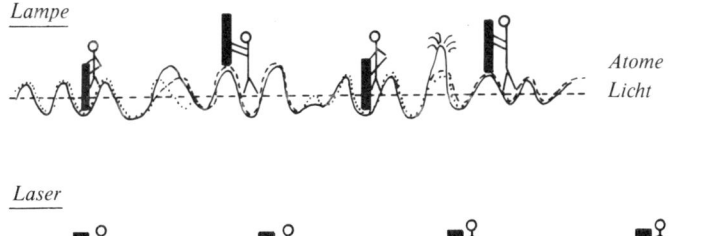

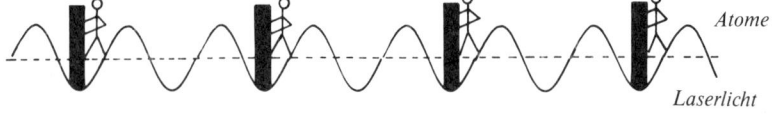

Abb. 5.6: Veranschaulichung der Wirkungsweise einer Lampe und eines Lasers. Die Männchen stehen mit Stöcken an einem Kanal, der mit Wasser gefüllt ist. Im oberen Teil stoßen sie ihre Stöcke unabhängig voneinander in das Wasser. Die wildbewegte Wasseroberfläche entspricht dem Lichtfeld einer Lampe.

Im unteren Teil stoßen die Männchen ihre Stöcke gleichförmig in das Wasser. Es entsteht eine gleichförmige Wasserwelle, die dem Laserlicht entspricht.

auf ein Kommando hin, in das Wasser stoßen, so daß eine gleichmäßig bewegte Wasseroberfläche entsteht. Im menschlichen Bereich ist es klar, wie es zu dieser gleichmäßigen Tätigkeit der Männchen kommt. Hinter ihnen steht ein Boß oder ein Kapo, der immer ruft »jetzt, jetzt, jetzt«, so daß das Hineinstoßen der Stöcke genau geregelt wird. Bei den Laseratomen ist aber niemand da, der den Atomen den entsprechenden Befehl erteilt. Die Atome organisieren also ihr Verhalten selbst. Der Laser ist somit ein Beispiel für das Zustandekommen eines geordneten Zustands durch Selbstorganisation, bei dem ungeordnete Bewegung in geordnete Bewegung überführt wird. Dies macht den Laser zu einem Paradebeispiel für die Synergetik.

Er kann als Allegorie für viele Prozesse in ganz anderen Gebieten, insbesondere auch in der Soziologie, dienen.

Bevor wir darauf eingehen, müssen wir die Grundidee der Synergetik doch noch weiter vertiefen, nicht zuletzt, weil es sonst scheinen könnte, als ob wir in oberflächlicher Weise Erkenntnisse der Physik direkt ohne weitere Reflexion auf so komplizierte Erscheinungen wie etwa das menschliche Zusammenleben übertragen. Immerhin können wir aber im Laser in einfacher Weise einige Grundzüge erkennen, die uns einen Schritt näher zum Verständnis von Vorgängen in der lebenden Natur bringen.

Sehen wir uns einen Laser näher an, um das Geheimnis seiner Selbstorganisation zu ergründen. Ein Laser unterscheidet sich von einer üblichen Gasentladungsröhre lediglich durch die beiden Spiegel an den Endflächen der Glasröhre (Abb. 5.7). Diese sorgen dafür, daß das Licht, das längs der Röhrenachse läuft, möglichst lange in der Röhre verbleibt (Abb. 5.8). Indem man einen der Spiegel etwas durchlässig macht, kann dann aber doch etwas von diesem Licht ausgestrahlt werden. Warum möchte man aber, daß Licht länger in der Laseranordnung bleibt?

Dann kann nämlich ein Prozeß einsetzen, der Anfang des Jahrhunderts von Einstein vorausgesagt worden war. Sind bereits Lichtwellen vorhanden, so können diese ein angeregtes Leuchtelektron zwingen, im gleichen Takt mitzuschwingen, mitzutanzen. Genauso wie ein leidenschaftlicher Stepptänzer den Rhythmus einer Band verstärkt und am Schluß ermattet, ausgepumpt niedersinkt, so ergeht es auch dem Elektron. Es verstärkt die Lichtwelle, d. h. es erhöht deren Wellenberge, bis es seine Energie ganz an die Welle abgegeben hat und sich wieder im Grundzustand, im »Ruhezustand« befindet.

Da infolge der Spiegel die Lichtwellen relativ lange im Laser bleiben, können diese mehr und mehr angeregte Leuchtelektronen in ihren Bann ziehen und diese zwingen, die Wellenberge immer höher werden zu lassen.

Auch bei gleicher Höhe der Wellenberge ist aber Welle nicht gleich Welle. Bei der einen Welle folgen Berg auf Berg kurz hintereinander, bei einer anderen ist der Abstand größer (Abb. 5.9). Tatsächlich gibt es zu Anfang einer jeden Laserausstrahlung im Laser in diesem Sinne ganz verschiedene Wellen, die bereits von einigen »vorwitzigen« Leuchtelektronen ausgestrahlt wurden. Diese Wellen treten miteinander in Konkurrenz in ihrem Verlangen, von den übrigen angeregten Leuchtelektronen Verstärkung zu erhalten. Die Elektronen selbst verstärken verschiedene Lichtwellen aber nicht in ganz gleicher Weise, sondern geben ihre Energie mit einem meist nur kleinen Vorzug an eine bestimmte Welle ab. Es ist diejenige Welle, die in ihrem Rhythmus dem »inneren Tanztakt« der Leuchtelektronen am nächsten kommt. Obwohl also diese spezielle Welle oft nur ein ganz klein wenig bevorzugt wird, wird sie lawinenartig verstärkt und gewinnt schließlich gegenüber allen anderen. Diese werden unterdrückt und alle Energie der Leuchtelektronen geht nur noch in die eine völlig gleichmäßig schwingende Welle. Umge-

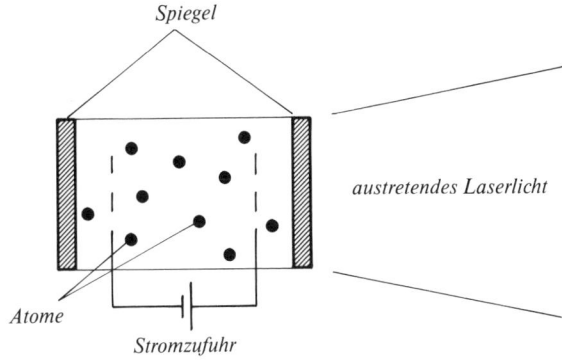

Spiegel

austretendes Laserlicht

Atome

Stromzufuhr

Abb. 5.7: Beispiel für eine typische Laseranordnung.

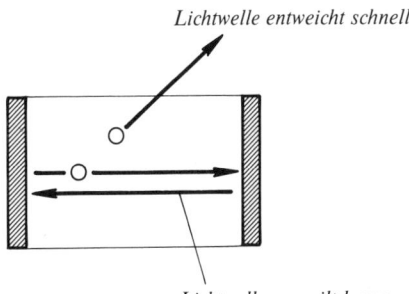

Lichtwelle entweicht schnell

Lichtwelle verweilt lange

Abb. 5.8: Verschiedenes Verhalten von Lichtwellen zwischen zwei Spiegeln. Die schräg zur Achse laufende Welle entweicht schnell, die längs der Achse verlaufende verweilt lange im Laser.

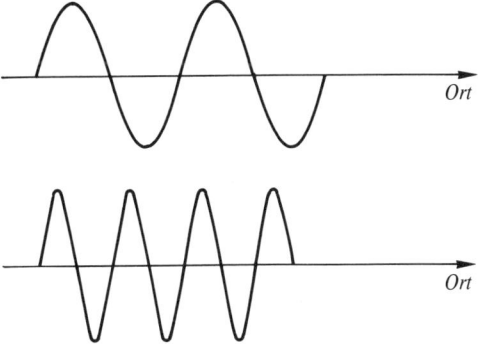

Ort

Ort

Abb. 5.9: »Welle ist nicht gleich Welle«.
Zwei Beispiele von Wellen mit verschiedenen Abständen von Wellenberg zu Wellenberg.

kehrt, hat sich diese Welle erst einmal durchgesetzt, so zwingt sie ständig jedes neu angeregte Leuchtelektron eines Atoms in ihren Bann und bringt es zum Mitschwingen im Takt. Die neu entstandende Welle bestimmt somit die Ordnung im Laser, sie spielt die Rolle des Ordners, ein Begriff, den wir schon mehrfach erwähnt haben.

Da dieser Ordner die einzelnen Elektronen genau im Takt mitschwingen läßt und somit den einzelnen Elektronen deren Handeln aufprägt, sagen wir wieder, daß der Ordner die einzelnen Elektronen »versklavt«. Umgekehrt bringen aber die Elektronen durch ihr gleichmäßiges Schwingen erst die Lichtwelle, d. h. den Ordner, hervor. Das Auftreten des Ordners einerseits und das kohärente Verhalten der Elektronen andererseits bedingen sich gegenseitig. Wir haben hier wieder ein typisches synergetisches Verhalten vor uns. Damit die Elektronen gleichmäßig im Takt schwingen, muß ein Ordner, nämlich die Lichtwelle, vorhanden sein. Die Lichtwelle entsteht aber erst durch das gleichmäßige Schwingen der Elektronen. Es sieht so aus, als müßten wir hier eine höhere Macht bemühen, die erst einmal den Ordnungszustand anfänglich schafft, damit sich dieser dann von allein aufrechterhalten kann. Dem ist aber, wie wir eben sahen, nicht so. Es hat ja zuvor ein Wettkampf, ein Ausleseprozeß stattgefunden, alle Elektronen sind dabei Sklave einer bestimmten Welle geworden. Interessant dabei ist, daß anfänglich die verschiedenen Wellen rein zufällig, spontan von den Elektronen erzeugt werden – dann aber aufgrund der Gesetze des Wettbewerbs ausgesondert, selektiert werden. Wir haben hier das für die Synergetik typische Wechselspiel zwischen Zufall und Notwendigkeit vor uns, wobei der »Zufall« durch die spontane Ausstrahlung dargestellt wird, während die »Notwendigkeit« durch das unerbittliche Gesetz des Wettbewerbs verkörpert wird.

Der Laser – ein offenes System mit einem Phasenübergang

Wird nun jede Lampe einfach dadurch zum Laser, daß man an ihr zwei Spiegel anbringt? Fast ist es so, aber wir müssen noch einen weiteren entscheidenden Punkt beachten. In der Lampe entweichen die Lichtwellen, die von den angeregten Leuchtelektronen ausgestrahlt werden, so rasch, daß ihnen gar keine Zeit mehr bleibt, um von anderen Leuchtelektronen unterstützt zu werden. Das heißt, die stimulierte Emission kann gar nicht stattfinden, und die einzelnen Wellenzüge können nicht ihr »Leben« verlängern lassen. Die verschiedensten Wellen werden völlig unzusammenhängend ausgestrahlt. Die Spiegel am Laser sollen die Lichtwellen längs der Laserachse am Entweichen hindern, so daß für die Verstärkung der Wellen durch stimulierte Emission genügend lange Zeit bleibt. Aber kein Spiegel ist so perfekt, daß er das Licht ewig im Laser halten könnte, und es gibt auch noch andere Ursachen dafür, daß Licht verlorengeht, z. B. durch Streuung. Außerdem müssen bei allen Anwendungen des Lasers die Spiegel auch etwas Licht herauslassen; schließlich wollen wir ja alles mögliche mit dem Laserlicht bestrahlen.

Damit wird aber die Frage, wann Laserlicht erzeugt werden kann, eine quantitative. Wir müssen eben die Leuchtelektronen der Gasatome in so schneller Folge anregen, daß diese die Lichtwellen dabei genügend rasch und effektiv verstärken können, um die Verluste infolge der Spiegel zu kompensieren. Mit anderen Worten, wir müssen dafür sorgen, daß der Energieverlust der Wellen durch einen Energiegewinn durch stimulierte Emission ausgeglichen werden kann. Wie wir daraus ersehen können, erfolgt der Übergang vom Lampenlicht zum Laserlicht schlagartig, wenn wir den elektrischen Strom, den wir durch die Röhre schicken, erhöhen. Es gibt also eine kritische Stromstärke, bei der sich der Ordnungszustand des Lasers dramatisch ändert, auch wenn wir die Stromstärke selbst nur ein ganz klein wenig ändern. Die Lasertätigkeit können wir nur dadurch aufrechterhalten, daß wir dem Laser ständig Energie, z. B. in Form des elektrischen Stroms, zuführen. Gleichzeitig wird ständig Energie in Form von Laserlicht (und anderer Verluste) abgestrahlt. Der Laser tauscht also ständig Energie mit der Umgebung aus, er ist ein *offenes* System. Zugleich wird er damit zu einem System, das weit entfernt vom thermischen Gleichgewicht ist – ganz ähnlich wie ein Benzinmotor.

Das schlagartige Auftreten eines makroskopischen Ordnungszustandes erinnert uns stark an das Verhalten eines Eisenmagneten oder eines Supraleiters, wo ja auch Ordnungszustände mit völlig neuartigen physikalischen Eigenschaften entstehen. Allerdings sind diese Systeme im thermischen Gleichgewicht mit ihrer Umgebung, was beim Laser gerade nicht der Fall ist. Es kam daher als eine Überraschung für viele Physiker, als wir in Stuttgart gleichzeitig mit einer amerikanischen Gruppe zeigen konnten, daß der Laserübergang alle Eigenschaften eines üblichen Phasenübergangs aufweist, wozu auch »kritische Fluktuationen« und »Symmetriebrechung« gehören. Der Laser erweist sich so als eine Brücke zwischen der unbelebten und der belebten Natur. Seinen Ordnungszustand erhält er durch Selbstorganisation, und zwar gerade dann, wenn wir die Energiezufuhr erhöhen. Er ist, wie alle biologischen Systeme, ein offenes System.

Eine interessante Brücke zu Lebensvorgängen bieten vor allen Dingen chemische Laser, da hier eine Art Stoffwechsel stattfindet. Dem chemischen Laser werden Stoffe wie Wasserstoff und Fluor zugeführt. Beide Stoffe reagieren heftig miteinander. Dabei finden sich neue Partnerschaften zwischen den Atomen des Wasserstoffs und Fluors, wobei die chemische Bindung zwischen zwei Partnern so energisch vor sich geht, daß dabei Leuchtelektronen angeregt werden. Diese strahlen dann Laserlicht ab in einer Weise, wie wir sie oben kennengelernt haben. Hier wird also aufgrund chemischer Reaktionen Energie geschaffen. Die chemische Energie, die sonst in Form von Wärme frei wird, wird hier schließlich in die geordnete Energie der streng periodischen Wellenbewegung des Laserlichts verwandelt. Wir haben also gewissermaßen einen Stoffwechsel vor uns, bei dem minderwertige Verbrennungsenergie in hochwertige Lichtenergie hochtransformiert wird. Es ist wie bei einem Motor, in dessen Zylinder ein Gasgemisch explodiert. Die Wärmeenergie, die auf viele Freiheitsgrade verteilt ist, wird hier umgewandelt in die Bewegungsenergie des Kolbens, die dann schließlich das Auto antreibt. Wir werden später immer wieder sehen, daß die Hochtransformation mikroskopischer Energien in die makroskopische Energie weniger Freiheitsgrade eines der Grundprinzipien biologischer Vorgänge zu sein scheint.

Lasertätigkeit können wir nicht nur dadurch hervorrufen, daß wir die Stromstärke erhöhen, wodurch die einzelnen Leuchtelektronen häufiger angeregt werden. Wir können auch einen anderen Prozeß ins Auge fassen, bei dem wir die Pumpstärke pro Atom gleich lassen, aber einfach die Zahl der Laseratome immer mehr erhöhen. Es zeigt sich dann, daß unterhalb einer bestimmten Zahl von Laseratomen keine Lasertätigkeit stattfindet, diese aber ganz plötzlich einsetzt, wenn die Zahl der Laseratome über diese bestimmte kritische Zahl erhöht wird. Wir haben es hier in der Tat mit einem Umschlag von Quantität in Qualität zu tun.

Wie wir an diesen Beispielen sehen, können Selbstorganisationsprozesse auf verschiedene Weise hervorgerufen werden. Wir werden später bei Anwendungen in der Biologie hierauf noch häufig zu sprechen kommen.

Auch in anderer Hinsicht erlaubt es der Laser, Brücken zur Biologie zu schlagen. Durch das Anbringen der Spiegel schaffen wir für die Laseratome und die von ihnen erzeugten Lichtwellen eine ganz bestimmte »Umwelt«. Wie die Physik zeigt, passen zwischen zwei parallele Spiegel

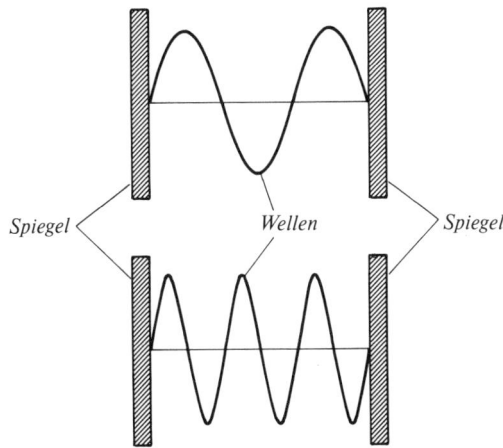

Abb. 5.10: Zwischen zwei Spiegel passen nur ganz bestimmte Wellen.

nur ganz bestimmte Lichtwellen (Abb. 5.10). Dies bedeutet, daß von vornherein nur diese Wellen als Laserwellen in Frage kommen. Es kann nun durchaus vorkommen, daß die Vorzugswelle, in die die Leuchtelektronen der Atome am liebsten ausstrahlen möchten, gar nicht als Welle zwischen die Spiegel paßt. Die Elektronen verzichten dann aber nicht auf die Ausstrahlung von Laserlicht; sie wählen vielmehr nun die Welle aus, die dem Takt ihrer eigentlichen Lieblingswelle noch am nächsten kommt. (Dies ist allerdings nur in bestimmten Grenzen möglich.) Ändern wir den Spiegelabstand langsam, so ändert sich entsprechend die Laserlichtausstrahlung der Elektronen – sie passen sich also der neuen Umgebung an. Und nun kann etwas sehr Beachtenswertes auftreten. Es kann nämlich der Fall eintreten, daß nun eine neue Welle zwischen die Spiegel paßt, die der »Lieblingswelle« der Elektronen näherkommt als die Welle, der sie bisher gefolgt sind und die sie unterstützten. Dann beginnen erst einige Elektronen spontan, in einer Art Fluktuation, in diese neue Welle ihre Energie zu entsenden, bis dann sehr rasch alle übrigen Elektronen diese neue Welle unterstützen und die alte gänzlich fallenlassen, also Anpassung an eine neue »Spiegel-Umwelt«, ausgelöst durch eine Fluktuation.

Beim Laser wie auch bei Flüssigkeiten kann ein Zustand makroskopischer Ordnung durch erhöhte Energiezufuhr erreicht werden. Erhöhen wir bei Flüssigkeiten die Energiezufuhr immer mehr, so bilden sich immer kompliziertere Muster, bis schließlich Turbulenz auftritt. Beim Laser ist es ganz genauso. Erhöhen wir die Stromstärke weiter, so fängt der Laser plötzlich an, regelmäßig unglaublich kurze und intensive Lichtblitze auszusenden. Jeder Lichtblitz kann soviel Leistung ausstrahlen, wie alle Kraftwerke der USA zusammen. Ein Blitz dauert dabei den billionstel Teil einer Sekunde. Diese Lichtblitze – auch ultrakurze Laserpulse genannt – entstehen durch die Kooperation vieler verschiedener Wellen. Der Konkurrenzkampf zwischen ihnen hat also aufgehört und einer gemeinsamen gewaltigen Anstrengung Platz gemacht. Schließlich sagt unsere Theorie voraus, daß Laser noch eine neue Art von Licht produzieren können: turbulentes Licht, ein neues Forschungsgebiet für den Experimentalphysiker. Dieses in der ersten Auflage des vorliegenden Buches vorausgesagte Forschungsgebiet ist inzwischen Wirklichkeit geworden. Insbesondere wurde das von mir vorausgesagte turbulente Laserlicht entdeckt. Turbulentes Laserlicht ist ein Beispiel für das sogenannte deterministische Chaos, auf das wir in Kapitel 11 näher eingehen werden.

6. Kapitel

Chemische Muster

Eheanbahnung chemisch

Besonders schöne Beispiele großflächiger Muster liefert uns die moderne Chemie. Wie wir alle wissen, können bestimmte chemische Substanzen miteinander reagieren und dabei neue Stoffe bilden. Die geläufigsten Beispiele sind natürlich Verbrennungsvorgänge, wo sich chemische Elemente, wie z. B. Kohlenstoff und Sauerstoff, verbinden. Oft setzt sich, wie schon dieses Beispiel zeigt, eine chemische Reaktion nicht von allein in Gang. Wir brauchen z. B. zur Zündung eine bestimmte Mindesttemperatur. Wie die Chemiker herausgefunden haben, gibt es aber recht oft noch eine andere Möglichkeit, chemische Reaktionen in Gang zu setzen oder zumindest zu erleichtern. Durch Zugabe bestimmter Stoffe kann nämlich eine chemische Reaktion ablaufen, die sonst gar nicht oder nur sehr langsam vonstatten ginge. Bei solchen Stoffen kann es sich auch um Bleche bestimmter Metalle, z. B. Platin, handeln. Diese speziellen Stoffe selbst bleiben bei der chemischen Reaktion unverändert. Sie treten nur wie Eheanbahnungsinstitute auf, die die Partner vermitteln, also die chemischen Substanzen neue Verbindungen einge-

Abb. 6.1: Der Katalysator als chemisches Eheanbahnungsinstitut.

hen lassen. Diese Eheanbahnungsinstitute heißen in der Chemie »Katalysatoren« (Abb. 6.1). Dabei sind die Chemiker auf eine Erscheinung gestoßen, die früher als eine vereinzelt auftretende Kuriosität galt, jetzt aber mehr und mehr an Bedeutung gewinnt. Es gibt nämlich Stoffe, die in der Lage sind, sich selbst zu katalysieren. Das klingt höchst kompliziert, es bedeutet aber nichts anderes, als daß die Moleküle einer solchen Substanz sich gewissermaßen selbst vermehren können. Es gelingt ihnen, andere Moleküle so umzuwandeln und zusammenzusetzen, daß wieder Moleküle ihrer eigenen Art entstehen (Abb. 6.2). Man kann hierin schon direkt eine Eigenschaft des Lebens erblicken und es wird uns nicht wundern, wenn wir auf diese Art von Vorgängen wieder bei der Evolutionstheorie stoßen werden. Die Vorgänge, bei denen sich Stoffe selbst katalysieren, nennt man Autokatalyse (auto = selbst). Was passiert nun einerseits mikroskopisch und andererseits makroskopisch bei den chemischen Vorgängen? Mikroskopisch bestehen die Stoffe aus

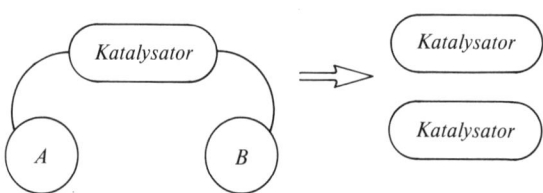

Abb. 6.2: Ein Katalysator setzt zwei Moleküle so zusammen, daß wieder ein Katalysator seiner eigenen Art entsteht. Dies ist Auto-Katalyse.

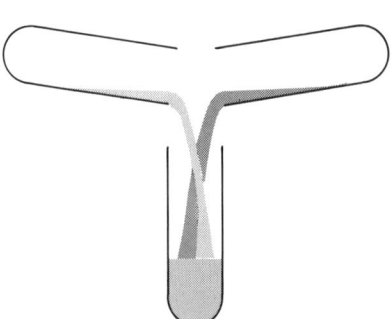

Abb. 6.3: Zusammenschütten und Mischen chemischer Substanzen führt üblicherweise zu einem homogenen Endprodukt.

einzelnen Molekülen, die bekanntlich selbst wieder aus Atomen aufgebaut sind. Diese Moleküle, sagen wir von einer Sorte 1 und einer Sorte 2, finden sich bei einer chemischen Reaktion zusammen und bilden ein neues Molekül der Sorte 3. Dabei ändern sich im allgemeinen die physikalischen und chemischen Eigenschaften der Moleküle, z. B. deren Farbe. Dies können wir auch deutlich bei Reaktionen sehen. So kann z. B. aus einer blauen und einer farblosen Flüssigkeit eine rote Flüssigkeit werden (Abb. 6.3). Üblicherweise ist die neu entstehende Substanz völlig gleichmäßig gefärbt und verbleibt dann auch ständig in diesem Zustand. Das muß nicht immer so sein und das bringt uns zum eigentlichen Thema dieses Kapitels. Es wurden im Laufe dieses Jahrhunderts nämlich einige, allerdings recht komplizierte Reaktionen gefunden, bei denen makroskopische Muster entstehen, die in ihrer Dimension milliardenmal größer sind als die Dimensionen der Moleküle selbst.

Chemische Uhren

Das berühmteste Beispiel ist ein Reaktionsschema, das von dem Russen B. P. Belousov gefunden und später von A. M. Shabotinsky systematisch untersucht wurde. Die Reaktion ist so kompliziert, daß wir sie hier nicht näher besprechen wollen. Interessant an ihr sind aber die sich bildenden chemischen Muster. Die Flüssigkeit ändert im Laufe der Zeit periodisch ihre Farbe von Rot nach Blau nach Rot usw. (Abb. 6.4). Man könnte damit aus dieser Reaktion eine Uhr bauen, denn Uhren sind ja nichts anderes als Instrumente, die uns ständig eine bestimmte Periodendauer angeben. Wir müssen hier hinzufügen, daß man in dem ursprünglichen Experiment die Stoffe ein für allemal zusammentat, diese sehr gut mischte und dann die sich selbst überlassene Reaktion den

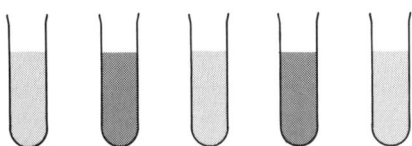

Abb. 6.4: Der periodische Farbumschlag von Rot nach Blau bei der Belousov-Shabotinsky-Reaktion.

periodischen Farbumschlag zeigte. Allerdings hält dieser Farbumschlag nicht ewig an, sondern nach einiger Zeit, etwa Minuten, kommt dann doch ein endgültiger Ruhezustand zustande.

Man kann aber den Versuch so abändern, daß man dem Gefäß, in dem die Reaktion abläuft, ständig frische Substanzen zuführt und die Folgeprodukte abführt. Dann läßt sich in der Tat eine Reaktion mit periodischem Farbumschlag ständig aufrechterhalten.

Die Entdeckung derartiger Schwingungen ist für die Biologie von großer Wichtigkeit. Die Vorgänge im Organismus beruhen ja auf chemischen oder elektrochemischen Prozessen. Hierbei laufen viele Vorgänge rhythmisch ab. Hat man aber erst einmal überhaupt verstanden, warum chemische Uhren funktionieren, so sind wir einen großen Schritt weitergekommen im Verständnis rhythmischer Vorgänge im Organismus, z. B. dem Herzschlag. Auch bei diesen Schwingungsvorgängen kommt genauso wie beim Laser wieder das Konzept des Ordners und des Versklavungsprinzips zum Tragen. Bei bestimmten Konzentrationen der zugeführten Substanz wird der sonst gleichförmige Reaktionsablauf instabil und durch die periodische Änderung, d. h. eine Schwingung, ersetzt. Diese Schwingung spielt die Rolle des Ordners und versklavt die einzelnen Moleküle. Sie zwingt die Moleküle nämlich, im Takt wiederkehrend, neue Verbindungen einzugehen, diese zu lösen etc., so daß makroskopisch die gesamte Flüssigkeit periodisch als rot bzw. als blau erscheint. Es ist möglich, derartige Schwingungsvorgänge mathematisch zu behandeln und die präzise Bedeutung des Ordners zu bestimmen.

Neuere Forschungen haben gezeigt, daß der mit Energie-Umsatz verbundene Stoffwechsel einer einzelnen Zelle rhythmisch, periodisch abläuft.

Chemische Wellen und Spiralen

Es gibt noch viel schönere und kompliziertere Erscheinungen. Eine Reihe solcher Muster ist in Abb. 6.5 dargestellt. Hier handelt es sich wieder um die Belousov-Shabotinsky-Reaktion, wo sich an zunächst zufälligen Zentren blaue Punkte auf einem roten Untergrund bilden. Die blauen Punkte wachsen zu blauen Scheiben, in denen dann ein roter Punkt entsteht, der rasch zu einer roten Scheibe anwächst. In diesem entsteht dann wieder ein blauer Punkt, worauf sich das Spiel wiederholt. Auf diese Weise laufen konzentrische blaue Ringe nach außen. Unter anderen Versuchsbedingungen, wenn man etwa die Flüssigkeit mit einem Nagel durchfährt, entstehen Spiralen, von denen Abb. 6.6 eine zeitliche Folge zeigt.

Es erscheint auf den ersten Blick schwierig, das Entstehen derartiger makroskopischer Muster zu verstehen, aber ein Beispiel, das sich leicht konstruieren läßt, ist schnell bei der Hand. Das Entstehen konzentrischer Ringe kann man mit einem Steppenbrand vergleichen. Der rote Untergrund stellt eine Fläche ausgetrockneten Grases dar. Legen wir an einer Stelle Feuer und ist es windstill, so wird sich das Feuer gleichmäßig nach allen Seiten, d. h. kreisförmig ausdehnen. Sehen wir den verbrannten Untergrund als blau an, so entsteht also ein blauer Fleck, der nach außen immer mehr anwächst. Im Innern kann das Gras nachwachsen und wieder trocknen, so daß ein roter Fleck entsteht. Da das Gras hinter der sich ausbreitenden Front nachwächst, aber noch nicht brennbar ist, wird sich der rote Fleck weiter nach außen ausbreiten, bis schließlich das Gras im Innern so getrocknet ist, daß es wieder brennbar geworden ist. Sodann beginnt der gesamte Vorgang von neuem. Bei den chemischen Reaktionen, wie wir sie besprochen haben, ist kein Eingriff von außen in Form einer Zündung nötig. Das System selbst ist gewissermaßen überkritisch und kann die Reaktion, die zu den blauen Punkten führt, von sich aus beginnen. Ansonsten haben wir aber ganz ähnliche Erscheinungen. Das Abbrennen bedeutet im Fall des Grases, wie auch bei der Belousov-Shabotinsky-Reaktion, daß bestimmte chemische Umwandlungen vor sich gehen. Es kommt dann aber zu einer Rückreaktion, die zu einer Wiederherstellung des alten Zustands führt.

Bei den Wellen oder Spiralen der Belousov-Shabotinsky-Reaktion müssen die miteinander reagierenden Moleküle zusammenkommen, d. h. sie müssen sich bewegen können. Sie tun dies durch die Diffusion. Die Diffusion ist uns aus dem täglichen Leben gut bekannt. Wenn wir z. B. einen Tintenfleck von einem Löschblatt aufsaugen lassen, so diffundiert die Tinte in das Löschblatt hinein und in ihm noch weiter, wodurch sich ein Tintenfleck im Löschblatt selbst bildet. Die hier besprochenen makroskopischen Vorgänge beruhen also auf dem Wechselspiel zwischen chemischen Reaktionen einerseits und Diffusionen andererseits. Diese Vorgänge werden daher durch Gleichungen beschrieben, die in der Fachsprache Reaktions-Diffusions-Gleichungen heißen, die uns aber hier natürlich nicht beschäftigen sollen. Wichtig für uns ist nur, daß die mathematische Behandlung auch hier wieder die Existenz von Ordnern nachweist, die die Entwicklung der raum-zeitlichen Muster steuern. Je nach Art der Ordner kann es sich hierbei insbesondere um kreisförmige Wellen oder um Spiralen handeln.

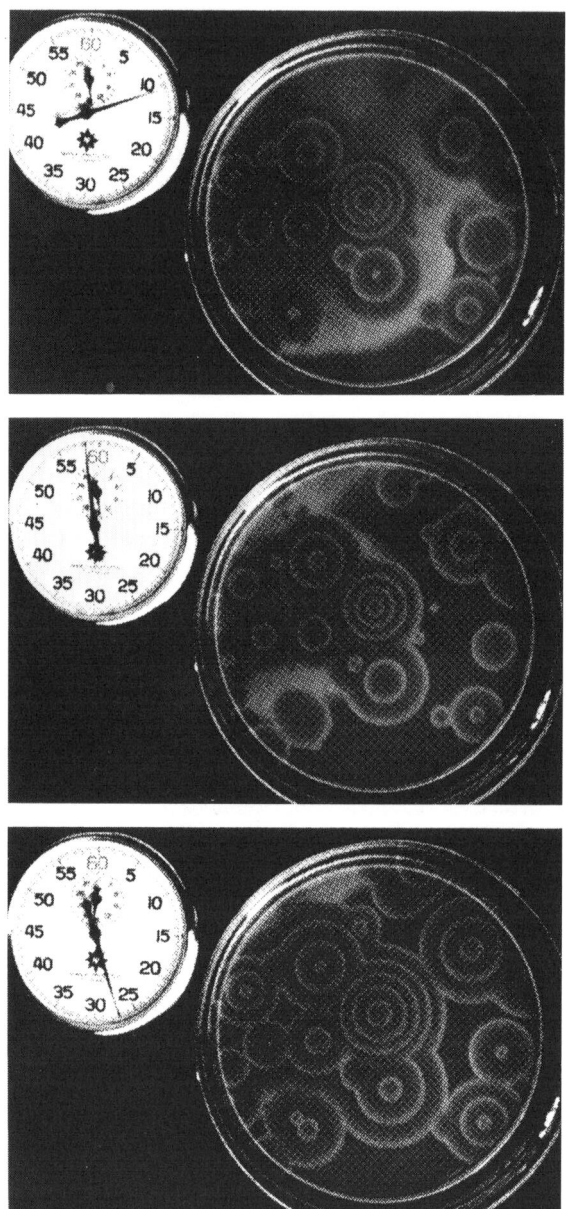

Abb. 6.5 und 6.6: Beispiele für chemische Muster in Form von konzentrischen Kreisen (oben) oder Spiralen (S. 79). Die Kreise wandern nach außen, während sich die Spiralen drehen.

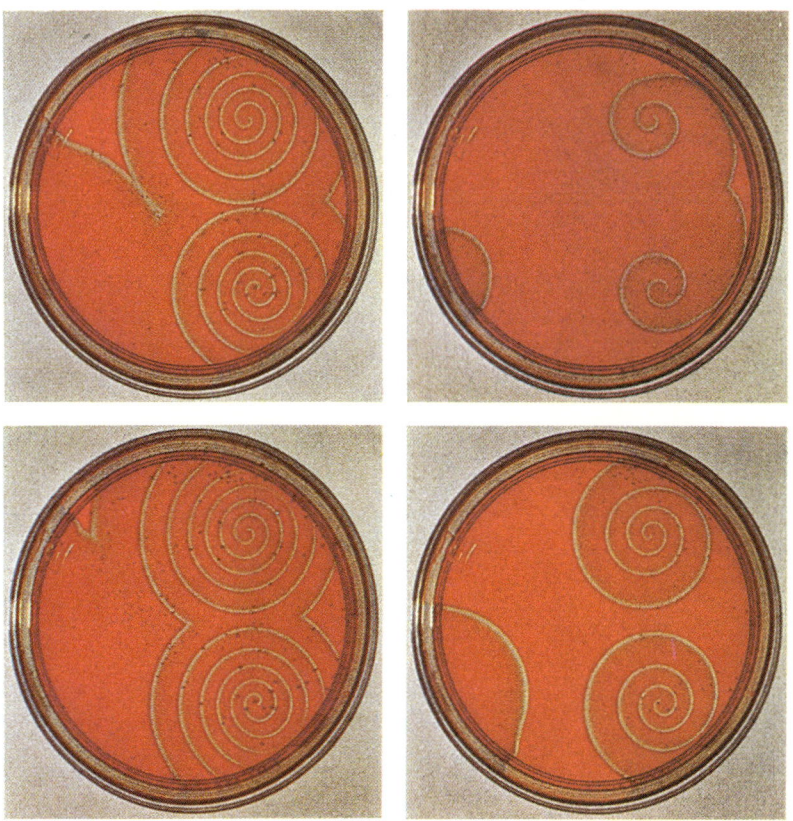

Ein neues gemeinsames Prinzip

Wie wir an den konkreten Beispielen aus der Laserphysik, aus der Physik der Flüssigkeiten und nun aus der Chemie gesehen haben, tritt uns immer wieder das Konzept des Ordners einerseits und das der Versklavung andererseits entgegen. Diese Konzepte werden sich wie ein roter Faden auch weiterhin durch das Buch hindurchziehen. Bei den chemischen Reaktionen wird uns zum ersten Mal eine neue Gemeinsamkeit bewußt. Den chemischen Schwingungen und Wellen, die wir soeben kennengelernt haben, liegen immer autokatalytische Prozesse zugrunde. Eine vorhandene Molekülsorte ermöglicht durch ihre Anwesenheit und ihre Mitwirkung die Produktion weiterer Moleküle der gleichen Sorte. Von hier aus erscheint das Geschehen im Laser in einem neuen Licht. Auch hier war es eine schon vorhandene Lichtwelle, die durch ihr Vorhandensein die Elektronen der Atome zwang, ihre Energie zur Verstärkung dieser Lichtwelle selbst wieder herzugeben. Nichts anderes also, als ein autokatalytischer Prozeß (Abb. 6.7). Der Begriff der Autokatalyse hat, ähnlich wie der des Ordners oder der Versklavung, eine weit über die Chemie hinausgehende Bedeutung erlangt. In diesem Sinne hat auch die Rollenbewegung bei den Flüssigkeiten den Charakter einer Autokatalyse. Die sich entwickelnde Rollenbewegung wird dadurch verstärkt, daß schon eine Rollenbewegung sich anfänglich, wenn auch vielleicht nur minimal, rein zufällig ausgebildet hat. Autokatalyse einerseits und das Instabilwerden kollektiver Bewegungsformen sind ein und dasselbe. Wir erkennen hier, daß die Natur offenbar immer wieder dieselben Prinzipien verwendet, um makroskopische, geordnete Bewegungen oder Muster hervorzubringen.

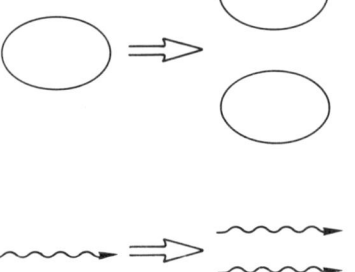

Abb. 6.7: Die Analogie zwischen der Autokatalyse von Molekülen (oben) und der Verstärkung (= Multiplikation) von Lichtwellen beim Laser (unten).

7. Kapitel

Biologische Evolution. Der Beste überlebt

Noch zu Beginn des letzten Jahrhunderts war die Herkunft der verschiedenen Tier- und Pflanzenarten dem menschlichen Geist ein streng gehütetes Geheimnis der Natur. Ein entscheidender Durchbruch ist im letzten Jahrhundert dem Engländer Charles Darwin (1809–1882) gelungen. Auf seinen ausgedehnten Forschungsreisen in ferne Länder, wie Südamerika, erregte die ungeheure Vielfalt der Tier- und Pflanzenwelt und die raffinierten Organe, die diese zum Überleben besaßen, seine Aufmerksamkeit. Dies brachte ihn nach langjährigen Überlegungen dazu, ganz neuartige Thesen über die Entstehung der Arten in der Tier- und Pflanzenwelt zu formulieren, die in ihren Grundzügen auch heute noch voll anerkannt sind. Wir bezeichnen diese Theorie heute als Darwinismus. Allerdings vergessen wir darüber, daß völlig unabhängig von Darwin und zur gleichen Zeit ein junger Engländer, Alfred Russel Wallace (1823–1913), genau die gleichen Ideen wie Darwin hatte.
1856, zwei Jahre vor der für Darwin schockierenden Nachricht von Wallace, in der dieser seine Formulierung der Theorie der Evolution Darwin mitteilt, schreibt Darwin seinen inzwischen berühmten Brief an Charles Lyell (1797–1875). In diesem erklärt er Lyell, daß er noch nicht ganz bereit sei, seine Ansichten zu veröffentlichen, wie es Lyell angeregt hatte, damit Darwin niemand anderer zuvorkomme. Darwin schreibt:
»Ich liebe den Gedanken nicht wegen der Priorität zu veröffentlichen, doch würde es mich ärgern, wenn jemand meine Thesen vor mir veröffentlichen würde.« (Dieses Goethewort: »Zwei Seelen wohnen, ach, in meiner Brust« scheint ja für viele Wissenschaftler typisch zu sein, wie der Wissenschaftssoziologe R. P. Merton an diesem Beispiel, unter vielen anderen, illustriert.)
Und dann, 1858, fällt der Schlag auf Darwin hernieder. Wovor Lyell gewarnt hatte, und woran Darwin nicht glauben wollte, daß es geschehen könnte, passierte tatsächlich. Darwin schrieb an Lyell über dieses

für ihn niederschmetternde Ereignis: »(Wallace) übersandte mir heute das Beiliegende und bat mich, es an Sie weiterzuleiten. Es scheint mir sehr lesenswert. Ihre Worte sind wahr geworden mit einer Rache – daß man mir zuvorkäme. Nie sah ich ein schlagenderes Beispiel für ein Zusammentreffen. Wenn Wallace meinen Manuskriptentwurf 1842 abgeschrieben hätte, hätte er keine bessere kurze Zusammenfassung davon machen können. Selbst seine Ausdrücke stehen jetzt als Überschriften meiner Kapitel. So wird alle meine Originalität, was immer sie auch bedeuten mag, zertrümmert sein.«

Bescheidenheit und Desinteresse drängen Darwin, seinen Prioritätsanspruch aufzugeben, sein Wunsch nach Anerkennung und Urheberschaft drängt ihn, nicht alles als verloren zu betrachten. Zuerst trifft er mit typischem Großmut, doch ohne Gleichmut vorzugeben, die verzweifelte Entscheidung, ganz zur Seite zu treten. Eine Woche später schreibt er wieder an Lyell, vielleicht könne er eine kurze Version seines schon lange vorhandenen Textes veröffentlichen, etwa ein Dutzend Seiten. Und dennoch sagt er gequält in seinem Brief: »Ich kann mich nicht dazu überreden, daß ich dies ehrenvoll tun kann.« Hin- und hergerissen von gemischten Gefühlen, schließt er seinen Brief: »Mein guter, lieber Freund, verzeihe mir. Dies ist ein nichtiger Brief, beeinflußt von nichtigen Gefühlen.« Und im Bemühen, sich endgültig von diesen Gefühlen zu reinigen, fügte er einen Nachsatz an: »Ich werde weder Sie noch Hooker in dieser Angelegenheit je wieder belästigen.«

Am nächsten Tag schreibt er wieder an Lyell, diesmal um den Nachsatz zu widerrufen, aber wieder zwischen seinen Gefühlen hin- und hergerissen. Wie es das Schicksal will, wird Darwin gerade in diesem Augenblick vom Tode seiner jungen Tochter getroffen. Es gelingt ihm, der Bitte seines Freundes Joseph Dalton Hooker (1817–1911) zu entsprechen, und er übersendet das Manuskript von Wallace und seine eigene ursprüngliche Fassung von 1844. Er schreibt: »Allein damit Sie an Ihrer eigenen Handschrift erkennen können, daß Sie es gelesen haben. Vergeuden Sie nicht viel Zeit. Ich fühle mich unglücklich, daß ich mir über Priorität so viel Sorgen mache.« Andere Mitglieder der Wissenschaftsgemeinde tun, was der gequälte Darwin für sich nicht tun will.

Lyell und Hooker nehmen die Sache in die Hand und arrangieren jene folgenschwere Sitzung, auf der beide Arbeiten vor der Linné-Gesellschaft vorgetragen werden.

Dies war also die offizielle Geburtsstunde der Theorie der Evolution. Um ein Haar würde man heute also nicht vom Darwinismus, sondern vom Wallacismus sprechen. Auf die Frage, warum der eine so berühmt und der andere inzwischen fast ganz vergessen ist, werden wir später in Kapitel 16 zu sprechen kommen. Hier sind aber nun die grundlegenden Darwinschen Thesen. Nach Darwin findet eine Entwicklung in der Natur statt, wobei komplizierte Lebewesen aus weniger komplizierten entstehen. Hierbei spielt die grundlegende Rolle das Wechselspiel zwischen den Erbanlagen einerseits, also dem Genotyp, und den Tieren oder Pflanzen selbst, die uns als solche in ihrer ausgebildeten Gestalt erscheinen, d. h. als Phänotyp. Darwin nahm an, daß sich die Erbanlagen spontan ändern können. Es handelt sich hier um die Mutationen. Wie wir heute wissen, können derartige Mutationen an den Genen, die die Erbanlagen weitertragen, nachgewiesen werden. Diese Änderungen sind also mikroskopischer Natur.

Aufgrund der geänderten Erbanlagen ändern sich die Eigenschaften der Tiere oder Pflanzen. Z. B. können die Nachkommen von weißen Schmetterlingen schwarze Flügel bekommen, Gliedmaßen können verstümmelt oder in geänderter Form auftreten. Durch diese Änderungen können sich die Tiere ihre Umwelt weniger gut oder besser zunutze machen. Z. B. können Vögel durch einen geänderten Schnabel Insekten picken, die sie vorher nicht bekommen konnten. Die Natur überrascht uns ständig durch die Fülle verschiedenartigster Formen, an denen man oft sehr schnell erkennt, daß sie höchst zweckmäßig sind. Diese Zweckmäßigkeit wurde in früheren Jahrhunderten als zielgerichtet empfunden, d. h. Gott hat die Tiere so geschaffen, daß sie besonders gut ihre Nahrung finden können. Nach Darwin sind diese Formen jedoch ein Produkt aus dem Zufall der Mutation einerseits und der Auslese, auch Selektion genannt, andererseits. Die verschiedenartigen Tiere, die ihrer Umwelt ja verschieden gut angepaßt sind, treten in Wettbewerb bei ihrer Nahrungssuche. Auch andere Formen des Wettbewerbs sind möglich, z. B. bei Vögeln auf der Suche nach Nistplätzen oder auf der Suche nach Schutz vor Unbill. Damit setzt ein Konkurrenzkampf unter den verschiedenen Arten ein und nur die bessere Art überlebt. Dies sind also die Grundthesen des Darwinismus.

Hier tritt uns allerdings eine Reihe von Schwierigkeiten entgegen, die vor allen Dingen von Biologen und Naturphilosophen erkannt wurden. Einmal gleicht der Satz »der Beste überlebt« einer Katze, die sich in den Schwanz beißt. Damit wird als Bester derjenige definiert, der überlebt. Dieser gordische Knoten läßt sich allerdings durchschlagen, wenn wir ein analoges Beispiel aus der unbelebten Welt heranziehen. Es gibt nämlich den Darwinismus nicht nur in der belebten Natur, sondern auch in der unbelebten Materie. Wir sind hierauf bereits beim Beispiel des

Lasers gestoßen. Hier hatten wir festgestellt, daß bei den Laserwellen eine Konkurrenz stattfindet, bei der auch nur eine überlebt. Diese können wir natürlich als »beste« definieren. Das Wichtige ist aber, daß wir in der Laserphysik von vornherein berechnen können, welche Mode bzw. welche Welle überleben wird, welche also die beste ist. Es gibt hier also objektive Kriterien, nach denen wir bereits vor dem ganzen Prozeß sagen können, wer ihn gewinnen wird. Dies gilt allerdings mit einer kleinen Einschränkung. Gelegentlich kommen mehrere Wellen gleichzeitig als beste Kandidaten in Frage.

Die Symmetrie zwischen diesen kann nur gebrochen werden oder, mit anderen Worten, die endgültige Auswahl zwischen diesen kann erst durch eine zufällige Schwankung getroffen werden, die wir nicht vorhersagen können. Neben diesen ausgezeichneten Moden gibt es aber noch viele viele andere, von denen wir mit absoluter Gewißheit sagen können, daß sie nicht überleben werden.

Mit Hilfe der Laserdynamik haben wir somit ein Modell an der Hand, mit dem wir die Aussagen des Darwinismus in einem physikalischen Modell experimentell und auch mathematisch nachvollziehen können. Hier bewahrheitet sich sehr rasch die Aussage des Darwinismus in seiner ganzen Härte.

Der Vorgang der Laserschwingungen, die gewissermaßen von den angeregten Atomen »leben«, läßt sich direkt auf die belebte Natur übertragen. Haben wir verschiedene Arten vor uns, die alle von der gleichen Nahrung leben, so bleibt aufgrund des Wettbewerbs tatsächlich nur die tüchtigste Art übrig, z. B. die, die am schnellsten das Futter aufnehmen kann.

Konkurrenz der Biomoleküle

Eine derartige Analogie zwischen Selektionsvorgängen in der belebten und in der unbelebten Natur ist nicht auf die eben genannten Laserschwingungen beschränkt. Eine weitere Brücke zwischen »unbelebt« und »belebt« wird in einem sehr verwandten Sinne von der Eigenschen Evolutionstheorie geschlagen. Diese geht davon aus, daß die Erbanlagen von bestimmten »Bio«-Molekülen, auf die wir in Kapitel 9 noch genauer zu sprechen kommen, weitergetragen werden. Im jetzigen Zusammenhang ist dabei nur wichtig, daß sich diese durch Autokatalyse (wie Lasermoden!) vermehren können und dabei wie diese in Konkurrenz treten. In der ursprünglichen Fassung der Eigenschen Theorie hatten übrigens die Gleichungen, die die Vermehrung der Biomoleküle beschrieben, genau die gleiche Form, wie die, die die »Vermehrung« der Laserwellen zum Inhalt hatten. Daß in zwei ganz verschiedenartigen Gebieten eine derartige Übereinstimmung herrscht, obwohl die Gleichungen von den Autoren unabhängig voneinander aufgestellt wurden, kann kaum ein Zufall sein – vielmehr weist er auf die Existenz allgemeingültiger Prinzipien hin, denen wir in der Tat in diesem Buch stets begegnen.

Besonders reizvoll bei dieser Evolutionstheorie ist natürlich, daß sie eine Verbindung von der unbelebten zur belebten Natur durch Mutation und Selektion und damit durch eine »Höherentwicklung« der Biomoleküle herstellt, und gewissermaßen ein mehr oder weniger stetiger Übergang von »unbelebt« zu »belebt« aufgezeigt wird. Zweifellos wird gerade auf biochemischem Gebiet noch viel Forschungsarbeit zu leisten sein, aber ein erfolgversprechender Anfang ist gemacht.

Noch einige Bemerkungen der Vollständigkeit halber. In den letzten Jahren haben Manfred Eigen und Peter Schuster die Vorstellungen über die autokatalytische Vermehrung der Biomoleküle verfeinert.

Im einfachsten Falle haben wir es mit zwei Molekülsorten, A und B, zu tun. Jede dieser beiden Sorten vermehrt sich autokatalytisch. Darüber

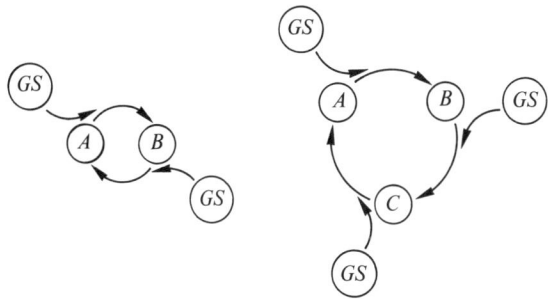

Abb. 7.1: Zwei Beispiele für Eigens Hyperzyklus.

Linkes Bild: Die Molekülsorte A vermehrt sich autokatalytisch, wobei aber die Mitwirkung der Molekülsorte B als Katalysator erforderlich ist. Entsprechend vermehrt sich die Molekülsorte B autokatalytisch, wobei die Mitwirkung der Molekülsorte A als Katalysator nötig ist. GS deutet an, daß diese Erzeugung der Moleküle aus bestimmten Grundsubstanzen erfolgt.

Das Bild rechts zeigt einen Hyperzyklus mit drei verschiedenen Molekülsorten, von denen jede Sorte sich autokatalytisch vermehrt, aber die Mitwirkung jeweils der anderen Molekülsorte noch notwendig ist, wie in der Figur angedeutet. Der Kreis der teilnehmenden Moleküle kann noch wesentlich größer sein.

hinaus hilft aber die Sorte A als Katalysator der Sorte B bei der Vermehrung und die Sorte B hilft als Katalysator wieder der Sorte A bei der Vermehrung. Es ergibt sich so das Schema der Abb. 7.1, linke Seite. Dieses Schema läßt sich auf mehrere Molekülsorten erweitern. Bei drei Sorten, A, B, C, vermehren sich diese autokatalytisch, darüber hinaus aber hilft A bei der Vermehrung von B, B bei der Vermehrung von C und C schließlich wieder bei der Vermehrung von A, und zwar jeweils als Katalysator. Derartige kleinere oder größere Kreise werden von Eigen und Schuster »Hyperzyklen« genannt. Die Hyperzyklen können selbst wieder Mutationen unterworfen sein, wie sie auch untereinander in Wettbewerb treten können.

Ob also bei Lasermoden, bei Biomolekülen, bei Hyperzyklen oder in der Tier- und Pflanzenwelt – immer wieder ist der Darwinismus am Werke.

Die Tatsache, daß die Darwinschen Regeln sowohl in der belebten als auch in der unbelebten Materie gültig sind, ist ein Hinweis, daß sie eine ungeheure Tragweite haben. Sie sind von unmittelbarer Bedeutung auch für die Soziologie, die sich mit Problemen wie etwa dem Wettkampf im Berufs- und Wirtschaftsleben auseinanderzusetzen hat. In diesem Sinne angewendet, würde es zur Folge haben, daß Firmen, die das gleiche Produkt, aber zu verschiedenen Preisen, herstellen, aufgrund des Konkurrenzkampfes auf dem Markt so weit ausselektiert werden, bis nur noch eine übrig ist, die dann den ganzen Markt beherrscht. Ist dieser Drang, der sich am Schluß in einem Großkonzern äußern muß, tatsächlich so naturgegeben, d. h. daß im harten Konkurrenzkampf nur der absolut Beste überlebt? Die Natur hat uns auch hier Auswege gezeigt. Wir werden darauf im nächsten Kapitel eingehen.

8. Kapitel

Überleben, ohne der Beste zu sein: spezialisiere dich, schaffe dir eine ökologische Nische

Bei näherem Hinsehen birgt die These, daß nur der Beste überlebt, eine Reihe tiefgründiger Probleme. Aufgrund dieser These sollte man sich doch wundern, warum es so ungemein viele verschiedene Arten auf der Welt gibt. Sollten diese alle die Besten sein? Dies veranlaßt uns, der Frage des Überlebens doch noch weiter nachzugehen.

In der Tat hat die Natur unzählige Tricks entwickelt, um der These, daß nur der Beste überlebt, ein Schnippchen zu schlagen. Einmal kann es zu einem Konkurrenzkampf natürlich nur dann kommen, wenn die verschiedenen, miteinander konkurrierenden Arten räumlich miteinander leben. Klarerweise liegt kein Konkurrenzkampf zwischen Landtieren vor, wenn diese auf Kontinenten leben, die durch Meere getrennt sind. So hat sich z. B. in Australien eine ganz andere Welt von Tieren als in anderen Ländern entwickelt, wie etwa die Beuteltiere, von denen das Känguruh nur ein Beispiel ist.

Aber auch wenn die Arten nahe beieinander wohnen, ist es ihnen oft gelungen, sich neue Lebensräume zu schaffen. Denken wir etwa an Vögel, die durch ganz verschiedene Schnabelformen sich verschiedene Nahrungsquellen erschlossen haben (Abb. 8.1). Diese jeweiligen Vogelarten sind also dem harten Konkurrenzkampf untereinander entronnen, indem sie sich eine »ökologische Nische« geschaffen haben. Insofern kann man natürlich sagen, daß sie auf ihrem Spezialgebiet jeweils die Besten geworden sind, da sie eben die einzige Art sind, die diese spezielle Fähigkeit hat. Eine ökologische Nische ist gewissermaßen ein Reservat, eine Schutzzone, in der eine bestimmte Spezies für sich allein ungehindert leben kann. Unser Beispiel der Nahrungsquellen zeigt, daß es sich bei ökologischen Nischen keineswegs nur um räumlich getrennte Gebiete handeln muß, obwohl natürlich räumliche Trennung erst recht als ökologische Nische wirkt.

Die Koexistenz durch Spezialisierung ist übrigens keineswegs auf die

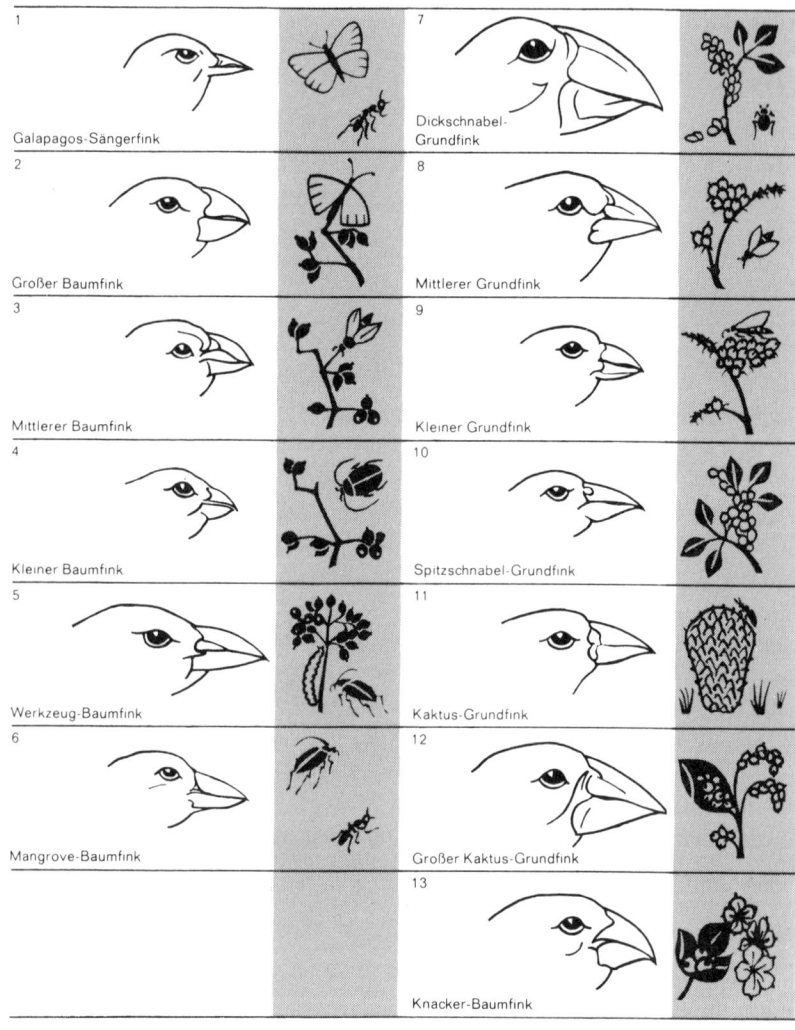

1	Galapagos-Sängerfink	7	Dickschnabel-Grundfink
2	Großer Baumfink	8	Mittlerer Grundfink
3	Mittlerer Baumfink	9	Kleiner Grundfink
4	Kleiner Baumfink	10	Spitzschnabel-Grundfink
5	Werkzeug-Baumfink	11	Kaktus-Grundfink
6	Mangrove-Baumfink	12	Großer Kaktus-Grundfink
		13	Knacker-Baumfink

Abb. 8.1: Beispiele für verschiedene Schnabelformen von Vögeln (Finken), die uns die hochgradige Spezialisierung der Schnäbel für bestimmte Zwecke vor Augen führen. Die von der jeweiligen Art aufgenommene Nahrung ist gleichzeitig symbolisch dargestellt. Auf einer Insel haben Finken, abgeschnitten von der übrigen Welt, ganz verschiedenartige Schnabelformen hervorgebracht. Es entstanden neue Rassen, aber keine neuen Arten – immer blieben es Finken! Darwin hat sie zuerst beschrieben, hier abgebildet nach K. Lorenz.

1 = Insektenfresser; 2–6 = vorwiegend Insektenfresser; 7–12 = vorwiegend Pflanzenfresser; 13 = Pflanzenfresser.

belebte Natur beschränkt. Z. B. gibt es auch beim Laser den Fall, daß verschiedene Lichtwellen gleichzeitig im Laser auftreten können und nicht miteinander konkurrieren, wenn sie nämlich ihre Energie von verschiedenen Atomen her beziehen. Die Frage des Konkurrenzkampfes spielt auch im Berufs- und Wirtschaftsleben eine entscheidende Rolle. Wir werden auf diese Frage später zu sprechen kommen.

Interessanterweise bietet die Natur uns aber nicht nur Beispiele des Überlebens durch Spezialisierung, sondern auch durch Generalisierung, indem z. B. eine Tiersorte ein möglichst breit gefächertes Nahrungsprogramm aufnehmen kann, wie etwa das Wildschwein.

Ein besonders interessantes Beispiel, im harten Lebenskampf zu überleben, gibt uns die Symbiose, bei der sich gegenseitig ganz verschiedene Arten helfen, ja sich sogar die jeweilige Existenz erst ermöglichen. Die Natur bietet uns hier eine ganze Palette von Beispielen. Die Bienen, die sich vom Nektar der Blüten ernähren und dabei gleichzeitig für die Bestäubung und damit die Vermehrung ihrer Ernährer sorgen, Vögel, die den Krokodilen ins aufgesperrte Maul fliegen, um deren Zähne »zu putzen«, Ameisen, die sich Blattläuse als »Milchkühe« halten. Der Calvarienbaum, von dem der Dodo-Vogel lebte, muß, so glaubte man, aussterben, weil der Dodo-Vogel allein in der Lage war, dessen Samen durch Verdauung so aufzubereiten, daß er aufging, der Vogel aber ausstarb. (Neuen Berichten zufolge sollen Biologen herausgefunden haben, daß Truthähne den Samen dieses Baums, der mehrere hundert Jahre alt werden kann, aufbereiten können).

Bei diesen einzelnen Betrachtungen dürfen wir nicht das Gesamtbild vergessen. Tatsächlich stehen ja meist keineswegs nur zwei oder drei Tierarten miteinander in Konkurrenz oder leben in Symbiose. Ganz im Gegenteil sind die Naturvorgänge unendlich ineinander verzahnt. Die Natur ist in diesem Sinne ein hochkompliziertes synergetisches System.

Auch ist wieder die Frage von fundamentaler Bedeutung, ob die einzelnen ineinandergreifenden Naturvorgänge zu einem Gleichgewicht führen können. Wir sprechen ja neuerdings sehr gern vom ökologischen Gleichgewicht, das durch die menschlichen Eingriffe immer mehr gestört wird. Es ist wohl erst eine Erkenntnis der neueren Forschungen, daß auch ohne menschliche Eingriffe das ökologische oder biologische Gleichgewicht keineswegs so perfekt ist, wie uns dies lange Zeit erschienen ist. Bei einem Gleichgewicht denken wir im allgemeinen an ein statisches Gleichgewicht, bei dem etwa die Zahl einer bestimmten Vogelsorte sich mit der Zeit praktisch nicht ändert.

Das ist aber in der Natur nicht immer der Fall. Änderungen dieser Art können natürlich, was uns allen geläufig ist, durch Naturkatastrophen hervorgerufen werden, etwa durch einen zu strengen Winter, einen zu heißen, trockenen Sommer, oder durch Frost, bei dem die Blüten absterben und die Tiere (z. B. die Bienen) keine Nahrung finden. Weitere Beispiele, bei denen das Gleichgewicht aus den Fugen geraten ist, sind das Auftreten von Plagen, etwa einer Mäuse- oder einer Maikäferplage, die sich dann in verheerender Weise auf andere Lebensbereiche auswirken. Aber sehen wir hiervon einmal ab.

Selbst nach einer solchen Naturkatastrophe sehen wir es als selbstverständlich an, daß sich das vorher vorhandene Gleichgewicht wieder einstellt. Wie wir später sehen werden, beruht die These der freien Marktwirtschaft auf einer ganz entsprechenden Annahme:

Ist die Natur aber wirklich so stabil? Hier mehren sich in der Tat nun Beispiele, daß in der Natur keineswegs nur statische Gleichgewichte herrschen. Anfangs des 20. Jahrhunderts stellten Fischer in der Adria fest, daß ihre Fangergebnisse im Rhythmus schwankten. Wie sie sehr bald herausfanden, beruhte dies auf einer rhythmisch schwankenden

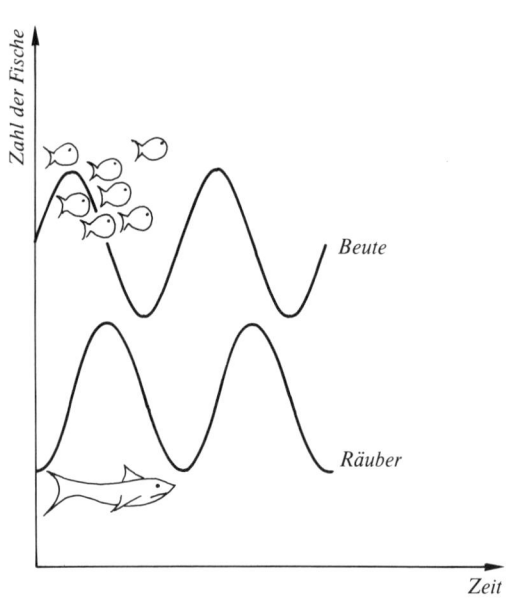

Abb. 8.2: Dieses Bild veranschaulicht, wie Raubfische und Beutefische im Laufe der Zeit in ihrer Zahl hin und her schwanken (vgl. Text).

90

Fischpopulation (Abb. 8.2). Zwei bedeutenden Mathematikern, A. J. Lotka und V. Volterra (1860–1940), gelang es unabhängig voneinander, in den zwanziger Jahren dieses Jahrhunderts, eine mathematische Erklärung für diesen Befund zu geben. Wie sich herausstellte, kommt diese Erscheinung durch zwei Fischsorten zustande, von denen die eine aus Raubfischen besteht, die andere jedoch aus Beutefischen, die von den Raubfischen gefressen werden. Der Mechanismus für die periodischen Schwankungen besteht nun im folgenden. Zuerst seien relativ wenig Raubfische da. In dieser Zeit können sich die Beutefische ungehindert vermehren, geben aber dadurch schließlich Anlaß, daß die Raubfische mehr Beutefische vorfinden und sich damit selbst stärker vermehren können. Schließlich wird der Bestand der Raubfische so groß, daß sie den Bestand der Beutefische weitgehend dezimieren, wodurch natürlich die Zahl der Raubfische wieder abnehmen muß und das Ganze von neuem beginnen kann.

Beim mathematischen Modell kann es vorkommen, daß die Raubfische einmal zufällig alle Beutefische fressen und dann selbst zum Aussterben verdammt sind. Die Natur verhindert diesen Prozeß, indem sie für die Beute Zufluchtstätten bereithält, an denen die Beute nicht von den Räubern ergriffen werden kann.

Ein ähnlicher Zyklus ist in Kanada bei Schneehasen, die von Luchsen gefressen werden, festgestellt worden (Abb. 8.3). Da die Vermehrungs- und Todesraten natürlich auch noch anderen Einflüssen unterliegen, sind Modellvorstellungen, wie sie hier beschrieben werden, zuweilen der Kritik ausgesetzt. Trotzdem sehen wir aber, daß in der Natur keineswegs statische Gleichgewichte vorzukommen brauchen.

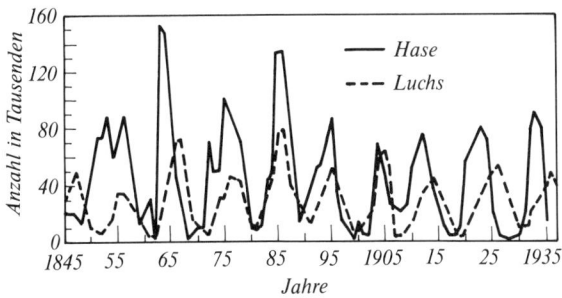

Abb. 8.3: Der periodische Verlauf der Population von Schneehasen und Luchsen.

91

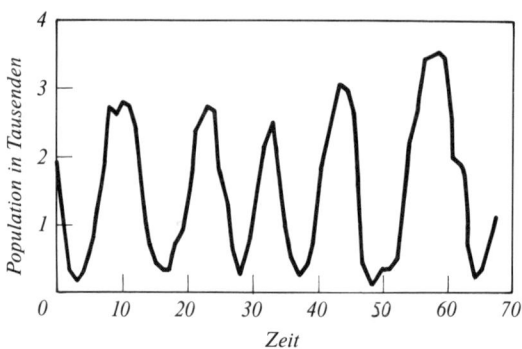

Abb. 8.4: Die zeitlichen Schwankungen einer Insektenpopulation.

Noch ausgeprägter sind diese Verhältnisse bei manchen Insektenpopulationen, deren Zahl völlig unregelmäßig schwankt. Wie wir später besprechen werden, gibt es heute mathematische Modelle, mit deren Hilfe wir selbst völlig unregelmäßig erscheinende Vorgänge streng erfassen können (Abb. 8.4).

Wie diese Beispiele schon zeigen, ist die Idee eines statischen biologischen Gleichgewichts zu naiv. Andererseits müssen wir uns vor Augen halten, daß – wenn sich tatsächlich ein Gleichgewicht eingestellt hat – dieses Gleichgewicht äußerst empfindlich ist und hier kommen wir wieder zu einer der Grundthesen der Synergetik zurück.

Wir haben nämlich an einer Reihe physikalischer und chemischer Beispiele in den vorangegangenen Kapiteln gesehen, daß an bestimmten kritischen Punkten sogar schon kleine Änderungen von Umweltbedingungen dramatische Änderungen auf makroskopischer Ebene hervorrufen können. In den damaligen Beispielen hatten wir stets solche Änderungen der Umweltbedingungen betrachtet, bei denen ein höherer Grad von Ordnung in den Systemen erreicht wird. Natürlich kann man diese ganzen Vorgänge auch in der anderen Richtung betrachten, was bedeutet, daß durch kleine Umweltänderungen eine bestehende Ordnung zerstört werden kann.

Viele Vorgänge, die sich bei Tierpopulationen abspielen, können in mathematischer Form beschrieben werden, so daß man die mathematischen Methoden der Synergetik auf diese Probleme anwenden kann. Auf dieser mathematischen Ebene lassen sich dann wiederum tiefgreifende Analogien zwischen Vorkommen in der belebten und denen der unbelebten Natur herstellen. Die Ergebnisse lassen sich in wenigen Worten wiedergeben. Sie besagen, daß auch in der belebten Natur oft schon kleine Änderungen äußerer Umweltbedingungen völlig neuartige Ordnungszustände schaffen können, d. h. völlig neue Verteilungen der verschiedenen Arten. Dies wird bereits deutlich, wenn wir uns die Verteilung der verschiedensten Pflanzen im Gebirge ansehen. Hier gibt es oft scharf definierte Höhenlinien, die die Grenze zwischen verschiedenen Pflanzengürteln bilden, ganz ähnlich, wie wir es auch bei den Klimazonen auf der Erde kennen. An diesem Beispiel sehen wir deutlich, daß sich ganz verschiedenartige Pflanzen gegenüber anderen durchsetzen, und zwar praktisch schlagartig, wenn wir z. B. die mittlere Jahrestemperatur nur sehr geringfügig ändern. Genau das gleiche haben wir etwa zu erwarten, wenn wir durch künstliche Eingriffe die Umwelt verändern. Leiten wir etwa Abwässer in Flüsse, so könnte man zunächst naiv erwarten, daß eine Erhöhung der Verunreinigungen um 10% bedeute, daß dann die Fische um 10% abnehmen. Tatsächlich kann es aber an den kritischen Punkten vorkommen, daß auch nur eine geringfügige Erhöhung des Gehalts an Verunreinigungen zu einem völligen Absterben der Fischpopulationen führt oder, mit anderen Worten, daß eben das Wasser kippt. Hier wird ein Grundprinzip der Synergetik, das uns immer wieder begegnet, besonders deutlich, nämlich, daß an bestimmten Instabilitätspunkten selbst kleine Änderungen der Umwelt ganz dramatische Änderungen des eigentlichen Systems zur Folge haben können.

Gehen wir nochmals abschließend zur Natur selbst zurück. Auch in der Natur ändern sich die Umweltbedingungen, z. B. durch Wechsel des Klimas. Es sollte aus dem vorher Gesagten nunmehr deutlich hervorgehen, daß selbst ein geringer Klimawechsel in der Lage sein müßte, grundsätzlich neue Selektionsvorgänge zu bewerkstelligen, so daß damit die Entwicklung »vorangetrieben« wird.

»Vorantreiben der Entwicklung« heißt dabei aber nicht, daß die sich neu entwickelnden Arten in einem objektiven Sinne besser sein müßten als diejenigen, die sie verdrängen. Die neuen Arten sind lediglich den neuen Lebensbedingungen besser angepaßt. Dabei kann es auch zu Veränderungen kommen, die man als Rückentwicklung auffassen könnte. Komplizierte Lebewesen können durch einfacher aufgebaute ersetzt werden. Dies kann schon auf der Ebene der Biomoleküle geschehen, die unter neuen Umweltbedingungen einen Teil der Erbanlagen abwerfen, weil sie auch ohne diese auskommen und sich sogar schneller vermehren können. Derartige Experimente wurden von Sol Spiegelmann durchgeführt, wobei es sich bei den Biomolekülen um die RNS (Ribonucleinsäure) bestimmter Phagen handelt.

Obwohl es sich in der belebten Natur um ganz andere Dinge handelt als bei den Vorgängen der chemischen Reaktion, im Laser oder in einer Flüssigkeit, so treten doch schließlich wieder die gleichen Grundprinzipien zutage. Als Ordner fungieren jetzt die jeweiligen Spezies. Die Ordner können miteinander in Konkurrenz treten, kooperieren oder koexistieren.

Kleine Änderungen von Umweltbedingungen können völlig neuartige Ordner oder Systeme von Ordnern zum Tragen kommen lassen. Notwendig ist allerdings jeweils, daß ein neuartiger Ordner, in unserem jetzigen Fall eine neuartige Spezies, erst einmal entsteht. Beim Laser war dies die spontane Entstehung einer Lichtwelle, bei den Flüssigkeitsbewegungen eine kleine thermische Schwankung, bei den chemischen Reaktionen eine Initialreaktion oder die spontane Entstehung eines neuartigen Moleküls. An dieser Stelle tritt wieder das Zusammenspiel zwischen Zufall und Notwendigkeit deutlich hervor. Durch Änderungen der Umwelt werden Bedingungen geschaffen, in denen neuartige Ordnungszustände, beschrieben durch den zugehörigen Ordner, sich durchsetzen können. Aber zunächst muß durch einen Zufall, in der Biologie durch eine Mutation, eine neue Art geschaffen werden. Oder aber eine Spezies, die nur in geringer Zahl vorhanden war (z. B. in einer ökologischen Nische) kann sich jetzt schlagartig vermehren und beherrschend werden.

Wie auch in allen bisherigen Fällen besteht eine eigentümliche Beziehung zwischen Ordner und Individuum, was das folgende Beispiel verdeutlicht. In einer Reihe von Fällen läßt sich dem Ordner eine einfache mathematische Größe zuordnen, nämlich die Zahl der Individuen einer Art. Die zeitliche Änderung dieser Zahl läßt sich z. B. aus Messungen entnehmen oder in manchen Fällen auch vorausberechnen. Hinter solchen Zahlenangaben verbergen sich unzählige Einzelschicksale, die vom Ordner, der Bevölkerungszahl, nur pauschal, aber doch mit unerbittlicher Härte bestimmt sind. Stehen in einem unterentwickelten Land für eine bestimmte Zeit weniger Lebensmittel zur Verfügung, als für die Existenz des einzelnen Menschen nötig ist, so muß deren Zahl, der Ordner, abnehmen – wen das grausame Schicksal ereilt, bleibt dabei offen. Ähnlich ist es im Wirtschaftsleben, z. B. bei Entlassungen, oder beim Staat. Im allgemeinen lassen sich nur Aussagen über die Ordner, aber nicht über das indirekte Schicksal machen, worauf wir später noch mehrfach zurückkommen werden.

9. Kapitel

Wie entstehen biologische Organismen?

Vererbung durch Moleküle

Im vorigen Abschnitt hatten wir uns mit der belebten Natur im großen befaßt, mit der Dynamik des Zusammenwirkens der verschiedenartigsten Lebewesen. Befassen wir uns aber nun mit den Lebewesen selbst. Während die verschiedenen Lebewesen uns durch ihre Formenvielfalt überraschen, zeichnen sich die Lebewesen einer Sorte durch die Konstanz der Form aus, mit der die Lebewesen immer wieder reproduziert

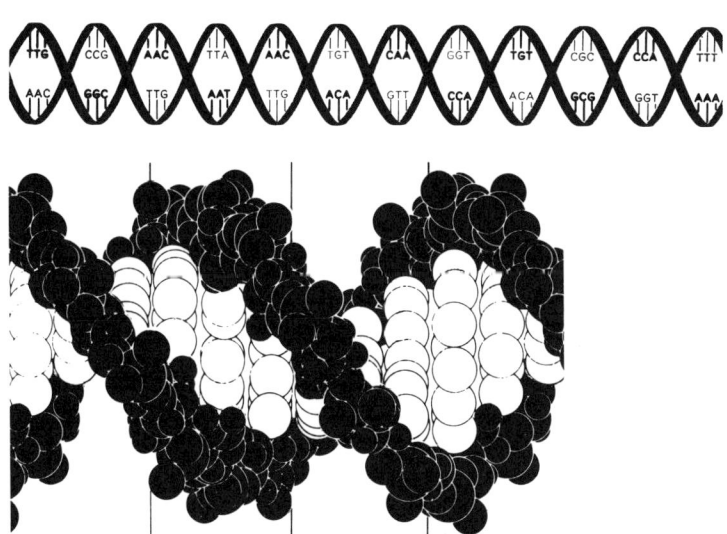

Abb. 9.1: Die in einer doppelten Helix angeordneten Molekülstränge der DNS. oben: Längsschnitt   unten: perspektivische Darstellung

werden. Die Entstehung von Formen muß also streng geregelt vor sich gehen. Wie können aber Formen überhaupt entstehen und deren Bildung geregelt werden? Die einfachste Antwort wäre der Hinweis auf die Vererbung. Wir wissen ja heute, daß körperliche und zweifellos auch geistige Eigenschaften vererbt werden, wobei ein stofflicher Träger vorhanden ist, nämlich eine chemische, jeder Art eigentümliche Substanz. Dieser haben die Chemiker den komplizierten Namen Desoxyribonukleinsäure, oder abgekürzt DNS, gegeben. Es handelt sich hierbei um zwei wendelförmige, ineinander verschlungene Molekülstränge, die man deshalb auch als doppelte Helix bezeichnet (Abb. 9.1). Auf einem Molekülstrang sind wie auf einer Perlenschnur, die vier verschiedene Perlenarten enthält, im allgemeinen vier verschiedene Moleküle scheinbar wahllos hintereinander aufgereiht (Abb. 9.2). Diese vier Molekülsorten tragen für die meisten von uns unverständliche Namen, die wir durch deren Anfangsbuchstaben wiedergeben wollen: A (Adenin), C (Cytosin), G (Guanin), T (Thymin). Die Namen selbst können wir sogleich wieder vergessen. Ordneten wir den einzelnen Molekülen Farben zu, so käme eine recht gescheckte Perlenkette heraus.

Abb. 9.2: Längs eines Molekülstrangs sind verschiedenartige Moleküle wie Perlen auf einer Schnur angeordnet.

Die DNS wird in der Zelle umkopiert, ähnlich wie aus einem Negativbild in der Photographie ein Positivbild wird. Dabei entsteht auf chemischem Wege die Ribonukleinsäure RNS. Jedes der Einzelmoleküle A, C, G, T wird in ein neues Einzelmolekül umkopiert,

DNS	RNS
A	U (Uracil)
C	G
G	C
T	A

Wie sich herausgestellt hat, gehören je drei solcher Einzelmoleküle (Perlen) zusammen, etwa

GAU, CCU, GCU, UUU.

Sie stellen dann ein Schlüsselwort, ein Codewort dar für den Einbau einer ganz bestimmten »Aminosäure« (Abb. 9.3).

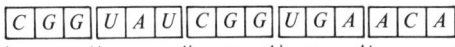

Abb. 9.3: Beispiele für Codons, die jeweils drei Moleküle enthalten.

Die in einer bestimmten RNS auftretende Folge GAU-CCU-GCU-UUU ist also der schriftliche Befehl an die Zelle: Baue einen Eiweißkörper, ein Protein, und setze an die erste Stelle Asparaginsäure, an die zweite Stelle Alanin etc. Damit leitet also RNS den Stoffaufbau der Zelle, wobei wir auf viele wichtige Einzelheiten hier nicht eingehen können, es würde uns zu weit vom eigentlichen Thema abbringen. Jede Dreiergruppe aus A, C, G, U ist also eine Informationseinheit, ein Codewort, oder, wie man auch sagt, ein Codon. Die DNS bzw. RNS enthält, je nach Lebewesen, einige Dutzend bis zu vielen Millionen solcher Codons. Sie können so eine Buchseite, aber auch ein ganzes Buch (wie bei der menschlichen DNS) füllen (Abb. 9.4).
Es drängt sich die Idee auf, daß die DNS die Anleitung, gewissermaßen den Bauplan von Organismus zu Organismus weitertransportiert. Oder, in einem anderen Bilde, sie ist wie ein Tonband, das eine Melodie weiterträgt.
Beschäftigt man sich näher mit dieser Vorstellung von der Vererbung, dann treten aber doch gewisse Schwierigkeiten auf. Wenn man einen Bauplan in die Tat umsetzen will, so braucht man ja genaue Instruktionen, die in dem Plan verzeichnet sein sollten. Z. B. muß darin verzeichnet sein, wo nun jeweils eine Zelle des sich entwickelnden Organismus sitzen muß und welche Eigenschaften diese Zelle haben muß. Zählt man aber nun ab, wie viele Instruktionen oder, um in der Fachsprache zu reden, welches Maß an Information nötig ist, um den Organismus aufzubauen, so gelangt man sehr schnell zu einer Zahl, die viel größer

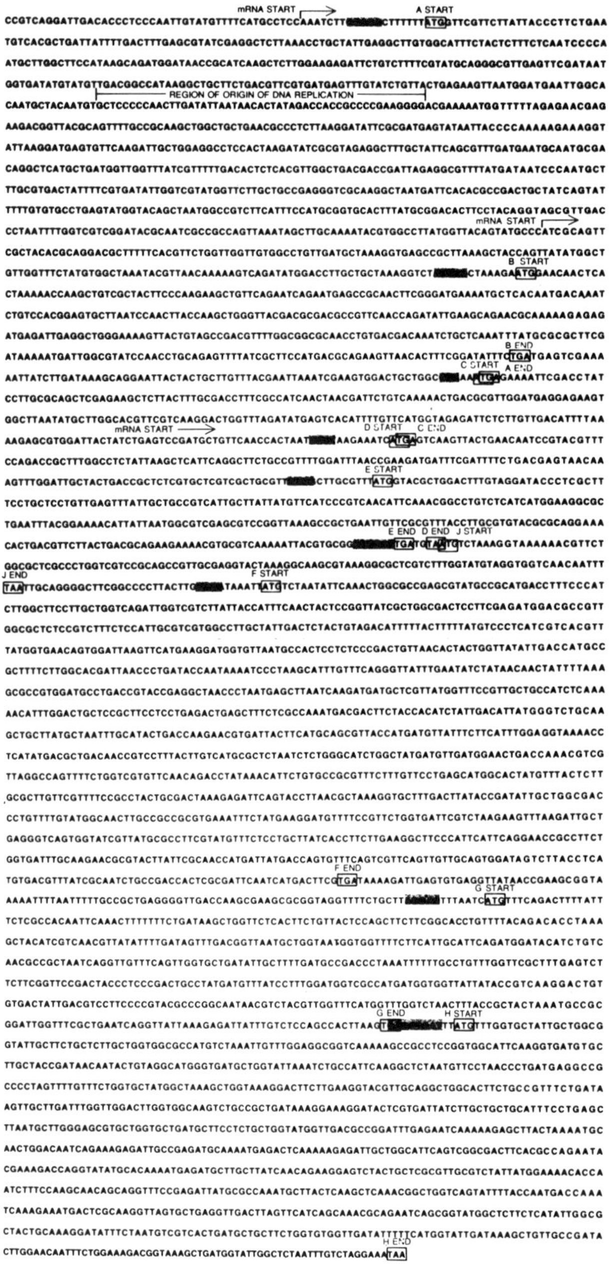

Abb. 9.4: Beispiel der DNS-Folge eines Virus.

ist, als in der DNS überhaupt gespeichert sein könnte. Oder, um wieder den Vergleich der DNS mit einem Buch heranzuziehen, man würde z. B. für den Menschen eine riesige Bibliothek brauchen. Die Natur muß also Methoden entwickelt haben, um mit weit weniger Informationen auszukommen und trotzdem ihren Plan durchführen zu können. Es muß Naturgesetze geben, wonach sich aus einer gegebenen DNS ein Organismus entwickelt.

Die DNS ist, um unseren obigen Vergleich aufzugreifen, wie ein Tonband, auf dem magnetische Signale gespeichert sind. Was wir aber noch kennen müssen, ist das Analogon zum Tonbandgerät, das die Signale schließlich in eine Melodie verwandelt. Mit einem entscheidenden Unterschied: Alles deutet darauf hin, daß die Natur die Signale der DNS in einer unglaublich raffinierten Weise umsetzt, gewissermaßen nur das Thema des Musikstücks vorschreibt, die einzelne Ausgestaltung aber dem Gerät, d. h. dem wachsenden Organismus überläßt. Damit wird aber der Satz, die DNS enthalte eine ganz bestimmte Information, fragwürdig. Es kommt ganz auf die Umwelt an, in der die DNS (oder RNS) ihr Thema »abspielen« läßt. Legen wir, nur um einen Extremfall zu nennen, die DNS oder RNS in einen Sandhaufen, so tut sich gar nichts. Dagegen können schon bestimmte Bruchstücke dieser Substanzen gewisse Bakterien dazu »versklaven«, Insulin herzustellen.

Modellbeispiele biologischer Gestaltbildungen

Bevor wir diese Fragen weiterverfolgen, wollen wir uns aber zunächst wieder Experimenten zuwenden, die uns Aufschluß über die Mechanismen bei der Ausbildung von Formen oder auch Organen geben könnten. Hierzu bedient man sich in der Biologie, wie auch in allen anderen Wissenschaften, bestimmter Modellsysteme, die in ihren Eigenschaften relativ einfach zu studieren sind. Zwei besonders bekanntgewordene Beispiele sind der Schleimpilz und die Hydra.

Der Schleimpilz existiert normalerweise in Form einzelner amöbenartiger Zellen, die auf einem Untergrund leben. Wird die Nahrung für die einzelnen Zellen knapp, so versammeln sich diese plötzlich, wie auf ein geheimes Kommando hin, an einem bestimmten Punkt, häufen sich dort immer mehr an und differenzieren sich dann in Stamm und Sporenträger (Abb. 9.5). Übrigens kann sich der Schleimpilz dann als Ganzes fortbewegen, indem er sich wie eine Schlange auf dem Boden krümmt (Abb. 9.6). Bereits die erste Phase, nämlich die Sammlungsphase, ist

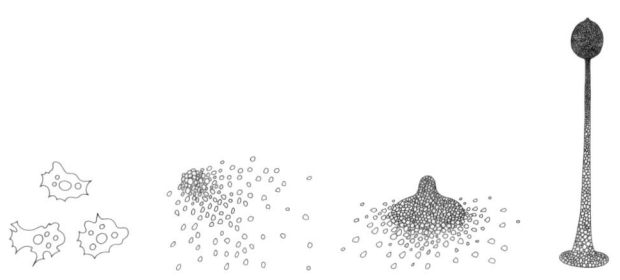

Abb. 9.5: Schematische Darstellung der Entwicklung des Schleimpilzes von einzelnen Amöben zum ausgebildeten Pilz.

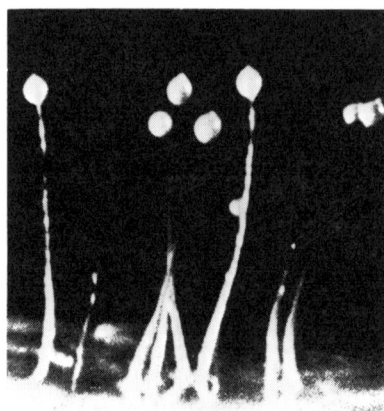

Abb. 9.6: Schleimpilze

hochinteressant. Woher wissen die einzelnen Zellen, daß und wo sie sich zu versammeln haben? Wie die Biologen herausgefunden haben, können die Zellen eine Substanz, das sogenannte zyklische Adenosinmonophosphat (cAMP), erzeugen und abgeben. Wird nun eine zweite Zelle von cAMP getroffen, so kann diese Zelle verstärkt cAMP aussenden. Durch das Zusammenwirken dieses Verstärkungseffekts einerseits und der Diffusion andererseits entstehen nun Muster chemischer Wellen oder chemischer Spiralen (Abb. 9.7). Die einzelnen Zellen können das Dichtegefälle der jeweiligen cAMP-Wellen messen und laufen nun entgegen der Richtung des Dichtegefälles. Dabei benutzen die einzelnen Zellen kleine Ausstülpungen, mit denen sie herumpaddeln.

Wir sehen an diesem Beispiel ganz deutlich, daß Musterbildungen wie Spiralen oder konzentrische Kreise in der unbelebten Natur bei chemi-

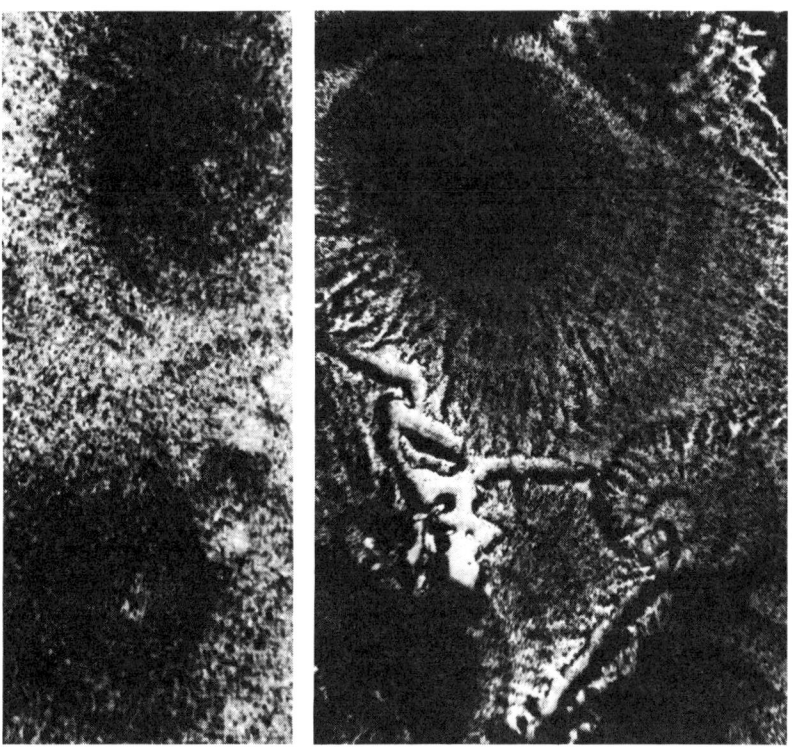

Abb. 9.7: Die spiralförmigen Wellen von cAMP, a) und b).

schen Reaktionen und in der belebten Natur (hier bei der Schleimpilz-
bildung) völlig analog ablaufen können. Die tiefere Ursache hierfür liegt
darin, daß bei Musterbildungen immer wieder die gleichen Gesetzmäßigkeiten für die Ordner, die die makroskopische Ordnung beschreiben,
zugrunde liegen.
Nachdem die einzelnen, einander völlig gleichen Zellen sich versammelt
haben, setzt ein neuer Vorgang ein, den man gut beobachten kann,
dessen einzelne Ursachen jedoch noch nicht völlig aufgeklärt sind. Die
Zellen haften zusammen, wobei sich auf einer Seite der Ansammlung
die Zellen zum Stamm umbilden, die anderen Zellen zum Sporenträger,
die Zellen differenzieren sich also. Wie es scheint, spielt das cAMP auch
bei diesem Differenzierungsprozeß eine entscheidende Rolle, doch sind
die Forschungen hier noch nicht abgeschlossen. Immerhin erkennen wir

an diesem Beispiel ganz deutlich, daß die einzelnen Zellen sich mit Hilfe einer chemischen Substanz verständigen. Diese Einsicht wird uns sogleich weiterhelfen, wenn wir uns mit der Musterbildung selbst befassen wollen.

Ein besonders bekanntes Beispiel ist die Hydra. Es handelt sich hier um einen einige Millimeter großen Süßwasserpolypen, der insgesamt aus einigen hunderttausend Zellen besteht, wobei etwa ein Dutzend verschiedene Zelltypen auftreten. Die Hydra hat einen Kopf und einen Fuß. Die Frage, die wir hier studieren wollen ist, woher ein vorher undifferenzierter Zellverband weiß, wo er Kopf bzw. Fuß bilden soll. Im Sinne der anfänglich besprochenen Idee eines bereits vorhandenen Bauplans könnte man annehmen, daß jede Zelle bereits zu Anfang instruiert worden ist, was aus ihr einmal später werden soll, z. B. Kopf oder Fuß.

Nun kann man aber mit der Hydra folgendes Experiment machen (Abb. 9.8). Man kann sie in der Mitte durchschneiden, worauf sich zwei neue Tierchen bilden, und zwar wird bei dem einen Tierchen, das bereits einen Kopf besitzt, ein Fuß regenerieren und entsprechend bei dem anderen Tierchen ein Kopf. Dies bedeutet aber, daß sich genau die gleichen Zellen zu zwei ganz verschiedenen Organen entwickeln können. Sie müssen also irgendwie ihre Instruktionen aus dem Zellverband beziehen und müssen dabei erfahren, wo sie sich befinden, nämlich an

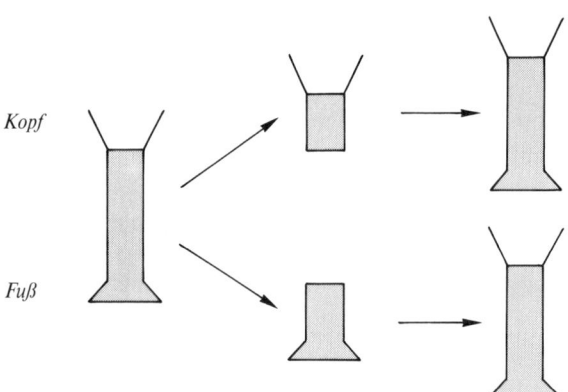

Kopf

Fuß

Abb. 9.8: Schematische Darstellung der Regeneration von Hydra.
Links: Ein intaktes Tierchen mit Kopf und Fuß.
Mitte: Die beiden Teile nach Durchtrennung der Hydra.
Rechts: Regeneration des Fußes (unten) bzw. des Kopfes (oben).

dem Ende, das Kopf werden soll, oder am anderen Ende, das Fuß werden soll. Mit anderen Worten, die Zellen müssen eine Information über ihre Lage im Zellverband erhalten können. Über die Mechanismen, die hier herrschen, geben weitere Experimente Auskunft. Verpflanzt man einen Teil eines Kopfes einer Hydra in den Mittelteil einer anderen Hydra, so geht die Bildung des neuen Kopfes zurück, wenn der neu eingepflanzte Kopf nahe am alten Kopf ist. Ist er hingegen genügend weit weg, so bildet sich der neu eingepflanzte Kopfteil zu einem ganz neuen Kopf aus. Offensichtlich müssen die Zellen in der Lage sein, sich auf längere Entfernungen zu verständigen, und zwar in dem Sinn, daß ein vorhandener Kopf dafür sorgt, daß in seiner engeren Umgebung kein zweiter Kopf entsteht.

Makroskopische Muster auf molekularer Grundlage

Das Beispiel des Schleimpilzes hat uns aber gezeigt, wie eine Verständigung zwischen Zellen auf größere Entfernungen hin erfolgen kann, nämlich durch diffundierende chemische Substanzen. In der Tat wurden schon frühzeitig von Mathematikern (A. M. Turing) Modelle zur Erklärung der Zelldifferenzierung vorgeschlagen. Betrachten wir hierzu zwei Zellen, die zunächst voneinander getrennt sind und in denen die gleichen chemischen Prozesse ablaufen (Abb. 9.9). Dabei wird eine Molekülsorte A erzeugt, und auch wieder teilweise abgebaut, so daß schließlich eine Gleichgewichtskonzentration entsteht. Natürlich ist diese Konzentration in beiden Zellen gleich groß. Nun lassen wir zu, daß die Substanzen in beiden Richtungen von einer Zelle in die andere gelangen können (Abb. 9.10). Durch diesen Stoffaustausch kann der Zustand gleicher Konzentration in beiden Zellen instabil werden. Dies läßt sich am besten wieder am Modell einer Kugel in einem Gebirge, d. h. anhand einer synergetischen Kurve veranschaulichen. Rollt die Kugel nach links, so bedeutet das, es erhöht sich die Konzentration der Moleküle A in der linken Zelle, im entgegengesetzten Fall in der rechten Zelle. Eine kleine anfängliche Schwankung bei der Herstellung der Molekülsorte A entscheidet, welche der beiden Zellen nun eine höhere Konzentration erhält. Während in den getrennten Zellen die Konzentration gleich hoch war, die Moleküle A also in *symmetrischer* Weise auf die beiden Zellen verteilt waren, ist bei den gekoppelten Zellen diese Verteilung unsymmetrisch, d. h. die Symmetrie ist gebrochen. Diese Art von *räumlicher* Symmetriebrechung ist es, die bei den modernen

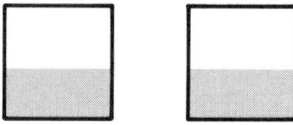

Abb. 9.9: In getrennten, aber gleichartigen Zellen bildet sich die gleiche Konzentration einer chemischen Substanz aus.

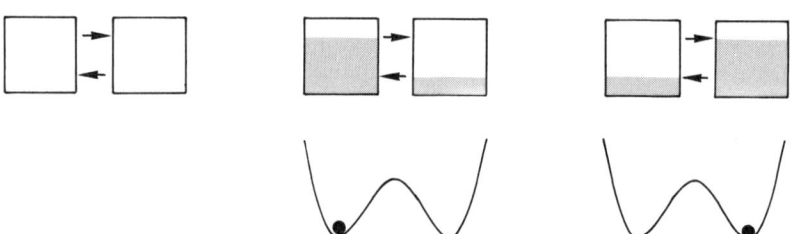

Abb. 9.10: Die Zellen von Abb. 9.9 werden nun zusammengebracht, wodurch ein Stoffaustausch zwischen Zellen ermöglicht wird. Dieser Stoffaustausch führt gemeinsam mit den Prozessen in den einzelnen Zellen zu einer ungleichmäßigen Verteilung der Stoffkonzentrationen. Die hier vorliegende Symmetriebrechung ist nochmals durch die beiden Lagen einer Kugel in der Doppelschale symbolisiert.

Theorien der Gestaltbildung so wichtig geworden ist. Eine Reihe von Forschern hat die grundlegende Idee von Turing weiterentwickelt, indem sie speziell Modelle für chemische Vorgänge in sehr vielen Zellen entwarfen. Genauer gesagt, sie untersuchten Vorgänge in einem Kontinuum.

Alfred Gierer und Hans Meinhardt haben ein detailliertes mathematisches Modell entworfen, das z. B. die Fuß- und Kopfbildung bei Hydra erklären kann. Dabei wird insbesondere die Frage angegangen, wie in einem zunächst undifferenzierten gestreckten Zellverband am einen Ende ein Kopf, am anderen ein Fuß entstehen kann. Dazu denken wir uns also einen zunächst undifferenzierten Zellverband, in dem zwei verschiedenartige Stoffe produziert werden. Ein Stoff nämlich, der die Kopfbildung anregt, und den wir deshalb Anregungsstoff nennen wollen. Wir haben aber vorhin gesehen, daß die Kopfbildung auch verhindert werden kann, so daß wir einen zweiten Stoff postulieren wollen, der Kopfbildung verhindert oder hemmt, und den wir als »Hemmstoff« bezeichnen wollen.

Wir stellen uns nun vor, daß anfänglich die Zellen des Zellverbandes gleichmäßig Anregungsstoffe und evtl. auch Hemmstoffe produzieren, daß diese Substanzen im Zellverband diffundieren können und daß diese Stoffe auch miteinander reagieren. Wir kommen dann wieder, wie schon früher bei unserem Kapitel über chemische Prozesse, dazu, die kombinierte Wirkung von Reaktions- und Diffusionsvorgängen zu untersuchen. Es nimmt uns nun nicht mehr wunder, daß wir auch im vorliegenden Fall bei bestimmten kritischen Produktionsraten, etwa des Anregungsstoffes, ein chemisches Muster vorfinden. Das heißt, es entsteht nunmehr z. B. ein Konzentrationsgefälle, das wohl das einfachste denkbare Muster sein kann (Abb. 9.11). Nach heutigen Vorstellungen soll eine hohe Konzentration des Anregungsstoffes in der Lage sein, die Gene der einzelnen dort befindlichen Zellen einzuschalten, die dann die Differenzierung der Zellen zum Kopf bewirken. Diese hier ablaufenden Vorgänge passen genau in das allgemeine Schema der Synergetik hinein. Das sich schließlich ausbildende chemische Muster ist der Ordner, der einerseits durch das Zusammenwirken der chemischen Substanzen geschaffen wird, der aber umgekehrt wieder steuert, wie die einzelnen chemischen Prozesse ablaufen müssen, so daß dieses spezielle Muster entsteht.

Der Ordner läßt sich, wie bei allen früheren Beispielen, in zweierlei Weise wiedergeben: zum einen durch das unserer Anschauung sofort zugängliche räumliche (oder zeitliche) Muster, zum anderen durch exakte Rechnung. Sobald wir nämlich die grundlegenden Vorgänge in Form der schon früher erwähnten Reaktions-Diffusionsgleichungen

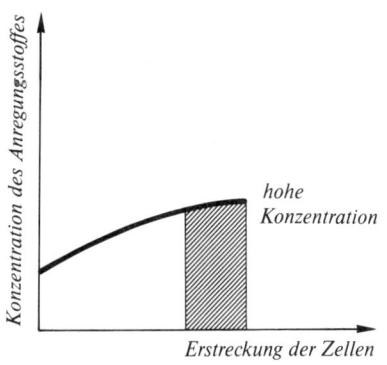

Abb. 9.11: Beispiel für die Verteilung der Konzentration von Biomolekülen. Links: Geringe Konzentration. Rechts: Hohe Konzentration.

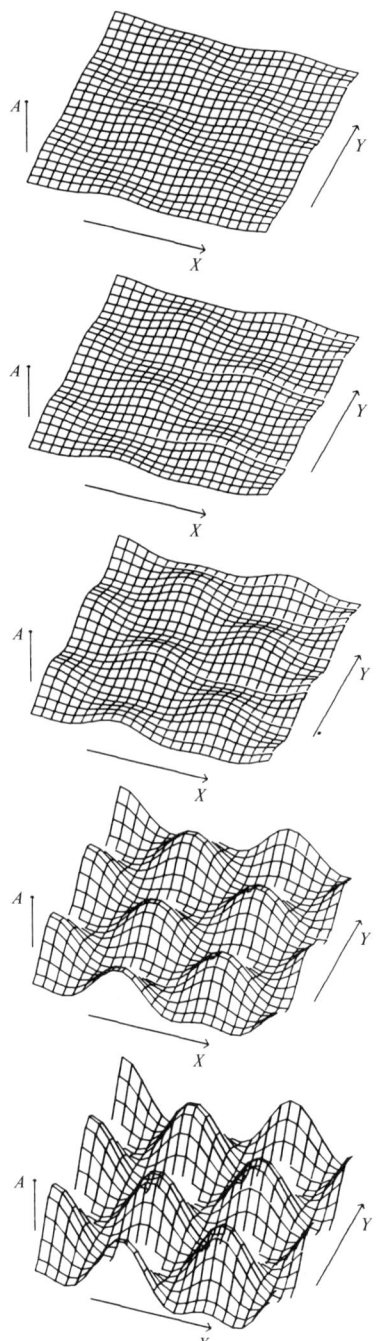

Abb. 9.12 a)–e): In diesen Bildern ist die Konzentration eines Anregungsstoffes über einen zweidimensionalen Zellverband aufgetragen. Mit Hilfe eines mathematischen Modells wird untersucht, wie die Konzentration des Anregungsstoffes im Laufe der Zeit ansteigt und hierbei ein Muster bildet.

beschreiben, liefern uns die Methoden der Synergetik die sich ausbildende Konzentrationsverteilung. Wie die Synergetik weiter zeigt, können auch ganz verschiedene Reaktionsabläufe zum gleichen räumlichen Muster führen (Abb. 9.12).

Während einige Zeit die hier postulierten Anregungs- und Hemmstoffe rein hypothetisch erschienen, konnten sie inzwischen experimentell nachgewiesen werden, und zwar je einen Anregungs- und einen Hemmstoff für den Kopf und für den Fuß der Hydra. Diese Anregungs- und Hemmstoffe scheinen in der Natur weit verbreitet zu sein. So wurden sie auch in der See-Anemone nachgewiesen, ja, sie spielen sogar bei der Bildung des Nervensystems der Säugetiere eine entscheidende Rolle. Hier war schon vor einiger Zeit ein Nervenwachstumsfaktor gefunden worden. Dieser wird von Zellen ausgesondert und diffundiert dann durch das Zellgewebe. Es gelingt diesem Stoff, Nerven, die von einem anderen Zellverband ausgehen, gewissermaßen anzulocken und deren Wachstum dann so zu steuern, daß Nerven z. B. zu einem außenliegenden Bereich des Körpers wachsen.

Das Grundprinzip des Anregungs- und des Hemmstoffes einerseits und die Regelung von Musterbildung mit Hilfe makroskopischer Ordner läßt wenigstens im Prinzip viele Phänomene verständlich werden, so etwa die Streifenbildung bei Zebras, die Ausbildung von Knospungen an Stengeln (Abb. 9.13) und viele andere. Zweifellos stehen wir aber erst am Anfang einer noch langen Entwicklung, wenn wir nur daran denken, was es heißt, die Ausbildung komplizierter Organe, etwa des Herzens oder des Auges, zu verstehen.

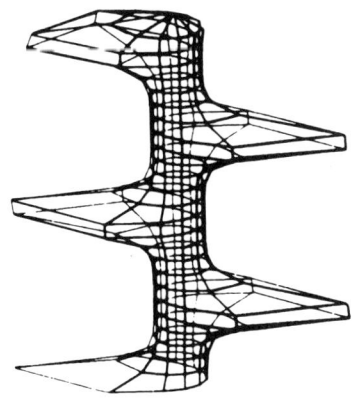

Abb. 9.13: Beispiel für ein mathematisches Modell der Ausknospungen bei einem Stengel.

Unsere obigen Beispiele zeigen deutlich, daß die Natur viel raffinierter vorgeht, als man sich anfänglich mit dem in der DNS verankerten Bauplan vorstellte. Sie läßt die einzelnen Teile eines wachsenden Organismus sich untereinander verständigen und sich untereinander abstimmen. Dieser Trick wird vermutlich auch bei der Bildung zumindest von Teilen des Gehirns angewendet, womit wir uns in Kapitel 14 befassen wollen. Auch hier entstehen die Teile keineswegs nach einem festgelegten Bauplan, so wie wir uns ein elektronisches Gerät zusammenbauen würden. Auch bei der Entstehung der Nervenbahnen zwischen den Sinnesorganen und dem Gehirn sind Selbstorganisationsprozesse beteiligt. Hinweise darauf geben Experimente, bei denen man die Nervenleitung zwischen Auge und Gehirn des Frosches getrennt und wieder neu hat zusammenwachsen lassen, z. B. so, daß ein Teil des Gehirns nun die Umwelt auf dem Kopf stehend sehen mußte. Nach kurzer Zeit ist der Frosch aber wieder in der Lage, richtig zu sehen, wie man seinem Verhalten entnehmen kann, z. B. aus der Weise, wie er nach Fliegen schnappt. Die Verbindungen müssen sich in ihrer Funktionsweise so geändert haben, daß nun wieder ein einheitliches »richtiges« Übertragungsschema zustande kommt. Die damit verbundene fundamentale Frage ist, wie die Sehzellen des Auges bereits während des Wachstums mit den jeweiligen Nervenzellen des Gehirns verbunden werden. Eine genauere Diskussion der Experimente, die ich eben erwähnte, zeigt, daß die Verbindungen vom Auge zum Gehirn sich selbst organisieren. Wie Modellrechnungen von Christoph v. d. Malsburg zeigen, geschieht das auch hier wieder nach einem Konkurrenzprinzip, wobei jeweils kleine, bereits richtig abbildende Bereiche verstärkt werden und andere Nervenfasern, die eine falsche Abbildung vermitteln, unterdrückt werden. Richtig und falsch heißt hierbei, daß jeweils Umgebungen einer Zone im Auge auf eine entsprechende zusammenhängende Zone im Gehirn abgebildet werden. Kooperation und Koexistenz einerseits und Wettbewerb andererseits sind somit keineswegs Erscheinungen, die auf die makroskopische Tierwelt beschränkt sind. Auch der einzelne Organismus entwickelt sich immer wieder nach diesem Grundprinzip.

10. Kapitel

Konflikte sind manchmal zwangsläufig

Immer wieder ist uns an den Beispielen der Physik ein merkwürdiger Umstand aufgefallen. Wenn ein neuer Ordnungszustand einsetzt, läßt die Natur dem System mehrere Möglichkeiten zur Wahl. Setzt z. B. bei einer von unten erhitzten Flüssigkeit ein Strömungsmuster ein, so können die entsprechenden Rollen genauso rechts herum wie links herum laufen. Wie wir in unserem Buch bereits früher sahen, läßt sich dieses Verhalten an einem einfachen mechanischen Modell leicht verstehen.

Legen wir eine Kugel in eine Schale der in Abb. 10.1 dargestellten Form, so fällt die Kugel aus ihrer instabilen Lage in eine neue Lage, aber die beiden neuen Lagen sind völlig gleichberechtigt. Die vorhandene Symmetrie muß durch die Lage, die die Kugel schließlich einnimmt, gebrochen werden.

Wenn wir die Aufgabe erhielten, zu bestimmen, welche Lage die Kugel schließlich einnehmen werde, so besäße diese Aufgabe keine eindeutige Lösung. Ganz offensichtlich gibt es zwei völlig gleichberechtigte Lösungen. Dies widerspricht unserem üblichen Empfinden, daß jedes Problem eine ganz bestimmte Lösung haben müsse.

Daß diese Art von Problemen nicht auf die Mechanik oder einfache Vorgänge in der Natur beschränkt ist, können wir an einem kleinen Experiment, das wir mit uns selber machen können, leicht nachprüfen.

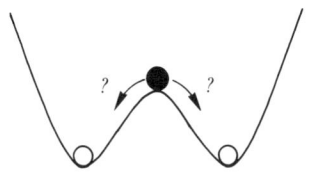

Abb. 10.1: Das uns schon wohlbekannte Modell für ein Problem, das zwei gleichberechtigte Lösungen besitzt. Wohin rollt die Kugel?

Zweifellos ist ja unser Gehirn das komplizierteste System, das die Natur hervorgebracht hat. Auch hier zeigt sich das Phänomen der Symmetriebrechung, z. B. bei der Wahrnehmung. Schauen wir uns dazu Abb. 10.2 an, so erkennen wir wahrscheinlich zunächst gar nichts. Erhalten wir aber nun die zusätzliche Mitteilung, den weißen Mittelteil als Vordergrund zu betrachten, so erkennen wir sofort eine Vase. Erhalten wir hingegen die Mitteilung, die beiden schwarzen Teile als Vordergrund anzusehen, so springen uns zwei Gesichter entgegen. Das

Abb. 10.2: Vase oder Gesicht?

Abb. 10.3: Engel oder Teufel?

ursprüngliche Bild war in seinem Wahrnehmungsinhalt also zweideutig und kein Wahrnehmungsinhalt »Vase« oder »Gesichter« ist vor dem anderen ausgezeichnet. Ein großer Teil der Bilder, die der inzwischen sehr berühmt gewordene Künstler M. C. Escher schuf, beruhen auf dieser Symmetriebrechung. Ein Beispiel aus vielen seiner Werke zeigt die Abb. 10.3, auf der wir einmal Engel, das andere Mal Teufel erkennen. Wie aus diesen Beispielen hervorgeht, benötigen wir eine zusätzliche Information, um die vorhandene Symmetrie bei der Wahrnehmung zu brechen, wie etwa die Information »betrachte den weißen Teil als Vordergrund«. Aber auch ohne zusätzliche von außen gegebene Information sind wir zumeist in der Lage, die Symmetrie zu brechen. Dies geschieht durch einen Vorgang in unserem Gehirn, den wir in Analogie zu den Erscheinungen in der Physik, z. B. bei Flüssigkeiten, als eine »Fluktuation« bezeichnen könnten. Plötzlich baut sich ein Wahrnehmungsbild auf, die Wahrnehmung kommt wie eine Erleuchtung über uns.

Testen Sie Ihren Seelenzustand

Symmetrien können in unserem Gehirn durch psychologische Prägung von vornherein gebrochen sein, d. h. daß wir eine Art unbewußter Voreingenommenheit mitbringen. Auf dieser Tatsache beruht eine Reihe psychologischer Tests.
Ein Beispiel, an dem sich der Leser selber versuchen kann, sind die Gesichter, die in Abb. 10.4 dargestellt sind. Sind diese Gesichter traurig oder fröhlich? Gibt es eine Beziehung zwischen den beiden Frauen? Welcher Art? Schauen Sie sich erst einmal die Bilder an und kommen Sie dann zu Ihrer Aussage. Tatsächlich sind diese Bilder so gezeichnet, daß sie in ihrem Ausdruck neutral, d. h. weder traurig noch fröhlich, sind. Aber bei einem Test, bei dem man sich zu entscheiden hat, muß die innere Symmetrie dieses Bildes gebrochen werden. Diese Symmetriebrechung kann aber nur durch eine zusätzliche Information erfolgen. Diese zusätzliche Information gibt die Untersuchungsperson selbst, indem sie sich schon von vornherein in einem bestimmten seelischen Zustand befindet. Sie projiziert ihren eigenen seelischen Zustand in den der Personen auf dem Bild. Aufgrund solcher Tests kann der Psychologe Rückschlüsse auf den Zustand der Testperson ziehen.
Diesen Vorgang können wir auch mit anderen Worten wiedergeben. Wir haben aus den Bildern das herausgelesen, wozu wir innerlich bereits

Abb. 10.4: In ausdruckslose Gesichter oder neutrale Sätze werden eigene Gemütszustände hineinprojiziert. Bild aus dem thematischen Apperzeptionstest, der 1935 von Henry Murray und seinen Mitarbeitern am Institut für Klinische Psychologie an der Harvard University entwickelt wurde. Ähnlich wie mit dem Rorschachtest sollen mit diesem projektiven Test unbewußte Konflikte und Gedanken entdeckt werden.

vorbereitet waren. Dieser Art von Voreingenommenheit sind wir ständig ausgesetzt. Wir hören oder lesen oft das heraus, was wir gerade erwarten. In gewissem Sinn ist dies sogar notwendig. Erkennen bedeutet nämlich, daß wir die neuen Erfahrungen ständig mit dem verknüpfen, was bereits früher von uns als »Erfahrung« angelegt worden ist. Ein zweiter Test, an den ich mich noch aus meiner Schulzeit erinnere, sei hier ebenfalls angeführt, nämlich das Stellen einer eigentlich unlösbaren Aufgabe. In der Schule war von einem Jungen die Rede, der in einem Büro einen Text abschreiben sollte, der, damit der Zweck erfüllt werde, in kurzer Zeit und in hervorragender Schrift abgeliefert werden mußte. Die Aufgabe war aber so gestellt, daß man den Text entweder sorgfältig schrieb, aber dann nicht fertig wurde, oder ihn schlampig schrieb, aber vollständig. Eine typische Konfliktsituation, um die man sich natürlich gerne drücken möchte. Aber diese Konfliktsituation ist gerade so konstruiert, daß die Testperson, die diese Aufgabe lösen soll, von der in ihr angelegten Symmetriebrechung Gebrauch machen muß. Durch die Entscheidung erhofft sich der Psychologe Aufschluß über den Charakter der Testperson, ob sie schlampig ist oder sorgfältig. Natürlich wird der ganze Test zur Farce, wenn die Testperson von vornherein weiß, worauf der Psychologe hinaus will und ihm so ein Schnippchen schlägt. Tests dieser Art gibt es natürlich überall, z. B. auch bei der US-Armee. In Physikerkreisen kursiert seit langem die folgende Anekdote über einen sehr bedeutenden amerikanischen Physiker, der zur Armee eingezogen werden sollte und sich einem psychologischen Test zu unterziehen hatte. Um die Offenheit des Charakters zu testen, fragte der Psychologe den angehenden Soldaten: Zeigen Sie mir Ihre Hände. Zeigt er diese mit der Handfläche nach oben, so schließt der Psychologe auf einen offenen Charakter. Zeigt er sie mit dem Handrücken nach oben, so glaubt der Psychologe, die Testperson durchschaut zu haben: ein verschlossener Charakter. Auf die Aufforderung des Psychologen hin zeigte nun der Physiker die eine Hand mit der Handfläche nach oben, die andere mit der Handfläche nach unten, worauf der Psychologe bereits einen kleinen Schock bekam. Er rief schnell: Um Himmels willen, drehen Sie Ihre Hände um. Der Physiker drehte daraufhin beide Hände herum, so daß wiederum eine Handfläche nach oben, die andere nach unten zeigte. Erwiesen ist jedenfalls, daß der Betreffende nicht zum Wehrdienst eingezogen wurde. Vielleicht läßt sich der Psychologe jetzt selbst beraten.

Das Leben ist voller Konflikte

Bis jetzt haben wir eigentlich nur von künstlich herbeigeführten Konflikten gesprochen, doch ist auch das Leben voll solcher Konflikte. Nehmen wir einige Beispiele. Ein junger Mann möchte studieren, schwankt aber zwischen zwei ganz verschiedenen Fächern. Jeder der beiden Studiengänge hätte für ihn Vorteile, zugleich aber auch Nachteile.

Ein anderes Beispiel betrifft eine junge Frau. Wie es der Zufall will, lernt sie kurz hintereinander zwei sehr nette Männer kennen, die sie beide heiraten wollen. Zu beiden fühlt sie sich hingezogen, und bringt es nicht übers Herz, einem der beiden abzusagen. Sie ist zwischen beiden hin- und hergerissen. Schließlich gibt ein einziger Satz des einen Bewerbers den Ausschlag, spontan wendet sich ihm die junge Frau endgültig zu. Im Sinne der Synergetik hat eine »Fluktuation« – ein einziger Satz – den Ausschlag gegeben.

Im psychologischen Bereich ist jedoch die folgende Situation häufiger. Ein Witwer erträgt die Einsamkeit nur schwer und sehnt sich nach einer neuen Ehe. Da er nun eifrig sucht, lernt er in kurzem Abstand zwei Damen kennen, die einer Heirat nicht abgeneigt wären. Aber nun beginnt er nachzudenken. Welche soll er heiraten? In vielen Diskussionen mit seinen Freunden und Bekannten beginnt er, die Vor- und Nachteile der beiden Damen abzuwägen. Aber während er dies tut, gerät er immer tiefer in eine Konfliktsituation hinein. Er stellt fest, daß er sich zu keiner Entscheidung durchringen kann. Vor- und Nachteile, die natürlich auch in seine Zuneigung einfließen, halten sich die Waage. Wir haben hier das typische Beispiel einer psychologischen Konfliktsituation vor uns. Dieser Konflikt hindert ihn daran, einen Entschluß zu fassen und er zögert so lange, bis sich beide Damen wieder von ihm abgewandt haben.

Den psychologischen Vorgang können wir uns ganz deutlich an unserem mechanischen Modell der Kugel in einer Schale nach Abb. 10.5 veranschaulichen. Nun sei aber die Kugel aus Stahl, und die Schale aus einer relativ weichen Masse. Je länger die Kugel in der Mitte »unentschlossen« liegen bleibt, um so tiefer gräbt sie sich in die Schale ein, bis sie schließlich in ihrer selbst gegrabenen Mulde gefangen bleibt, unfähig, sich je wieder daraus zu befreien. Im psychologischen Falle kann es natürlich auch sein, daß der Unentschlossene im Unterbewußtsein doch nicht heiraten wollte und die Konfliktsituation nur vorschob – um wie die Kugel in eine irreversible Position zu geraten.

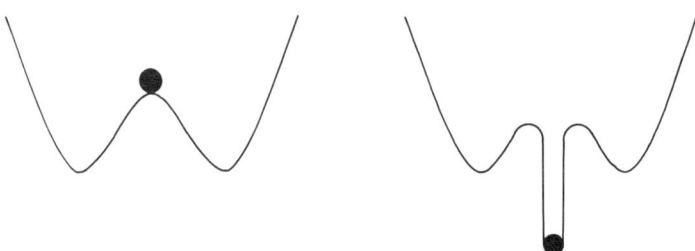

Abb. 10.5: Veranschaulichung der Wirkung von zu vielem Nachgrübeln. Die Kugel gräbt sich ein Loch, aus dem sie nicht mehr herauskommt.

In Zeiten schwerer persönlicher Bedrohung kann eine solche Unentschlossenheit tödlich werden, wofür Bruno Bettelheim in seinem Buch »Erziehung zum Überleben« (Stuttgart 1980, DVA) eindringliche Beispiele gibt: Verfolgte Menschen, die ständig hin- und herschwanken, ob sie sich vor dem Regime verstecken oder sich ihm durch waghalsige Flucht entziehen sollen.

Diese Beispiele sind typisch für viele Konfliktsituationen. Zwei Lösungen erscheinen uns zunächst gleichwertig. Wir fangen dann an, darüber nachzugrübeln, indem wir nach höher geordneten Entscheidungshilfen suchen. Diese Entscheidungshilfen sollen (in der Sprechweise der Synergetik) dazu dienen, die Symmetrie zu brechen. Und nun kommt hier die wesentliche Erkenntnis, die sich aus dem Wesen der Synergetik ergibt. Es gibt in einer Reihe von Fällen gar keine höhergeordneten Entscheidungshilfen. Es ist tatsächlich so, daß wir auch bei längstem Nachgrübeln nicht in der Lage sind, den Konflikt in eindeutiger Weise zu beseitigen. Hinzu kommt, daß uns im Leben nur eine allzu kurze Frist zur Verfügung steht, um zu einer Entscheidung zu kommen. Daraus läßt sich nur ein Fazit ziehen. Man muß erkennen, daß es Probleme gibt, die prinzipiell zwei (oder noch mehr) gleichwertige Lösungen haben können. Ob diese Lösungen tatsächlich prinzipiell völlig gleich sind, werden wir oft nicht entscheiden können. Wir müssen dann nach einer bestimmten Zeit des Nachdenkens, bei der wir die verschiedenen Gesichtspunkte gegeneinander abgewogen haben, erkennen, daß ein echter Konflikt vorliegt und tatsächlich jede der beiden Lösungen gleichberechtigt ist. Wenn dies aber so ist, dann ist auch die Wahl gleichgültig. Eine weitere Konsequenz ist diese: Wir sollten die Wahl hinterher nicht mehr bereuen. Wir müssen uns daran erinnern, daß wir nach allen unseren Überlegungen eine der völlig gleichwertigen Lösungen ausgewählt haben, und wir sollten nicht vergessen, daß ja auch die andere Lösung ihre Nachteile gehabt hätte.

Konfliktverlagerung im sozialen Bereich

Gerade im sozialen Bereich gibt es Konflikte, bei denen zwei gleichwertige Lösungen oder, besser gesagt, Auswege vorliegen, wo aber das *gemeinsame* Handeln die Menschen aus einer Konfliktsituation herausführt. Hierbei wird allerdings der jeweilige Konflikt nicht beseitigt, sondern nur verlagert. Fangen wir mit einigen relativ harmlosen Beispielen an, aus denen aber die Analogie mit ganz brisanten Fragen hervorgeht. Wird ein Kind geboren, so muß es natürlich einen Nachnamen haben. In vielen Völkern ist es üblich und sogar gesetzlich verankert, daß das Kind den Namen des Vaters bekommt. Genauso könnte es aber den Namen der Mutter erhalten. Ohne gesetzliche Regelung gäbe es hier also für jedes Elternpaar eine Konfliktsituation: »Welchen unserer Namen soll das Kind erhalten?« Es besteht gar kein Zweifel, daß dies in jedem einzelnen Fall eine Konfliktsituation wäre, bei der sich ohne gesetzliche Regelung die Ehepartner einigen müßten.

Genau das gleiche gilt bei der Heirat. Sollen die Ehepartner den Namen des Mannes oder den der Ehefrau führen? Einige Paare wählen dann einen Doppelnamen: Müller-Meier. Man kann sich leicht ausrechnen, daß nach zehn Generationen die Namen dann aus über tausend Einzelnamen bestehen. In der Tat ein Unding, der diesen Kompromiß ad absurdum führt.

Es bleiben also in der Tat nur die beiden Möglichkeiten, den Namen von Mann *oder* Frau bzw. Vater *oder* Mutter zu wählen. Frühere Gesellschaften haben offenbar dieses Problem erkannt und durch das Verhalten der Gemeinschaft die Symmetrie gebrochen. Diese Symmetriebrechung kann durch Tradition oder durch Gesetze erfolgen. Das Gesetz spielt dann wieder die Rolle des Ordners, indem es die Ehepartner bei der Namensgebung des Kindes versklavt. Andererseits aber werden Gesetze, zumindest in Demokratien, durch die Volksvertreter bestimmt, durch die Individuen wird der Ordner festgelegt. Wir erkennen hier wieder die typische Wechselbeziehung zwischen Ordner und Individuen, die uns in der Synergetik entgegentritt. Die andere Möglichkeit ist, daß der Ordner nicht auftritt. Im vorliegenden Fall bedeutet dies, daß das Gesetz die Namensgebung offen läßt und den Konflikt in die einzelne Familie zurückverweist. Hieraus folgt zwangsläufig eine Erkenntnis, nämlich: Größere individuelle Freiheit bedeutet gleichzeitig größere individuelle Konfliktmöglichkeiten.

Ein weiteres Beispiel für diese Konflikte liefert uns das Elternrecht. Wird bei der Erziehung des Kindes der Vater oder die Mutter von der Rechtsprechung bevorzugt? Dies tritt besonders deutlich bei Ehescheidungen in Erscheinung, wo der Richter in der Regel kleine Kinder der Mutter zuspricht. Hier ist also diese Symmetrie wieder kollektiv gebrochen. Die Kinder könnten im Prinzip ja auch zum Vater kommen. Bei derartigen Prozessen muß also die Symmetrie durch den Richter gebrochen werden. Fehlen aber die hierzu nötigen Gesetze, so ist die willkürliche Symmetriebrechung nur um eine Instanz verschoben. Noch ein Beispiel mag die Problematik weiter erhellen: die Frage nämlich, ob

Partner günstiger in einer Ehe oder in einer ehe-ähnlichen Gemeinschaft leben. Hier stehen wiederum wie bei typischen Konfliktsituationen Vor- und Nachteile der einen Lösung denen der anderen Lösung gegenüber. Aus der Fülle solcher entgegengesetzter Paare von Vor- und Nachteilen sei bei der Ehe die Gebundenheit, aber die damit gegebene Möglichkeit der Fürsorge durch den anderen Ehepartner genannt. Bei der außerehelichen Gemeinschaft die Freiheit, aber damit die automatisch entfallende Fürsorgepflicht des Partners. Man muß sich völlig darüber im klaren sein, daß beide Vorteile nicht gleichzeitig zu erlangen sind. Geht eine außereheliche Partnerschaft auseinander, so führt dies zuweilen zu erheblichen wirtschaftlichen Auseinandersetzungen, z. B. wenn eine gemeinsame Wohnung erworben worden ist. Hier wird dann die Regelung bei der Auseinandersetzung wieder dem Staat überlassen. Es wird versucht, den Konflikt ins Kollektiv zu verlagern. Das Kollektiv, nämlich der Staat selbst, hat derartige Regelungen aber oft gar nicht vorgesehen, da es ja gerade in diesem Fall die Institution der Ehe gibt.

Wie all diese Beispiele, die sich noch um Dutzende vermehren ließen, verdeutlichen, werden in einem Staatswesen ständig Konflikte vom Einzelnen in das Kollektiv oder vom Kollektiv auf den Einzelnen verlagert. Aus dieser Wechselbeziehung zwischen dem Einzelnen und dem Kollektiv ergibt sich, daß dem Einzelnen persönliche Entscheidungen, die Konflikte bedeuten können, durch kollektive Effekte, wie das Gesetz, abgenommen werden. Umgekehrt bedeutet aber größere Entscheidungsfreiheit für den Einzelnen eine Vermehrung der Konfliktmöglichkeiten.

Kollektive Effekte, wie wir sie zuletzt besprochen haben, brauchen sich nicht nur auf Ehen zu beziehen. Sie können auch ganze Gemeinden oder Städte berühren, ohne daß hier überhaupt mit gesetzlichen Regelungen etwas auszurichten wäre.

Lebt man längere Zeit in verschiedenen Städten, so stellt man bald fest, daß es jeweils bestimmte Klimata im Umgang der Menschen untereinander gibt. Es gibt Städte, in denen die Menschen sehr freundlich, andere wieder, in denen die Bewohner untereinander und auch anderen Leuten gegenüber direkt muffig sind. Hier ist offenbar die Wahl zwischen der persönlichen Einstellung »freundlich« oder »unfreundlich« eine Symmetriebrechung, die kollektiv vollzogen wird. Hat sich erst einmal eine allgemeine Stimmung herausgebildet, so kommt ein Neuling in dieser Stadt nicht mehr dagegen an und im Laufe der Jahre wird sich sein Verhalten oft nur wenig von dem der anderen unterscheiden.

Ist er in einer muffigen Stadt freundlich, so wird er frustriert und wohl selbst muffig werden. Kommt hingegen ein Muffel in eine freundliche Stadt, so spricht vieles dafür, daß ihn die allgemeine Freundlichkeit anstecken wird. Genau das gleiche beobachten wir aber nicht nur in Städten, sondern – und das ist zuweilen für uns noch bedrückender – in Büros oder Verwaltungen. Auch hier gibt es ganz verschiedene lokale Klimata, gegen die ein Neuling nur höchst selten etwas ausrichten kann.

11. Kapitel

Das Chaos, der Zufall und das mechanistische Weltbild

Vorbestimmt oder zufällig?

Wohl kaum ein Philosoph, von den Naturwissenschaftlern ganz zu schweigen, wird bestreiten, daß die Erkenntnisse der Physik und überhaupt der Naturwissenschaften tief in die Gestaltung unseres jeweiligen Weltbildes eingegriffen haben. Unser ganzes Denken ist tief von den wissenschaftlichen Revolutionen, die die Physik bis in die Grundfesten hinein erschütterten, beeinflußt worden. Erst durch die Gesetze der Physik und deren millionenfache Bestätigung ist unsere Überzeugung gewachsen, daß die Naturvorgänge nach ehernen Gesetzen ablaufen. Im letzten Jahrhundert hatte die Blüte der Mechanik hierzu einen wesentlichen Beitrag geliefert. Die Mechanik untersucht, wie sich die einzelnen Körper aufgrund der zwischen ihnen herrschenden Kräfte bewegen. Es war ja gerade Newtons grundlegende Erkenntnis gewesen, daß das Fallen eines Apfels vom Baum genau durch die gleichen Gesetze bestimmt wird, wie die Umkreisung der Sonne durch die Erde und auch durch die anderen Planeten. Die Newtonschen Gesetze sind Grundlage z. B. für die gesamte Raketentechnik. Grundlage also für die Eroberung des Weltraums durch den Menschen. Wie wir direkt am Fernsehschirm beobachten können, verfolgen die Raketen zum Mond genau vorberechnete Bahnen. Dieses Einhalten eines einmal vorausberechneten und damit vorhergesagten Weges hat aber zugleich etwas Unheimliches, für uns selbst Beklemmendes an sich. Wenn nämlich die Aufeinanderfolge der verschiedensten Ereignisse vorbestimmt ist, sind wir nur Teil eines immensen Räderwerks, diesem willenlos ausgeliefert. Auch dem Zufall selbst bleibt keine Chance. Alles ist ja völlig vorherbestimmt. Die tiefgreifenden philosophischen und auch religiösen Folgen eines derartigen Weltbilds sind schon oft diskutiert worden, und jeder kann sich auch die Folgen leicht ausmalen. In den zwanziger Jahren trat eine überra-

119

schende Wende durch die Quantentheorie ein. Der Zufall erlebte seine Wiedergeburt. Erinnern wir uns dazu nochmals kurz an die Vorgänge in einer Lampe oder im Laser. Regen wir in einem Atom ein Elektron an, d. h. bekommt es mehr Energie als es üblicherweise hat, so tendiert es dazu, diese Energie wieder loszuwerden, sie als Lichtwelle auszusenden. Wie nun die Quantentheorie zeigt, ist es grundsätzlich nicht möglich, vorauszusagen, wann genau das Elektron seine Energie abstrahlen wird. Es ist genau wie bei einem Würfelspiel, wo wir bei einem Wurf nicht voraussagen können, welche Augenzahl wir werfen werden.

Nach allem, was wir heute von den Vorgängen im Mikrokosmos, d. h. vom für uns unsichtbaren Bereich der Atome her wissen, unterliegen die dortigen Vorgänge dem Zufall. Alle Versuche, das mechanistische Weltbild hier wieder in Gang zu setzen, sind gescheitert und führen uns in direkten Widerspruch zu experimenteller Erfahrung. Der Zufall, als Nichtvorhersehbares, steht in krassem Widerspruch zu der Vorstellung von ein für allemal fest vorgegebenen Abläufen des Geschehens.

Vorbestimmt und zufällig!

Es war eine große Überraschung für viele Wissenschaftler, als sich in den letzten Jahren immer mehr herausstellte, daß es in vielen Bereichen der Natur Geschehnisse gibt, die eine Art Zwitterstellung einnehmen. Diese Geschehnisse, z. B. Bewegungsvorgänge, gehorchen einerseits Gesetzen, die genauso ehern wie die der Mechanik sind oder sogar selbst Gesetze der Mechanik darstellen. Andererseits haftet aber diesen Geschehnissen etwas Zufälliges, Unvorhersehbares an. Diese ganz neuartige Gruppe von Erscheinungen, die erst jetzt in das allgemeine Bewußtsein der Wissenschaftler einzudringen beginnt, wird als »Chaos« bezeichnet.

Das Wort »Chaos« ist uns in der Umgangssprache geläufig. Wir brauchen nur an das uns allen bekannte Verkehrschaos zu denken, ein unentwirrbares Knäuel von Fahrzeugen, ein hoffnungsloses Durcheinander. Dieses Bild des Verkehrschaos zeigt uns schon die charakteristischen Züge des Wortes Chaos, wie es jetzt im wissenschaftlichen Sinn verwendet wird. Jedes einzelne Fahrzeug ist ja aufgrund strenger Gesetze der Mechanik an seinen Platz im Verkehrsknäuel gelangt. Trotzdem erscheint aber das Verkehrschaos, das Chaos, dem Beobachter als etwas völlig Wirres, bei dem die Positionen der einzelnen Fahrzeuge wie zufällig verteilt erscheinen. Ein Lkw neben einem blauen Pkw, quer dazu ein roter Pkw, dahinter ein Motorrad usw. Der einzige Unterschied zum Chaos bei Naturvorgängen besteht darin, daß bei letzteren – bildlich gesprochen – obendrein noch die Fahrzeuge alle in Bewegung sind und ständig ihre ineinander verkeilten Positionen ändern. Das Chaos, zunächst als ein skurriler Einzelfall betrachtet, erscheint uns heute als ein typisches Verhaltensmuster vieler Systeme, die wir in der Synergetik untersuchen. Führen wir uns einige Beispiele, die uns schon früher begegneten, vor Augen.

Bei der Bewegung von Flüssigkeiten ergeben sich ganz verschiedenartige Bewegungsmuster, je nachdem, wie stark wir etwa eine horizontale Schicht einer Flüssigkeit von unten her erhitzen. Nach einigen wenigen Stufen, in denen sich gleichmäßige Bewegungsmuster, z. B. Rollen oder Bienenwaben, ausgebildet haben, beginnt die Flüssigkeit eine völlig unregelmäßige Bewegung. Sie wird, wie der Fachmann sagt, turbulent. Diese wirre, völlig unregelmäßige Bewegung unterliegt, wie wir heute mit Recht annehmen können, den Gesetzen chaotischer Bewegungen.

Ähnliches wird beobachtet, wenn wir beim Rauchen einer Zigarette Rauchringe in die Luft blasen. Sie deformieren sich und schließlich setzt eine ganz unregelmäßige Bewegung des Rauches ein. Die Bewegung ist turbulent geworden. Wie wir sehen, ergeben sich bei bestimmten chemischen Reaktionen makroskopische Muster, entweder im Raum oder in ihrem zeitlichen Ablauf, z. B. der periodische Umschlag von Blau nach Rot usw. bei der Belousov-Shabotinsky-Reaktion.

Auch früher schon hatten Chemiker einen völlig irregulären Zeitverlauf des Umschlags von Rot nach Blau beobachtet. Sie waren der Ansicht, daß sie das Gemisch nicht genügend gut präpariert hätten und sahen von einer Veröffentlichung ab. Jetzt, nachdem das Phänomen »Chaos« als allgemeingültig erkannt ist, wetteifern die Chemiker, immer neue Resultate über irreguläre Zeitfolgen und auch räumliche Muster von derartigen Vorgängen zu finden und zu publizieren. Es existieren auch Voraussagen, daß Laserlicht turbulent sein könne. Völlig unregelmäßig ausgestrahlte Wellenzüge, aber doch wieder in ihrem Charakter anders als das Licht gewöhnlicher Lampen. Eine ganz neue Art von Licht wartet darauf, entdeckt zu werden. (Es wurde entdeckt! s. S. 72)

Auch in die Biologie hält die Idee des Chaos Einzug und beleuchtet schlagartig früher völlig unverständliche Erscheinungen. Z. B. gibt es Insektenpopulationen, die von Jahr zu Jahr völlig unregelmäßig schwanken. Jetzt gibt es bereits Modelle, nach denen wir diese Schwankungen mathematisch erfassen können.

Bei all diesen Phänomenen, die den meisten als etwas völlig Neuartiges erscheinen, ergeht es den Wissenschaftlern wie nach den Worten von Koheleth aus dem Alten Testament: Es gibt nichts Neues unter dieser Sonne.

In der Tat hatte bereits um die Jahrhundertwende der französische Mathematiker Jules Henri Poincaré (1854–1912) die Möglichkeit chaotischer Bewegung bei ganz anderen Problemen entdeckt, nämlich ausgerechnet in der Himmelsmechanik. Untersucht man ein Modell eines Sonnensystems, bei dem es zwei Sonnen gibt, aber nur einen Planeten, so kann dieser Planet die unglaublichsten, kompliziertesten Bewegungen ausführen, wie ein Fußball, der von zufälligen Stößen vorangetrieben wird. Hier wird uns das Dilemma der Wissenschaft deutlich. Die Bewegung des Planeten genügt ja wiederum den strengen Gesetzen der Mechanik. Trotzdem erscheint seine Bewegung wie rein zufällig.

Das Beispiel eines Planeten, der einem Sonnensystem mit zwei Sonnen angehört, zeigt uns, daß schon ein ganz einfaches mechanisches System höchst komplizierte Bewegungen auszuführen vermag. Während wir es früher als selbstverständlich ansahen, daß nach Newtons Mechanik in unserem Sonnensystem die Planeten auf Ellipsenbahnen um die Sonne kreisen, ewig und unveränderlich, erscheint diese Stabilität der Planetenbahnen im Licht der modernen Entwicklung der Mechanik als ein Rätsel. Die größten Gelehrten haben sich mit diesem Problem befaßt, um auf die Preisfrage des schwedischen Königs im letzten Jahrhundert die Antwort zu finden: »Ist unser Sonnensystem stabil oder kann es sein, daß zum Beispiel einige Planeten schließlich in die Sonne stürzen, während andere aus ihm herausgeschleudert werden?« Alles Vorgänge, die mit dem Energie- und dem Impulssatz der Mechanik verträglich wären.

Die Antwort, die die Mathematiker heute zu dieser Frage vorlegen, ist derart subtil und an derartige Feinheiten der Umlaufzeiten der Planeten geknüpft, daß es manchmal schwerfällt zu glauben, daß dies die endgültige Antwort sein soll. Immerhin, wenn ihre Theorie zutrifft, sollte es möglich sein, die Struktur der Ringe des Saturn zu erklären (Abb. 11.1). Die Ringe des Saturn, die man sich aus kleinen Eisbrocken aufgebaut denkt, hatten ja in den Fernrohren bisher die Struktur einzelner konzentrischer Ringe. Die Frage war, warum es Lücken zwischen den Ringen gab.

Warum konnten sich dort keine Eisstücke halten? Die Antwort der Mathematiker, die sich mit der Bewegung der Himmelskörper befassen, lautete: Durch den Einfluß der Saturnmonde werden in diesen Zwi-

Abb. 11.1: Die Saturnringe

schenräumen Eisstückchen auf chaotische Bahnen gezwungen und müssen somit diese Zwischenräume verlassen. Ob dies das letzte Wort ist, sei dahingestellt. Die Nahaufnahmen der amerikanischen Raumsonden zeigen uns vielmehr noch viel feinere Strukturen. Die Saturnringe scheinen uns gerieft wie eine Schallplatte und in den bisher leer geglaubten Zwischenräumen scheint es so etwas wie Speichen zu geben. Ungelöste Rätsel also.

Eine strenge Antwort auf die Frage, warum es zu chaotischen, zufallsähnlichen Bewegungen kommen kann, ist nur im Rahmen der Mathematik möglich, und auch diese steht erst am Anfang, das »Chaos« zu begreifen.

Immerhin können wir uns sehr leicht veranschaulichen, wieso der Zufall sich in streng vorbestimmte Bewegungen einschleichen kann.

Glücksspielautomaten: Chaos eingeplant

Denken wir uns eine scharfe Kante, etwa eine Rasierklinge, die wir senkrecht hinstellen und auf die wir von oben her Stahlkugeln fallen lassen (Abb. 11.2). Ob dann eine Kugel nach der einen oder anderen Seite von der Rasierklinge abgelenkt wird, hängt um winzigste Bruchtei-

123

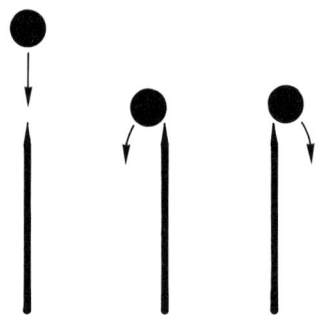

Abb. 11.2: Eine Stahlkugel trifft von oben auf eine Rasierklinge.

le eines Millimeters davon ab, wo die Stahlkugel die Rasierklinge trifft. Ein ganz klein wenig links unterhalb des Mittelpunkts und die Kugel wird nach links abgelenkt, entsprechend für rechts. Der ganze Vorgang ist offenbar streng vorbestimmt, streng determiniert, und trotzdem haftet ihm etwas Zufälliges an. Das kommt daher, daß wir ja im Prinzip auch nicht in der Lage wären, die Anfangslage der Kugel völlig präzise vorzubestimmen oder zu messen. Aber aus einer ganz kleinen Verschiebung der ursprünglichen Lage der Kugel ergibt sich schließlich ein völlig anderer Weg. Genau das gleiche haben wir beim Würfelspiel. Der Würfel trifft ja im allgemeinen mit einer seiner Kanten auf die Tischoberfläche und wie es dann weitergeht, ist genauso empfindlich abhängig von Vorbedingungen wie oben bei den Kugeln, die auf die Rasierklinge fielen.

Wie wir sehen, beginnt sich der Unterschied zwischen zufälligen Ereignissen und streng bestimmten zu verwischen, obwohl beide Grenzfälle im philosophischen Sinn streng definiert werden können, und es »eigentlich« nur diese beiden Fälle geben sollte. Das Entscheidende ist, daß sich kleine Ungenauigkeiten der Anfangslage in makroskopischer Weise später auf den weiteren Verlauf des Geschehens auswirken.

Zuweilen sind Praktiker, Erfinder, Tüftler klüger als die gelehrtesten Wissenschaftler. Schon lange lebt eine ganze Industrie von Glücksautomatenherstellern von dem Prinzip, daß auch streng bestimmte mechanische Bewegungen den Zufall täuschend nachahmen können. Solche Maschinen lassen z. B. Kugeln auf Kanten fallen. Bei jedem einzelnen Akt ist der Weg der Kugel vom Spieler nicht vorauszusehen. Der Ausgang des Glücksspiels ist also tatsächlich Glückssache. Trotzdem aber verlaufen alle Schritte in eindeutig bestimmter Weise. Ein Beispiel eines solchen wohlbekannten Glücksautomaten zeigt Abb. 11.3.

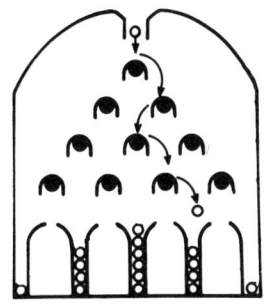

Abb. 11.3: Beispiel eines Glücksspiel-Automaten. Wo endet die Kugel?

Der Norden war nicht immer Norden

In Science Fiction-Romanen wird zuweilen geschildert, was Menschen widerfährt, die in die Zukunft oder in die Vergangenheit versetzt werden. Nehmen wir einmal an, ein Mensch würde, mit dem Nötigsten versehen, von einem solchen Science Fiction-Autoren in eine Zeitmaschine gesetzt und 100000 Jahre früher in der Zeitrechnung ausgesetzt. Mit Hilfe eines Kompasses soll er sich nun orientieren. Da es ihm kalt ist, möchte er nach Süden wandern und richtet sich nach dem Kompaß. Je länger er aber wandert, um so kälter wird es. Schließlich dämmert in ihm die Erkenntnis, daß er nach Norden läuft anstatt nach Süden. Sein Kompaß zeigt ihm die falsche Richtung. Da der Kompaß anzeigt, in welcher Richtung das Magnetfeld der Erde liegt, müssen wir schließen, daß das Magnetfeld seine Richtung geändert hat.

Nun können wir natürlich keinen Menschen mit Hilfe einer Zeitmaschine in die Vergangenheit senden. Aber die Natur macht das für uns in anderer Weise. In Grönland wurden geologische Formationen gefunden, die magnetisch sind. In den einzelnen Gesteinsschichten wurden die Magnetchen des Gesteins durch das jeweilige Magnetfeld der Erde ausgerichtet und später dann gewissermaßen »festgefroren«, d. h. sie verharrten später in dem einmal ausgerichteten Zustand. Aus der Schichtung läßt sich andererseits das Alter der jeweiligen Schicht ablesen. Von Schicht zu Schicht wechselt nun die Magnetisierung immer wieder ihre Richtung. Daraus können die Geologen ablesen, daß sich die Richtung des Magnetfeldes der Erde im Laufe der Jahrmillionen von Zeit zu Zeit geändert hat, aber in Zeitabständen, die völlig regellos erscheinen. Das Magnetfeld der Erde muß sich also in chaotischer Weise umgepolt haben, wie dies auch die neueren Theorien zeigen.

125

Chaos in der Synergetik: Ein Widerspruch?

Nach der Lektüre dieses Abschnitts wird sich der eine oder andere Leser fragen, was nun diese chaotischen Vorgänge mit der Synergetik zu tun haben. Die Synergetik ist ja die Lehre vom Zusammenwirken, wobei wir stets an viele Teile eines Systems denken. Bei der Bewegung eines Planeten in einem System mit zwei Sonnen haben wir es hingegen nur mit drei Körpern zu tun. Außerdem mochte es zu Anfang unseres Buches scheinen, daß durch das Zusammenwirken vieler Einzelsysteme *stets* geordnete Strukturen oder Vorgänge hervorgerufen werden. Wir haben uns daher mit diesen beiden Fragen noch etwas näher zu befassen, um so mehr, als wir dann auch Schlüsse auf andere Gebiete, wie etwa Vorgänge in der Wirtschaft, ziehen können. Zur Klärung dieser Fragen müssen wir allerdings ein klein wenig abstrakter werden, so daß die weniger interessierten Leser die Lektüre des Kapitels hier beenden können.

Der Zusammenhang mit der Synergetik wird klar, wenn wir uns an den Begriff des Ordners erinnern. In einer Reihe von Beispielen haben wir gesehen, daß es zuweilen nicht nur einen Ordner gibt, sondern daß ein synergetisches System von mehreren Ordnern regiert werden kann. Zum Beispiel arbeiten beim Aufbau von Bienenwabenstrukturen in Flüssigkeiten drei Ordner zusammen. Diese Ordner wurden durch Wellen repräsentiert, die ein gleichseitiges Dreieck einschließen. In anderen Fällen, etwa bei der Evolution, *konkurrieren* hingegen verschiedene Ordner. Die makroskopischen Eigenschaften synergetischer Systeme werden also oft durch das Zusammenspiel oder auch die Konkurrenz von Ordnern beschrieben.

Formuliert man die Probleme der Synergetik mathematisch, so treten immer wieder dieselben Gleichungen für die Ordner auf, auch wenn die eigentlichen Systeme völlig verschiedener Natur sind. Es zeigt sich nun, daß gewisse Gleichungen für die Ordner gerade auch chaotische Vorgänge beinhalten können. Um wieder das Beispiel einer von unten erwärmten Flüssigkeit heranzuziehen: In der Phase der chaotischen Bewegung treten drei Ordner in eine Wechselbeziehung und schleudern dadurch das System zwischen seinen verschiedenen Bewegungszuständen hin und her.

Bei einer genaueren, von uns durchgeführten Untersuchung stellt sich diese Wechselbeziehung der Ordner wie folgt dar: Eine Zeitlang dominiert ein Ordner und versklavt die beiden anderen, deren Bewegung also von dem ersten Ordner vorgeschrieben wird. Nach kurzer Zeit verliert aber dieser die Herrschaft und einer der anderen kommt nun zum Zuge, worauf sich das Spiel wiederholt. Interessanterweise erfolgt der »Herrschaftswechsel« völlig unregelmäßig, also chaotisch.

In diese Gruppe von Gleichungen gehört auch die der Bewegung von Himmelskörpern, wobei die Koordinaten der Massenschwerpunkte gerade als die Ordner auftreten.

Wie wir heute wissen, ist chaotische Bewegung bei sehr vielen Wechselbeziehungen von Ordnern zu erwarten und wir haben daher mit vielen Fällen von Chaos auch dort zu rechnen, wo man dies bisher im jeweiligen Gebiet entweder als Meßfehler abgetan und/oder aufgrund bisheriger theoretischer Überlegungen mit Entrüstung zurückgewiesen hat. Beispiele sind Vorgänge in der Wirtschaft oder die Wirkung des Eingreifens von Verwaltungen in Vorgänge, die weitgehend von der Natur einer Selbstorganisation sind, wie z. B. die Verteilung und Entwicklung von Forschung und Lehre an Universitäten.

Ist das Wetter vorhersagbar
oder hat Petrus immer ein Hintertürchen offen?

Zuweilen sitzen wir am Samstagabend vor dem Fernsehschirm und freuen uns über die günstige Wetterprognose für den nächsten Tag, worauf wir unseren Sonntagsausflug planen. Wir sind dann am Sonntag oft bitter enttäuscht, wenn es statt des Sonnenscheins in Strömen regnet.

Mit der Verbesserung der Wettervorhersage befassen sich nicht nur die Meteorologen, sondern auch Physiker und Mathematiker schon lange. Der aus Ungarn stammende und später in den USA lebende John von Neumann, ein wahres mathematisches Universalgenie, erfand die Grundprinzipien der modernen elektronischen Rechner, von denen der erste unter wesentlicher Mitwirkung von J. von Neumann in den vierziger Jahren in den USA gebaut wurde. Er begriff natürlich sofort die großen technischen Möglichkeiten eines Computers, insbesondere, daß er eine Unmenge von Meßdaten, die ihm eingegeben werden, verarbeiten kann. J. von Neumann (1903–1957) regte daher an, ein dichtes meteorologisches Beobachtungsnetz über die Erde zu verteilen, wobei die Beobachtungsstationen die Meßdaten über Luftdruck, Temperatur, Windgeschwindigkeit, Feuchtigkeit usw. sammeln und in einen zentralen Wettercomputer geben. Da sich Luft nicht viel anders als eine Flüssigkeit verhält, sollte es dann aufgrund der Grundgleichungen der

Flüssigkeitsbewegung möglich sein, die Bewegung der Luftmassen, ihren Feuchtigkeitsgehalt und somit schließlich auch das Wetter genau vorherzusagen. Von diesen Ähnlichkeiten zwischen Luft und Flüssigkeitsbewegung hatten wir ja schon früher gesprochen, als wir die Analogie zwischen Wolkenstraßen und Flüssigkeitsrollen erwähnten. Obwohl das Netz der Beobachtungspunkte immer dichter wurde, ist die Wettervorhersage kaum besser geworden.

In den sechziger Jahren nahm der Meteorologe E. N. Lorenz in den USA die Grundgleichungen der Flüssigkeitsbewegung näher unter die Lupe. Er entdeckte dabei durch Computerrechnungen, daß diese Gleichungen auch Bewegungsformen voraussagen, die, wie wir heute sagen, völlig chaotisch verlaufen. Was war aber Chaos? Um uns noch einmal an die Quintessenz unseres letzten Kapitels zu erinnern: Ein Vorgang verläuft immer dann chaotisch, wenn die Bewegung einen völlig anderen Verlauf nimmt, sobald wir nur die Anfangswerte (etwa die anfänglichen Geschwindigkeiten der Luftmassen) ein klein wenig ändern. Da wir aber natürlich Luftbewegungen nie hundertprozentig genau messen können, können sich selbst kleine Meßfehler innerhalb von Tagen, vielleicht aber sogar von Stunden, in gewaltige Fehlvoraussagen verwandeln.

Wie es scheint, hat Petrus auf diese Weise doch ein Hintertürchen offen, um uns immer wieder aufs neue zu überraschen.

Lassen sich Plasmen zähmen? Chaos auch bei der Kernfusion?

Die alten Griechen sprachen von vier Aggregatzuständen, Erde, Wasser, Luft und Feuer. Drei davon kennen wir alle recht gut. Im modernen Sprachgebrauch bezeichnen wir sie als fest, flüssig, gasförmig. Aber die Physiker haben tatsächlich einen weiteren Aggregatzustand entdeckt, den des Plasmas.

Wie wir schon sahen, unterscheiden sich die verschiedenen Aggregatzustände im mikroskopischen Bereich nur durch die gegenseitige Anordnung der einzelnen Moleküle, die im gasförmigen Zustand frei aneinander vorbeifliegen und nur gelegentlich zusammenstoßen. Erhitzen wir ein Gas immer mehr, so geraten die Moleküle in immer heftigere Bewegung, wobei sie in ihre ursprünglichen Bestandteile, die Atome, zerrissen werden. Wie wir wissen, besteht ein einzelnes Atom aus dem Atomkern, der eine positive elektrische Ladung trägt, und einer Reihe von negativ geladenen Elektronen, die den Atomkern umkreisen. Bei hohen Temperaturen, etwa einigen Millionen Grad, geraten aber auch

128

die Elektronen in so heftige Bewegung, daß sie sich von ihrem Atomkern losreißen, wobei dessen positive Ladung zurückbleibt. Ein Gas, in dem sich Elektronen von den Atomkernen losgerissen haben, nennt der Physiker ein Plasma. Für die Natur ist dieser Zustand nichts Neues. Zum Beispiel ist unsere Sonne aufgrund der dort herrschenden Temperaturen, die im Inneren einige 100 Millionen Grad betragen, ein Plasma.

Bei so hohen Temperaturen prallen die einzelnen Atomkerne mit ungeheurer Wucht zusammen, wobei sogar neue Atomkerne aus zwei kleineren zusammengefügt werden können.

Schon in den dreißiger Jahren hatten Hans Albrecht Bethe und Carl-Friedrich von Weizsäcker ein Schema ausgearbeitet, nach dem die Atomkerne miteinander reagieren, wobei im Endeffekt aus vier Kernen des Wasserstoffs ein neuer Kern, nämlich der des Heliumatoms entsteht. Ähnlich wie in der Chemie durch Verbindung von Atomen zu Molekülen Energie freigesetzt wird, die dann als Wärmebewegung erscheint, kann jetzt bei den Atomkernen eine Kern-Verschmelzung stattfinden, die aber ungeheuer große Energiemengen freisetzt. Durch diese Vorgänge wird in der Sonne die Energie erzeugt, die die Sonne in das Weltall, man möchte schon fast sagen, hinaus verschwendet, denn nur ein ganz geringer Bruchteil davon trifft die Erde. Aber dieser winzige Bruchteil genügt schon, um die Energie für all die Lebensvorgänge zu liefern, von denen wir hier in unserem Buch ständig reden.

Nachdem die irdischen Energiequellen wie das Öl, die Kohle und selbst die hier verfügbare Kernenergie, in leider allzu leicht überschaubaren Zeiträumen zur Neige gehen, müssen wir uns nach neuen Energiequellen umsehen. Was läge näher als der Versuch, die Vorgänge in der Sonne auf der Erde im Labor nachzuvollziehen und dabei eine Minisonne als Energiespender auf der Erde zu errichten. Die Idee liegt nahe, dazu auf der Erde Plasmen zu erzeugen und durch sie die Kernverschmelzung (auch Kernfusion genannt) zu bewirken.

Ein Plasma selbst läßt sich gar nicht so schwer herstellen. Etwa in Lichtbögen, die wir bei Schweißvorgängen beobachten, wird durch den hohen Strom ein Plasma in der Luft zwischen den Elektroden erzeugt. Durch eine Reihe von Kniffen ist es möglich, auch hohe Temperaturen zu erzeugen. Aber leider hat die Verwirklichung der Kernfusion einen Pferdefuß. Selbst wenn die Temperaturen sehr hoch sind, so treffen sich die einzelnen Atomkerne nur äußerst selten. Sie müssen viele Kilometer zurücklegen, bevor sie einmal einen Partner finden, mit dem sie sich verschmelzen können. Das Plasma müßte also riesige Dimensionen von Dutzenden von Kilometern haben, damit die Kernverschmelzung stattfinden kann. Außerdem fliegen natürlich die Teilchen eines Plasmas schnell auseinander. Leider läßt sich ja ein Plasma nicht in ein Gefäß einsperren. Seine einzelnen Bestandteile, die Elektronen und Atomkerne, würden mit ihren enormen Geschwindigkeiten, die sie bei diesen hohen Temperaturen haben, die Wände des Gefäßes sofort durchdringen. Die Physiker sind aber doch auf eine Idee gekommen, das Auseinanderfliegen zu verhindern und dabei gleichzeitig die Teilchen immer wieder zusammenstoßen zu lassen. Bringt man nämlich riesige Magneten um das Plasma an, so werden die geladenen Teilchen, wie die Physiker wissen, im Magnetfeld immer wieder umgelenkt und so auf eine Kreisbahn gezwungen. Auf diese Weise werden sie in einem verhältnismäßig kleinen Raumgebiet (das immer noch viele Meter Durchmesser haben kann) gehalten und erhalten dabei auch die Gelegenheit, immer wieder Partner zu suchen. Tokamak heißt die aussichtsreichste Plasmamaschine dieser Art (Abb. 11.4). Das Wort stammt aus dem Russischen. Toka heißt Strom und mak ist die Abkürzung für maximal. Eine Maschine also, die einen maximalen Strom von Plasmateilen erzeugen soll.

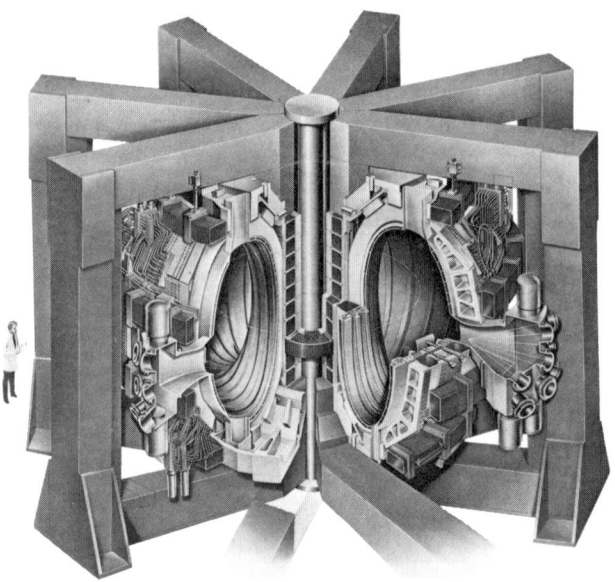

Abb. 11.4: Die gigantische Tokamak-Maschine (die Größe dieser Maschine wird durch den links stehenden Mann ersichtlich).

Und nun kommen wir zum zentralen Punkt. Plasmen sind nämlich ein Eldorado für Forscher, die nach Instabilitäten suchen. Wie wir an vielen Stellen in unserem Buch schon sahen, ändert sich bei Instabilitäten die makroskopische Bewegung. Die Plasmaphysiker haben schon weit über hundert verschiedene Typen von Instabilitäten gefunden. Instabilitäten, bei denen sich plötzlich Wellen im Plasma ausbreiten, Instabilitäten, bei denen ganz neuartige Strömungsmuster auftreten. Eines davon haben wir selbst berechnet. Da es so schön ist, ist das Ergebnis der Rechnung in Abb. 11.5 dargestellt und erläutert. Bei einer anderen Instabilität bricht der Plasmastrom nach kurzer Zeit völlig zusammen. Die verschiedenen neuen Wellen, Strömungsmuster usw. sind so vielfältig, daß Plasmaphysiker zuweilen versuchen, sie mit Vorgängen des Lebens in Verbindung zu bringen. Diejenigen Plasmaphysiker, die die Kernfusion verwirklichen wollen, sind aber von den meisten Instabilitäten gar nicht entzückt. Wenn nämlich ein Vorgang dauernd von einer Instabilität in die nächste springt oder sich Schwingungen immer mehr aufschaukeln können, dann läßt sich z. B. das Plasma gar nicht mehr in regelmäßiger Weise in einem Ring herumführen. Dabei tritt eine Erscheinung auf, die erst jetzt

Abb. 11.5: Das Strömungsmuster in einem von unten erhitzten Plasma im senkrechten Magnetfeld. Dargestellt sind die Höhenlinien des Geschwindigkeitsfeldes.

als Gedankengut in die Plasmaphysik Eingang findet, nämlich das Chaos. Wir hatten ja in früheren Kapiteln schon an vielen Beispielen festgestellt, daß ganz unregelmäßige Bewegungen einsetzen können. Wie es scheint, sind derartige unregelmäßige Bewegungen auch bei Plasmen zu erwarten. Es entsteht also die Aufgabe, das Wesen chaotischer Bewegungen besser verstehen zu lernen, um auch das Chaos technisch in den Griff zu bekommen. Ich zweifle nicht daran, daß dies gelingen wird. Aber sicher ist noch viel Forschungsarbeit nötig, wobei im Sinne der Synergetik die einzelnen Gebiete viel voneinander lernen können, da es sich beim Chaos (im wissenschaftlichen Sinn) um ganz bestimmte Erscheinungen handelt.

12. Kapitel

Synergetische Effekte in der Wirtschaft

In den bisherigen Kapiteln hatten wir uns mit Vorgängen im naturwissenschaftlichen Bereich befaßt, Vorgängen, die wir sogar mathematisch darstellen können. In diesem und im nächsten Kapitel wollen wir uns nun Fragen zuwenden, die die menschlichen Beziehungen untereinander betreffen. Hier erhebt sich sofort die Frage, ob der Mensch nicht ein so komplexes Wesen ist, daß jeder Versuch einer Theorie, die Voraussagen machen will, von vornherein zum Scheitern verurteilt ist. In der Wirtschaft haben wir es aber meist nicht mit dem Verhalten eines *einzelnen* Menschen zu tun, sondern mit dem ganzer Gruppen. Die These der Synergetik, die wir im folgenden begründen und erläutern wollen, lautet nun gerade, daß es bei ganzen Gruppen möglich sei, Vorhersagen zu treffen. Die eigentliche Frage ist also, ob wir das Verhalten *ganzer Gruppen*, sei es im wirtschaftlichen oder im sozialen Bereich mit Hilfe allgemeiner Gesetzmäßigkeiten beschreiben können. Die Tatsache der Existenz etwa der Wirtschaftswissenschaften oder der Soziologie zeigt, daß hier tatsächlich der Versuch einer wissenschaftlichen Durchdringung unternommen wird. Hierbei müssen wir uns von vornherein im klaren sein, daß wir wegen der Schwierigkeiten der Probleme verschiedene Denkrichtungen antreffen werden. Zwei Richtungen treten besonders hervor: Die eine möchte das gesamte Geschehen vom Verhalten des einzelnen Individuums her verstehen, wobei die psychologische Komponente eine enorme Rolle spielt. Die andere Richtung behandelt das Geschehen in der Wirtschaft oder im Sozialen vom Standpunkt des Systems aus, wobei wir uns erst noch klar werden müssen, was wir in diesem Zusammenhang unter einem »System« verstehen.
Um den Standpunkt, den hier die Synergetik einnimmt, zu verdeutlichen, sehen wir uns einige ganz konkrete Beispiele aus der Wirtschaft an.

Das ganze Geschäftsleben beruht auf der meist unausgesprochenen Annahme von Gesetzmäßigkeiten. Jeder Geschäftsmann muß nämlich, zum Teil sogar langfristig, vorausplanen, wobei er das Verhalten seiner Kunden kennen muß. Nehmen wir einen Extremfall. Ein Geschäft, das Brautausstattungen verkauft, weiß wohl in den wenigsten Fällen, wann ein *bestimmtes* Paar heiraten wird. Trotzdem ist es in der Lage, den Bedarf ganz gut vorherzusagen, weil es eben gar nicht auf das Verhalten eines einzelnen Paares ankommt, sondern auf das Verhalten sehr vieler Paare. Hier ist es eben eine Erfahrungstatsache, daß eine bestimmte mittlere Zahl von Paaren im Jahr heiratet. Hierbei kann das Geschäft sogar noch meist differenzierter disponieren, weil es noch saisonbedingte Schwankungen gibt, die aber der Geschäftsführer aus seiner Erfahrung her kennt.

Genauso ist es mit einer Bank, die Geld für ihre Kunden bereithalten muß. Auch sie weiß nicht, wann ein bestimmter Kunde kommt und wieviel Geld er haben möchte. Trotzdem ist sie in der Lage, Geld in ausreichendem Umfang bereitzuhalten. Hierbei besteht allerdings die Kunst darin, daß die Bank nicht zuviel Geld bereithält, da dies ja für sie bei längerfristigen Anlagen Verlust bedeutet.

Diese Beispiele machen deutlich, was wir aus Erfahrung wissen, daß es beim Verhalten sehr vieler Menschen doch wieder Gesetzmäßigkeiten gibt. Hierbei ist es im Sinne der Synergetik wichtig, zwischen normalem und außergewöhnlichem Verhalten zu unterscheiden. Normales Verhalten liegt dann vor, wenn die Menschen unabhängig voneinander handeln, d. h. wenn sich die Menschen nicht untereinander absprechen und z. B. sagen, nächste Woche kaufen wir unsere Brötchen alle beim Bäcker sowieso. Bei unabhängigem Handeln gelten die Gesetze großer Zahlen, die der geniale Mathematiker Carl Friedrich Gauss (1777–1855) im letzten Jahrhundert aufstellte. Hier läßt sich nicht nur voraussehen, wieviel Verkaufsartikel bereitzustellen sind, sondern auch Schwankungen, mit denen man beim Verkauf zu rechnen hat.

Ganz anders erscheinen die Verhältnisse, wenn es zu kollektivem Verhalten kommt. Das ist aber gerade der Inhalt der Forschungen auf dem Gebiet der Synergetik. Wenn wir im folgenden von kollektivem Verhalten sprechen, so meinen wir damit ein Verhalten, bei dem die Menschen handeln, als hätten sie sich untereinander abgesprochen. Natürlich braucht dabei keineswegs jeder Mensch mit jedem anderen zu sprechen oder auch nur indirekt auf andere zu hören.

Es gibt hier, ähnlich wie beim Laser, bei Flüssigkeiten oder all den anderen Beispielen, die wir in den vorangegangenen Kapiteln behandelt haben, Situationen, in denen ein Einzelner geradezu gezwungen wird, im Sinne eines ganz bestimmten neuen Ordnungszustandes zu handeln. Besonders drastische Beispiele hierfür stellen Wirtschaftskatastrophen dar, etwa die massenweise Abgabe von Aktien bei Kursstürzen (wodurch natürlich die Kursstürze nur noch schlimmer werden), der Kauf von Gold bei Inflation usw. Wir werden weiter unten noch weniger drastische, aber vielleicht noch wichtigere und typischere Fälle unter die Lupe nehmen. Denken wir dabei an die Beispiele aus den Naturwissenschaften, so fällt es uns leichter zu erkennen, worauf es hier ankommt. Dort sahen wir, daß durch Änderung äußerer Bedingungen ein bestimmter Zustand eines Systems instabil wird und dann durch einen neuen, oft ganz andersartigen Zustand, ersetzt werden kann. Die einzelnen Teile des Systems, z. B. der Flüssigkeit, werden dann vom Ordner in den neuen Zustand hineingezogen, sie werden versklavt.

Durch die Synergetik ist es gelungen, das Gesetz der großen Zahlen in überraschender Weise zu verallgemeinern. Wir sind nämlich nunmehr in der Lage, auch dann Gesetzmäßigkeiten aufzustellen, wenn die einzelnen Individuen nicht mehr unabhängig voneinander handeln, sondern in kooperativer Weise. Das höchst komplexe Wirtschaftsleben bietet eine Fülle von Beispielen synergetischer Effekte. Wir wollen hier einige typische Beispiele herausgreifen, z. B. das Verhalten von Geschäftsleuten.

Zwei Eisverkäufer am Strand wollen ihr Geschäft machen.
Aber wie?

Ein amüsantes Beispiel, das ich einem unserer Gastprofessoren (Tim Poston) verdanke, handelt von zwei Eisverkäufern am Strand. Naiverweise sollte man glauben, daß es für die beiden Eisverkäufer das beste sei, den Strand in zwei Hälften zu teilen und sich dann jeweils in der Mitte der eigenen Hälfte zu postieren. Dieser Zustand ist aber nun nicht unbedingt stabil. Es könnte nämlich einer von den beiden auf die Idee kommen, seinen Umsatz zu erhöhen, indem er sich etwas mehr zur Mitte hin bewegt, damit er auch noch einige von den eventuellen Kunden des anderen Eisverkäufers bekommt. Daraufhin wird der zweite Eisverkäufer reagieren und nun seinerseits etwas mehr zur Mitte rutschen. Dieses Spiel wiederholt sich dann einige Male, bis sich beide in der Mitte treffen und sich stark Konkurrenz machen. Als mir Poston das erzählte, schien es uns, als würden beide im Endeffekt nun weniger verdienen als vorher, da z. B. die Käufer von den Randgebieten des Strandes nun überhaupt nicht mehr zu ihnen kommen. In diesem Falle haben wir ein Beispiel dafür, wie durch korreliertes Verhalten der beiden Eisverkäufer, nämlich dadurch, daß einer immer auf den anderen reagiert, beide sich in Umstände hineinmanövrieren, in denen sie am Schluß weniger verdienen als wenn jeder für sich allein geblieben wäre. Derartige Beispiele gibt es tatsächlich häufiger in der Wirtschaft und wir werden darauf noch zurückkommen.

Als ich länger über dieses Beispiel nachdachte, kamen mir aber doch Zweifel, ob die Eisverkäufer durch ihr Handeln tatsächlich *immer* ihren Profit verringern und es fiel mir eine Beobachtung ein, die ich auf meinen vielen Vortragsreisen gemacht hatte. Wenn ich nämlich ein bestimmtes Geschäft oder ein Restaurant in einer fremden Stadt suchte, so mußte ich oft sehr lange herumirren, um schließlich herauszufinden, daß in einem bestimmten Viertel oder einer bestimmten Straße dann ein Restaurant neben dem anderen oder ein Geschäft neben dem anderen war. Dies widerspricht unserer üblichen Einstellung, bei der wir erwarten, daß die Geschäfte eigentlich einer Konkurrenz ausweichen sollten und sich möglichst gleichmäßig verteilt ansiedeln müßten. So kam ich zu der Vermutung, daß die Größe eines Einzugsbereichs für das Verhalten der Geschäftsleute wichtig ist, also mit anderen Worten, es ist wichtig zu wissen, wie mobil die Kunden sind, wieviel Zeit und Lust sie haben, um bestimmte Wegstrecken zurückzulegen. In der Tat ergab sich dann bei der Rechnung, daß die gleichmäßige Verteilung von Geschäftsleuten über ein Gebiet ganz sinnvoll ist, wenn der einzelne Kunde nur kurze Strecken zurücklegen will. Ist er aber auch bereit, längere Strecken zurückzulegen, ist es günstiger, wenn sich die Geschäfte an einem Platz sammeln. Sie üben dann wieder in kooperativer Weise eine erhöhte Anziehungskraft auf den Käufer aus. Sie sind auf diese Weise in der Lage, insgesamt ein breiteres Angebot vorzulegen und können so in ihrer Gesamtheit einzelne Geschäfte, die isoliert liegen, ausstechen. Folglich kommt es in der gleichen Gegend zu einer Anhäufung von Geschäften, von denen wir auf den ersten Blick glaubten, daß sie sich gegenseitig Konkurrenz machen könnten. Ich kenne Geschäftsleute, die sich mit einem relativ kleinen Geschäft in die Nähe eines großen Einkaufszentrums begeben haben, weil sie wissen, daß damit auch der Kundenstrom zu ihrem Geschäft größer wird. Die Anhäufung gleicher Geschäfte muß es offensichtlich auch schon in früheren Zeiten gegeben haben, wie sich aus Straßennamen, etwa der Londoner Bakerstreet, ableiten läßt.

Warum wachsen Städte immer mehr?

Wir haben eben gesehen, daß sich oft Geschäfte an einer Stelle häufen. Ähnliche Mechanismen sind aber nicht nur hierbei maßgebend, sondern bei menschlichen Siedlungen überhaupt. Gewisse soziale Einrichtungen werden erst bei einer bestimmten Siedlungsgröße nötig und zugleich auch möglich, etwa Schulen, Kirchen, Krankenhäuser, Gerichte, Theater, Verwaltungen usw. Auch hier bedingen sich meist Größe der Ansiedlung und Auftreten derartiger neuer Einrichtungen gegenseitig. Mit größer werdender Kommunikation zwischen den Menschen und höheren Ansprüchen, z. B. auch an das kulturelle Leben oder an wirtschaftliche Verbindungen, verstärkt sich der Wunsch, sich innerhalb einer solchen bereits genügend großen Ansiedlung aufzuhalten. Zugleich versprechen derartige Ansiedlungen bessere Verdienstmöglichkeiten oder in ärmeren Ländern Verdienstmöglichkeiten überhaupt. Dies dürfte wohl der Grund sein, daß die Großstädte immer mehr anwachsen und kleinere Ansiedlungen verdrängen oder, wenn sie in der Umgebung liegen, aufsaugen. Es setzt hierbei automatisch eine ständig stärker werdende Zentralisierung ein, bei der sich, wie wir in der Physik gesehen haben, eine »Mode« (oder hier ein Zentrum) immer mehr durchsetzt. Wir haben den Fall einer typischen Wachstumsinstabilität vor uns. Ob dieses Wachstum sich fortsetzt oder nicht, hängt u. a. von den verfügbaren Verkehrsmitteln ab, wobei auch hier interessante Arten von Phasenübergängen auftreten können. Wächst die Zahl und Geschwindigkeit der Verkehrsmittel nur so an, daß gerade die Bewohner der unmittelbaren Randgebiete in einer vertretbaren Zeit ins Zentrum gelangen können, so werden die Städte wohl kontinuierlich am Rande weiterwachsen. Sehr effektive Verkehrsmittel können es hingegen auch ermöglichen, daß sich Satellitensiedlungen bilden, die dann zum Teil den Charakter von Schlafstädten annehmen.
Wie man besonders in den USA, zum Teil aber auch in der Bundesrepublik beobachten kann, spielt dabei das Auto eine erhebliche Rolle. Da in den Ballungsgebieten die Bauplatzpreise in die Höhe schießen, drängt es die Menschen weiter nach draußen, zugleich auch ins Grüne. Oft sind die neuen zukünftigen Wohngebiete nur dürftig erschlossen, insbesondere gibt es noch kaum oder unzureichend öffentliche Verkehrsmittel, um die Bewohner an ihre Arbeitsplätze zu bringen. Diese Verkehrsmittel würden sich auch gar nicht lohnen, da die neuen »Siedler« noch ganz verstreut wohnen. So bleibt denn bei der Erschließung neuer Gebiete als einziges effektives Verkehrsmittel das eigene Auto. Erst durch dieses

wird es vielen Menschen möglich, der Großstadt zu entfliehen. Zugleich tritt damit eine Entflechtung des Arbeits- vom Wohnbereich auf, mit Vor- und Nachteilen verbunden. Durch die größere individuelle Beweglichkeit ändert sich auch die Wirtschaftsstruktur, wie wir das am Beispiel der Anhäufung von Geschäften sahen. Die »Tante-Emma-Läden« entstehen oft gar nicht mehr, an ihre Stelle treten Einkaufszentren mit großen Parkplätzen. Haben sich dann neue derartige Siedlungen gebildet, so ist es wichtig, das Verkehrsnetz zu erweitern, sei es durch Straßen für den Autoverkehr, sei es durch wirkungsvolle Nahverkehrsmittel, die sich nach einer Anfangsphase lohnen können. Wie bei allen synergetischen Ordnungszuständen bedingen sich einzelne Systemkomponenten in ihrer Existenz gegenseitig, wie wir dies an den Nahverkehrsmitteln sehen: Damit sich diese lohnen, müssen genügend viele Menschen sie benutzen. Die Menschen benutzen aber diese Verkehrsmittel, z. B. die S-Bahn nur, wenn sie genügend häufig verkehrt. Die Anfangsphase bedeutet also immer eine Durststrecke. Interessant ist der dabei zu beobachtende Konkurrenzkampf zwischen Auto und Bahn. In den USA hat das Auto die Bahn weitgehend verdrängt, was vielen Europäern sofort unangenehm ins Auge fällt, wenn sie in die USA kommen. Umgekehrt ist es einer der ersten Schritte eines Amerikaners in Europa, sich ein Auto zu mieten, zur Verwunderung vieler Europäer, die statt dessen den Zug genommen hätten. Es gibt offensichtlich ganz verschiedene Auffassungen vom »Vorwärtskommen«. Bei allen diesen Erscheinungen müssen wir mit endgültigen Urteilen sehr vorsichtig sein. Das Auto hat uns Freiräume, sei es im Berufsleben, sei es bei der Freizeitgestaltung erschlossen, von denen wir früher kaum zu träumen gewagt hätten. Andererseits bringt es z. B. Energieprobleme und Abgase mit sich. Angesichts der vielfältigen Verflechtungen der verschiedensten Komponenten eines Lebensgefüges erscheint es mir verfehlt, das Auto pauschal zu verdammen oder auch als ausschließliches Verkehrsmittel zu betrachten. Es ist wichtig, differenzierter zu urteilen, wobei das Gesamtbild nicht aus dem Auge verloren werden darf. So sind es oft die gleichen Menschen, die z. B. bei ihrer Ferienreise über das schlechte Straßennetz schimpfen, sich zugleich aber in ihrer Heimatgemeinde aktiv an einer Aktion gegen eine dort geplante neue Straße beteiligen. Leider können wir auf diese interessanten Problemstellungen hier aus Platzgründen nicht weiter eingehen, doch können diese Bemerkungen dem Leser schon einen Denkanstoß geben, Städte, wie auch Verkehrsmittel nicht als etwas fest Gegebenes zu empfinden, sondern als etwas Gewachsenes und sich immer noch schnell Veränderndes.

Business-Management: Das tun, was die Konkurrenz tut?

Mit der Frage nach dem Verhalten der Eisverkäufer haben wir schlagartig eine Problematik beleuchtet, die in den Wirtschaftswissenschaften mit der Theorie des »business managements« verknüpft ist. Die Firmenleitung muß die eigene Firma bestmöglich strukturieren und führen, sowie eine für sie optimale Verkaufspolitik treiben. Die Entscheidungen, die eine Firmenleitung zu treffen hat, sind natürlich vielfältigster Natur und es scheint, zumindest in den geläufigen Theorien, daß es einer Firmenleitung ganz allein überlassen ist, welche Entscheidungen sie trifft. Das Beispiel des Eisverkäufers zeigt aber bereits, daß die Entscheidung einer Firma durchaus von der Entscheidung einer anderen Firma beeinflußt werden kann. Einer der Gründe hierfür ist, daß Entscheidungen in ihren Konsequenzen stets mit Unsicherheiten behaftet sind, z. B. von der allgemeinen Wirtschaftslage abhängen, von der Haltung der Kunden, ob sie ein neues Produkt akzeptieren usw. Die Firmen versuchen natürlich, diese Unsicherheiten durch Marktforschung einerseits und Werbung andererseits zu verringern. Hierbei spielen synergetische Effekte eine wesentliche Rolle. Wird ein neues Produkt eingeführt, so wird dieses oft patentrechtlich geschützt sein. Trotzdem kann die Durchsetzung dieses neuen Produkts durchaus dadurch begünstigt werden, daß es von mehreren Firmen angeboten wird. Die Firmen helfen sich gegenseitig, indem sie auf dieses neue Produkt aufmerksam machen. Dieser synergetische Effekt kann natürlich umschlagen, wenn der Markt einer Sättigung zustrebt. Wir haben dann das typische Verhalten von Systemen mit beschränkten Ressourcen. Wir sind diesen Beispielen in unserem Buch schon oft begegnet, z. B. beim Aufbau der Lasermoden oder insbesondere bei der Darwinschen Evolutionstheorie.

Wie wir bereits gesehen haben, kann der erhöhten Konkurrenz in verschiedener Weise begegnet werden. Einerseits durch eine immer größere Spezialisierung, etwa auf besonders anspruchsvolle Produkte oder aber durch eine ganz erhebliche Erweiterung des Angebots (Generalisierung). Bekannte Beispiele bietet die Auto-Industrie. Im ersteren Falle würde es sich etwa um eine Firma handeln, die ausschließlich Sportwagen mit einem besonderen Image herstellt, im zweiten Falle hätte die Firma eine breite Palette von Kleinwagen bis zur »Staatskarosse« anzubieten.

Diese Hinweise machen schon deutlich, daß wir es bei einem Wirtschaftssystem im allgemeinen gar nicht mit einem statischen Problem zu tun haben. Vielmehr befinden wir uns in einem ständigen Auf und Ab verschiedenartigster Vorgänge.

Aufgrund der Unsicherheit der Entscheidungen kommt es auch dazu, daß Firmenleitungen gegenseitig aufeinander schauen, was schließlich zu einer Art kollektiven Verhaltens der Unternehmer führt, ohne daß dies abgesprochen zu sein braucht.

Wir wollen schon an dieser Stelle auf einen wichtigen Gesichtspunkt hinweisen, der sich vom Standpunkt der Synergetik gut verstehen läßt. In der Wirtschaftstheorie oder auch der Soziologie taucht immer wieder der Begriff der Verschwörung auf. Es scheint so, als hätten sich andere Unternehmer oder andere Schichten (etwa Käufer) gegen einen selbst verschworen. Wir werden aber später sehen, daß durch kollektives Verhalten Automatismen hervorgerufen werden, denen der Einzelne nicht entrinnen kann, so daß es dann so aussieht, als hätte sich die Welt oder zumindest eine bestimmte Gruppe gegen den Betreffenden verschworen. Wir werden sogleich an einem ganz konkreten Beispiel deutlich machen, daß nicht guter oder böser Wille entscheidet, sondern kollektiv entstandene Gegebenheiten.

Wohlstand und wirtschaftliche Depression –
die zwei Seiten der Medaille

Dazu wollen wir uns mit einem Problem befassen, das in Zeiten wirtschaftlichen Wohlstands vergessen ist, das aber in Zeiten wirtschaftlicher Depressionen sehr bedrückend wird, nämlich das Problem der Unterbeschäftigung oder, deutlicher gesagt, der Arbeitslosigkeit. Diese Problematik beschäftigt natürlich die Wirtschaftswissenschaften sehr intensiv, wobei sich im Laufe der Jahre wohl ein Ideenwandel vollzogen hat. Früher wurde die Wirtschaft als eine statische Struktur angesehen. Die Wirtschaftsexperten benutzten Begriffe wie Wirtschaftlichkeit oder Elastizität. Wie gut kann sich also eine Firma anpassen, wenn sich z. B. die Verkaufschancen etwas ändern? Heute tritt immer mehr eine dynamische Betrachtung der Wirtschaft im Sinne eines Entwicklungsvorgangs, einer Evolution also, in den Vordergrund. Dies ist natürlich ganz im Sinn der allgemeinen Linien der Synergetik, wo wir Strukturen nicht als gegeben hinnehmen, sondern sie aus ihrem Entstehen heraus begreifen wollen. Im folgenden gehen wir von einer mathematischen Modellbetrachtung von Gerhard Mensch aus, bei der es leicht ist, sie in die allgemeinen Denkmethoden der Synergetik einzuordnen. Wie uns allen geläufig ist und von Wirtschaftswissenschaftlern wie z. B. Haberler und vielen anderen untermauert wird, geht die industrielle Entwicklung durch Phasen des Wohlstands und der Depression. Dabei können die Übergänge zwischen den Phasen ganz ausgeprägt sein. Wie wir aus den zahlreichen Beispielen der vorangegangenen Kapitel schon wissen, können in vielen Systemen bereits kleine Änderungen von Umweltbedingungen, die wir als »Kontrollen« bezeichneten, drastische Änderungen der Gesamtordnung hervorrufen. Wir wollen im folgenden das Problem der Vollbeschäftigung im Licht derartiger Erkenntnisse untersuchen. Bevor wir darangehen, die tieferen Ursachen dieser Phasenübergänge aufzuspüren, führen wir einige relevante Beobachtungen der empirischen Wirtschaftsforschung an.

Technische Neuerungen, Innovationen –
stets Motor der Wirtschaft?

Immer wieder haben wir in diesem Buch gesehen, daß es beim Verhalten der verschiedenartigsten Systeme zwei ganz verschiedene Bereiche gibt. Einerseits einen Bereich, innerhalb dessen sich z. B. eine Lampe oder eine Flüssigkeitsschicht normal verhalten, d. h. daß sie bei nicht zu großen Störungen ihr Verhalten praktisch beibehalten. Daneben gibt es aber die besonders interessanten Bereiche, in denen ein System instabil wird und einen neuen Zustand einnehmen möchte. Die Umstände sind sozusagen günstig geworden für den Übergang in einen neuen Zustand. Wann dieser Übergang stattfindet und dies im einzelnen passiert, wird oft von zufälligen Schwankungen oder, wie wir auch sagen, Fluktuationen ausgelöst. Genau dieses Verhalten finden wir auch innerhalb der Wirtschaftsmodelle, über die wir gerade sprechen. Was übernimmt aber im Wirtschaftsleben die Rolle der Fluktuationen, sozusagen die Rolle des auslösenden Moments? Eine Gruppe von Ereignissen, die hierzu gehört, sind Neuerungen in der Wirtschaft, insbesondere die, die auf Erfindungen beruhen. Hierbei kann es sich um die Erfindung des Benzinmotors, des Flugzeugs oder des Telefons, aber auch um die eines neuen Staubsaugers handeln. Eine große Gruppe von Erfindungen, die uns weniger auffallen, die aber ebenfalls sehr wichtig sind, sind solche, die die Produktion vereinfachen. Alle diese Neuerungen werden in der Wirtschaftsfachsprache als Innovationen bezeichnet und wir werden dieses Wort so benutzen. Gehen wir aus von Beobachtungen der empirischen Innovationsforschung. Danach beginnt eine erste Phase mit grundlegenden Innovationen, die neue Industriezweige eröffnen. Ein drastisches Beispiel wäre etwa die Erfindung des Autos. Diese grundlegenden Innovationen erscheinen meist in größerer Zahl, d. h. angehäuft. Es folgen Innovationen, die Verbesserungen der Produktion in den neu errichteten Wirtschaftszweigen bezwecken. Der Aufschwung dieses Wirtschaftszweiges strahlt auf die anderen Wirtschaftszweige aus, so daß die allgemeine Wirtschaftslage zum Wohlstand geführt wird. Dies geschieht in verschiedener Weise, etwa durch hohe Beschäftigung und damit erzeugter hoher Kaufkraft, Einbeziehung von Zulieferfirmen etc. Wie die Wirtschaftsuntersuchungen weiter ergeben haben, überstiegen in den europäischen Industrieländern in den späten vierziger Jahren und während der ganzen fünfziger Jahre die Innovationen, die *neue Produkte* herzustellen gestatteten, bei weitem die Einführung neuartiger *Herstellungsprozesse*. Dann schließlich, in den sechziger Jahren, fand eine Verschiebung der Innovationen statt, und zwar wurden die Herstellungsverfahren geändert, was im wesentlichen mit dem Schlagwort der *Rationalisierung* charakterisiert werden kann. Wenn wir die Motive für Handlungen in der Wirtschaft auf den einfachsten Nenner bringen wollen, so ist dies zweifellos die Frage nach dem Gewinn. Eine Diskussion hierüber ist oft nicht frei von Emotionen, etwa wenn ein Autofahrer an die Benzinpreiserhöhungen und die damit erzielten Gewinne denkt. Lassen wir aber hier Emotionen beiseite und halten uns vor Augen, daß abnehmender Gewinn schließlich zum Verlust wird und dann oft die Frage z. B. nach der Sicherung der Arbeitsplätze akut wird. Betrachten wir hier nur die wirtschaftlichen Aspekte. Dann gehört zum Gewinn einerseits der Verkauf genügend vieler Produkte, zum andern wird aber der Gewinn einer Firma z. B. durch höhere Arbeitslöhne verringert. Diese wirken sich auf die Preise aus und können eventuell zu einer schwierigen Wettbewerbslage führen. Zugleich ist die Erweiterung der Produktion oft an die Einführung neuer Produkte geknüpft, was zunächst kostenaufwendig ist. Beides, höhere Löhne und die Vermeidung hoher Anfangskosten bei neuen Produkten führt dazu, nicht in der Richtung auf Expansion, also eine Erhöhung des Verkaufs, zu investieren, sondern auf Rationalisierung. D. h., die Firmen bevorzugen Innovationen, die zu einer Verbesserung des Produktionsvorgangs selbst führen, gegenüber solchen, bei denen neuartige Produkte entstehen. Eine Autofirma wird also dann lieber eine neue automatische Schweißmaschine einführen als ein völlig neues Automodell.

Anhand empirischer Daten ist, wie schon oben erwähnt, von G. Mensch ein mathematisches Modell, das der sogenannten Katastrophentheorie entlehnt ist, aufgestellt worden. Dieses beschreibt den zu beobachtenden Übergang von Vollbeschäftigung zu Unterbeschäftigung. Ich habe dieses Modell in die Sprache der Synergetik übersetzt und ausgebaut. Anhand von Beispielen, wie dem Laser oder Flüssigkeitsrollen, hatten wir in diesem Buch gesehen, daß wir fast unmittelbar anhand einer Graphik ablesen können, welche Gleichgewichtslagen sich neu einstellen, wenn wir äußere Bedingungen verändern. Abb. 12.1 zeigt den Verlauf des synergetischen Aufwands, wenn wir die Produktion, die wir mit der Größe x bezeichnen, ändern. Wir nehmen dazu an, daß die Wirtschaft sich zunächst in einem Gleichgewichtszustand befindet. Wir untersuchen nun, wie sich der synergetische Aufwand ändert, wenn wir die Produktion verändern. Da es sich zunächst um eine stabile Gleichgewichtslage handelt, finden wir den Kurvenverlauf von Abb. 12.1. Jetzt untersuchen wir, wie sich der Verlauf der Aufwandskurve ändert, wenn wir Investitionen, die produktionserweiternd wirken, einführen. Da wir eine Erhöhung der Produktion erreichen wollen, muß die Kurve offensichtlich zu höheren Produktionswerten verschoben werden, d. h. es muß eine Kurve, wie sie in Abb. 12.2 dargestellt ist, erreicht werden. Umgekehrt stellen sich Maßnahmen, die die Produktion einschränken, durch eine nach links verschobene Kurve dar. Sehen wir uns nun an, was geschieht, wenn die Unternehmen rationalisieren. Dies kann zwei ganz

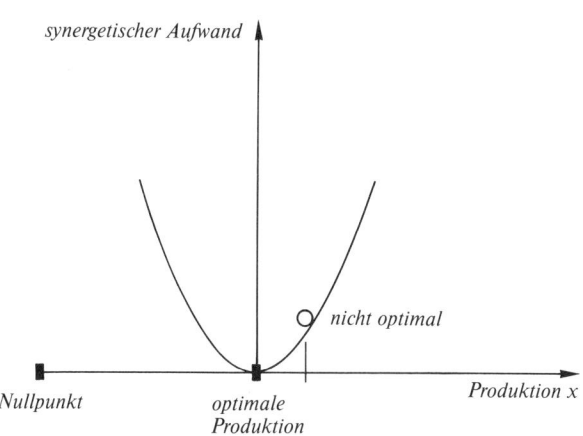

Abb. 12.1: Verlauf des synergetischen Aufwands, wenn die Produktion, die mit der Größe x bezeichnet ist, geändert wird.

143

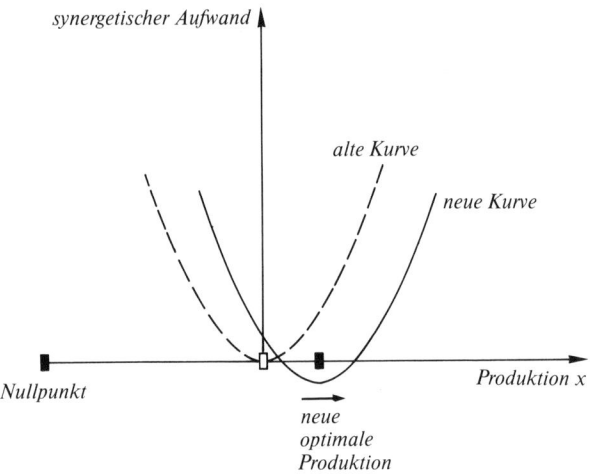

Abb. 12.2: Durch produktionserweiternde Investitionen wird die Aufwandskurve so verschoben, daß die Produktion x erhöht wird.

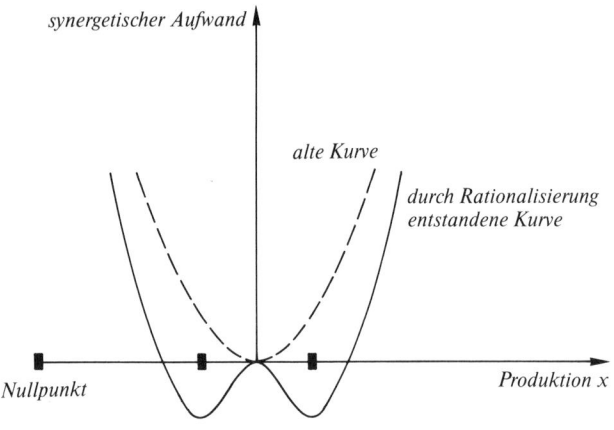

zwei optimale Lagen der Produktion

Abb. 12.3: Rationalisierungsmaßnahmen führen zu zwei optimalen Lagen der Produktion, nämlich entweder erhöhte Produktion oder verringerte Produktion.

144

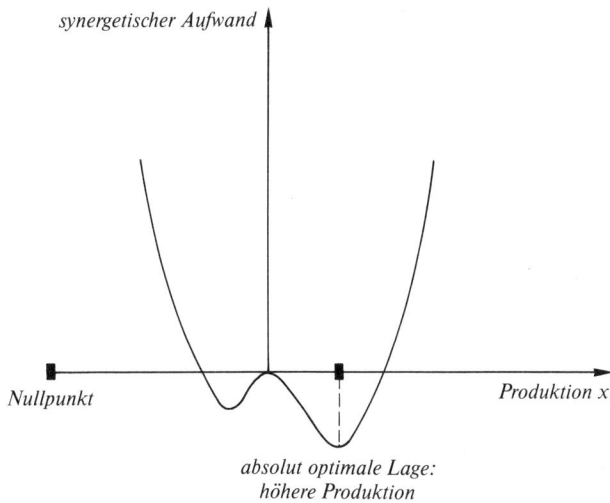

synergetischer Aufwand

Nullpunkt

Produktion x

absolut optimale Lage:
höhere Produktion

Abb. 12.4: Durch gemeinsame Wirkung von Rationalisierungsmaßnahmen und produktionserweiternden Investitionen wird eine absolut optimale Lage, die mit einer höheren Produktion verknüpft ist, erreicht.

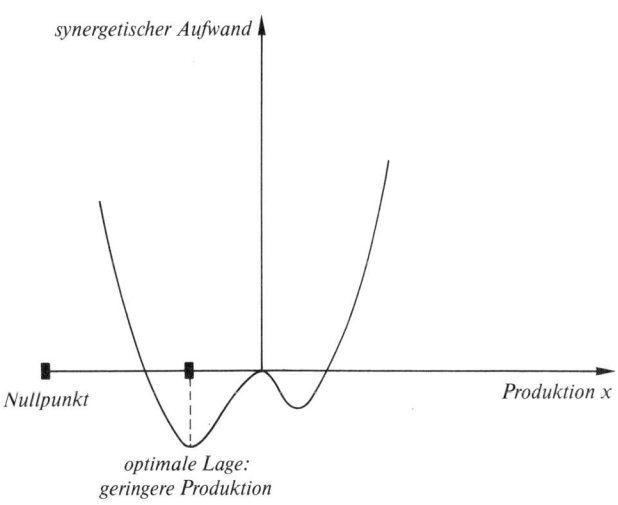

synergetischer Aufwand

Nullpunkt

Produktion x

optimale Lage:
geringere Produktion

Abb. 12.5: Bei gedrosselten produktionserweiternden Investitionen aber Rationalisierungsmaßnahmen, wird eine Lage für die Firmen günstiger, bei der die Produktion x gedrosselt ist.

145

verschiedene Auswirkungen haben, wie wir uns an Beispielen klarmachen können. Durch neuartige Maschinen werden Arbeitskräfte ersetzt, wobei die Herstellungskosten gesenkt werden. Dadurch wird es der Firma möglich, auch dann noch einen Gewinn zu erzielen, wenn die Produktion ihrer Waren verringert wird. Die Rationalisierung ist dabei auf eine geringere Produktion abgestellt. Oder aber die Rationalisierung wird so gestaltet, daß die Waren billiger werden und eine erhöhte Produktion vom Markt aufgenommen wird. Diese beiden Möglichkeiten, verringerte wie auch erhöhte Produktion, lassen sich mit Hilfe der synergetischen Kurve von Abb. 12.3 wiedergeben und sind dem Leser nichts Neues. Unser Bild zeigt ganz offensichtlich, daß wir die These von *nur einer* möglichen Gleichgewichtslage der Wirtschaft verlassen müssen. Es sind hier zwei stabile Zustände möglich, die vom rein Wirtschaftlichen her betrachtet völlig gleichberechtigt sind. Stabil heißt ja, daß sich die Zustände nicht wesentlich ändern, wenn wir sie von außen her stören. Bei diesem Verlauf der Dinge könnte man natürlich versuchen, die Symmetrie von vornherein durch Eingriffe von außen zu brechen, indem der synergetische Aufwand nun künstlich verschieden gemacht wird, wie dies in Abb. 12.4 dargestellt ist. Wie dies zu erreichen ist, werden wir sogleich besprechen.

Es kommt aber nun bei der Wirtschaft ein Umstand erschwerend hinzu, nämlich, daß nur eine begrenzte Menge von Investitionskapital zur Verwirklichung von Innovationen zur Verfügung steht. Die Verringerung der Investitionen führt aber zu einer Verschiebung der Kurve in Richtung einer kleineren Produktion. Nehmen wir nun Rationalisierungsmaßnahmen und diese verringerte Investition zusammen, so ergibt sich das in Abb. 12.5 dargestellte Bild. Wir erkennen darin, daß die Wirtschaftslage nun eindeutig durch das linke Minimum, d. h. geringere Produktion und damit indirekt auch geringere Beschäftigung bestimmt ist.

Diese Darstellung machte eine Schlußfolgerung klar, zu der auch bereits G. Mensch gelangte. Um nämlich die Rationalisierung im Hinblick auf eine größere Produktion und damit Vollbeschäftigung zu nutzen, müßten zugleich auch Investitionen vorgenommen werden, die zu einer erhöhten Produktion führen, so daß dann die Kurve der Abb. 12.4 realisiert ist (Abb. 12.6). Die erhöhte Produktion wird aber nur dann vom Markt aufgenommen werden, wenn sich damit Innovationen, die auf neuartige Produkte gerichtet sind, verbinden.

Mit diesen Ausführungen, die schon ziemlich fachspezifisch geworden sind, wollte ich dem Leser vorführen, wie mit Hilfe der Denkweisen der

Synergetik sich schon komplizientere Sachverhalte in relativ einfacher Weise darstellen lassen und die Auswirkungen sehr deutlich zutage treten. Andererseits dürfen wir uns genausowenig wie bei den anderen Kapiteln darüber hinwegtäuschen, daß eine vollständige Theorie derartiger Vorgänge natürlich für sich schon jeweils einen ganzen Band füllen würde, was aber hier nicht unsere Absicht sein kann. Vielmehr soll

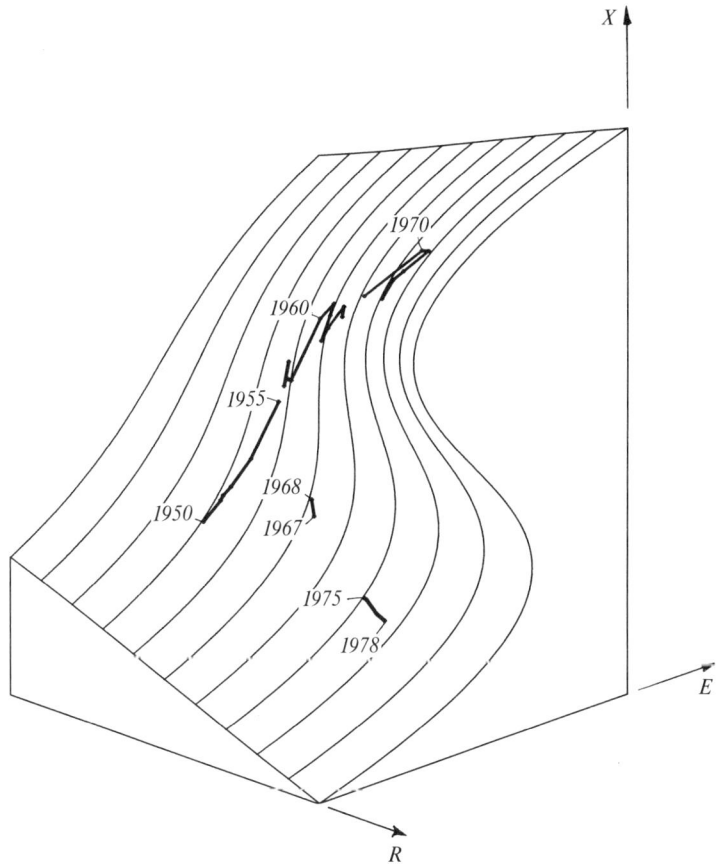

Abb. 12.6: Dieses Schaubild faßt die Ergebnisse von G. Mensch und seinen Mitarbeitern zusammen. Es zeigt, wie sich die »optimale« Größe der Produktion ändert, wenn Investitionen bezüglich Rationalisierung (R) und bezüglich Erweiterung (E) vorgenommen werden. Die Jahreszahlen beziehen sich auf die Produktion in der Bundesrepublik Deutschland. Zu beachten sind die ausgeprägten Sprünge zu einer Unterproduktion.

147

dieses Buch nur dazu dienen, zu weiterem Nachdenken anzuregen und zu erkennen, wie man auch komplizierte Vorgänge modellieren kann. Man muß sich dabei bewußt sein, daß neben der Mathematisierung auch die Interpretation der Voraussetzungen und der Ergebnisse eine Rolle spielt. So sprachen wir im Zusammenhang mit dem geringer werdenden Gewinn davon, daß hierfür auch höhere Löhne verantwortlich sein können. Umgekehrt beruhen höhere Löhne, zumindest zum Teil, darauf, erfolgte Preissteigerungen aufzufangen und diese wiederum auf erhöhten Herstellungskosten und damit auf höheren Löhnen. Wir haben hiermit das bekannte Spiel der Lohn-Preis-Spirale vor uns. Weil aber ein Phänomen das andere bedingt, ist es vom Standpunkt der Synergetik aus ziemlich müßig, nach einem Schuldigen zu suchen. Was man lernen muß ist, daß z. B. die Lohn-Preis-Spirale eine Parameteränderung bewirkt, die selbst wieder ein schlagartiges Umkippen von Wirtschaftsvorgängen zur Folge haben kann, wie wir diese gerade besprochen haben.

Plötzliche, kollektive Änderungen im Wirtschaftsleben

Wie ein Vergleich der eben besprochenen synergetischen Aufwandskurve mit empirischen Daten zeigt, ist die Wirtschaft offenbar in der Lage, die Entstehung eines tieferen Minimums dieser Aufwandskurve zu spüren und darauf zu reagieren, indem sie in dieses neue Minimum »springt« (Abb. 12.7). Interessanterweise erfolgt allerdings dieses »Springen« oft mit einer Verspätung. Oft auch bleibt in den Wirtschaftswissenschaften unklar, was dieses Springen verursacht. Meist werden hierfür äußere Ursachen, wie z. B. eine Ölpreiserhöhung, gesucht. Bei dem oben betrachteten Investitionsverhalten der Firmen dürften aber eher innere Ursachen maßgebend sein. Die Wirtschaftslage hatte sich schon so verändert, daß dieses Springen längst überfällig war, aber niemand traute sich, es durchzuführen. Es handelt sich hier um Effekte, wie wir sie auch in der Physik von unterkühltem Wasser her kennen. Das Wasser ist bereits unter dem Gefrierpunkt und hätte längst zu Eis frieren müssen. Trotzdem ist es aber, wie man sagt, in einem metastabilen Zustand. Erst durch eine spontane Schwankung oder einen ganz geringfügigen Anstoß von außen gefriert das Wasser dann schlagartig. Auch in der Wirtschaft ist es ähnlich. Es kann sich also durchaus um Vorgänge handeln, die nunmehr von innen heraus hervorgerufen werden, z. B. daß sich *eine* Firma dazu entschließt, doch diesen Schritt etwa

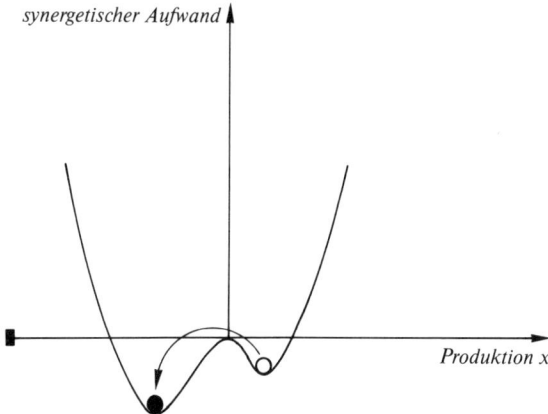

synergetischer Aufwand

Produktion x

Abb. 12.7: Springen der Wirtschaft von einer relativ günstigen Lage in eine für die Firmen absolut günstige Lage bezüglich des Gewinns bzw. synergetischen Aufwands, jedoch nicht bezüglich des allgemeinen Beschäftigungsstandes.

im Hinblick auf eine höhere Rationalisierung zu tun. Weil aber die Zeit hierfür schon überreif ist, folgen ihr alle anderen Firmen ebenfalls. Die Handlung dieser Firma war wie eine Fluktuation und hatte Signalwirkung. Wie es scheint, werden derartige Handlungsweisen oft mit dem Hinweis auf andere »äußere« Ursachen verbrämt. Die äußeren Ursachen sind aber viel geringfügiger, als daß sie derartige schwerwiegende neue Entscheidungen wirklich selbst begründen könnten. Die eigentliche Ursache war die *allgemeine* Wirtschaftslage, die jetzt die Rolle des »Kontrollparameters« übernimmt. Diese »äußeren« Ursachen sind im wahrsten Sinne des Wortes nur der Anstoß, der die Kugel von Abb. 4.16 die synergetische Aufwandskurve hinunterrollen läßt, aber die »inneren« Ursachen, nämlich die allgemeine Wirtschaftslage, hatte schon längst dafür gesorgt, daß die synergetische Aufwandskurve verbogen wurde. Die Kugel sitzt dann gar nicht mehr an der »richtigen«, stabilen Stelle. Zuweilen wird eine scharfe Trennung in äußere Ursachen (oder Anstöße) und innere Ursachen nicht möglich sein. So ist es durchaus möglich, daß fortgesetzte Ölpreiserhöhungen zu einer systematischen »Verbiegung« der synergetischen Aufwandskurve führen und so eine völlig veränderte Wirtschaftslage herbeiführen – hier ist dann der Ölpreis selbst ein Kontrollparameter geworden.
Unsere obigen Betrachtungen erklären auch, warum oft viele Firmen

der gleichen Branche in kürzester Zeit in ganz ähnlicher Weise handeln. Wenn eine aus dieser Handlungsweise ausschert, so würde sie selbst entgegen dem allgemeinen Wirtschaftstrend handeln und sich damit auf einen für sie höchst ungünstigen Punkt der synergetischen Aufwandskurve begeben.

Wie wir sehen, müssen scheinbar kollektive Entscheidungen von Firmen nicht notwendig auf Absprachen beruhen, wie dies vom Kartellamt natürlich schnell geargwöhnt wird. Hiermit soll natürlich andererseits nicht behauptet werden, daß solche Absprachen nie erfolgen.

Rationalisierungen (und andere Maßnahmen) müssen aber nicht nur eine *Folge* der Wirtschaftslage sein. Firmen können auch rationalisieren in *Erwartung* eines schrumpfenden Marktes, eines härter werdenden Konkurrenzkampfes. Die Rationalisierung kann dann selbst wieder zu einem schrumpfenden Markt führen, da z. B. Arbeitskräfte entlassen werden und damit die allgemeine Kaufkraft sinkt. So sind dann Ursache und Wirkung nicht mehr zu unterscheiden.

Hieraus ergibt sich zugleich, daß die Antwort auf die Frage, wie die Wirtschaft aus einem Unterbeschäftigungsgleichgewicht herausgeführt werden kann, nicht eindeutig sein muß, sondern wiederum von komplexen Vorgängen abhängt. Die Schlußfolgerung von G. Mensch, daß nämlich erhöhte Investitionen, die produktionserweiternd wirken, zur anderen stabilen Lage mit Vollbeschäftigung führen, ist nicht notwendig zwingend, wenn nämlich eben die erhöhte Produktion nicht vom Markt aufgenommen werden kann. Die Ankurbelung der Wirtschaft kann deshalb auch über die Erhöhung der Kaufkraft erfolgen, was z. B. durch Steuersenkung möglich wird.

Wie der Leser bemerkt, sind wir hier schon tief in die Wirtschaftstheorie hineingeraten. Wir erkennen aber das grundlegende Prinzip, daß auch bei geringfügigen Bedingungsänderungen ganz verschiedene Gleichgewichtslagen auftreten können.

Die Wirtschaft ist schwieriger als Adam Smith dachte

Bereits unsere bisherigen Überlegungen und Beobachtungen widersprechen Dogmen der althergebrachten Theorie der freien Marktwirtschaft, die auf Adam Smith zurückgeht. Er ging davon aus, daß bei freiem Lauf des Wettbewerbs sich stets eine und, wie wohl allgemein angenommen wurde, einzige Gleichgewichtslage einstellt. Wir haben aber bereits als Gegenbeispiel den Fall zweier möglicher Gleichgewichtslagen kennengelernt. Hierbei fällt es der Gesamtwirtschaft äußerst schwer, von sich aus von einer Gleichgewichtslage in die andere zu springen, da dies meist nur durch ein gemeinschaftliches Handeln möglich ist. In Wahrheit ist das wirtschaftliche Verhalten jedoch noch weit komplizierter. Z. B. kann eine Wirtschaft ständig zwischen den gleichgewichtsartigen Zuständen hin und her pendeln. Vollbeschäftigung wechselt periodisch mit Unterbeschäftigung ab.

Staatliche Kontrollen: Fluch oder Segen?

Nachdem, wie wir gesehen haben, im Wirtschaftsleben bestimmte Automatismen auftreten, die auch zu unerwünschten Erscheinungen wie etwa Unterbeschäftigung führen können, erhebt sich unmittelbar die Frage, ob nicht äußere, d. h. staatliche Kontrollen möglich sind, um derartige Erscheinungen zu verhindern. Nun muß man sich darüber im klaren sein, daß wir unter Kontrollen ein ganz breites Spektrum verschiedenartigster Maßnahmen verstehen können. Denken wir ganz konkret an den Fall eines physikalischen Systems, etwa den Laser. Damals haben wir gesehen, daß wir durch Änderung eines einzigen Umgebungsparameters, nämlich der zugeführten Stromstärke, erreichen können, daß die Atome sich selbst zur kohärenten Lichtausstrahlung organisieren. Wir haben also eine sehr unspezifische Kontrolle ausgeübt, die alle Atome gleichermaßen betraf und die trotzdem ein sehr detailliertes Ordnungsverhalten des Lasers hervorrief. Die andere Möglichkeit wäre, daß wir z. B. mit Hilfe spezieller Lichtfelder jedes der *einzelnen* Atome so von außen steuern, daß diese dann ebenfalls im gleichen Takt abstrahlen. Das letztere würde ganz zweifellos einen enormen Aufwand erfordern. Wir müßten ja direkt und ganz gezielt jedes einzelne Atom steuern und kontrollieren. Im wirtschaftlichen Bereich ist die Möglichkeit der Kontrolle einerseits und deren Auswirkungen auf die Wirtschaft andererseits ganz ähnlich gelagert. Wie man sehr schnell an Modellbeispielen zeigen kann, ist es enorm aufwendig, einzelne Vorgänge zu kontrollieren und zu steuern, so daß die Kontrollen teurer würden als das, was hinterher eingespart wird, indem Vorgänge z. B. aufeinander abgestimmt werden. Es ist dies eine Einsicht, die gerade manchen staatlichen Stellen und insbesondere der Bürokratie nach wie vor verschlossen geblieben ist.
Das Geniale beim Laser ist ja gerade, daß wir mit sehr wenig Aufwand, d. h. ohne überhaupt über den Zustand des Lasers im einzelnen infor-

miert zu sein, durch eine ganz simple Maßnahme die Laseratome zur Selbstorganisation bringen können. Es besteht auch gar kein Zweifel darüber, daß gerade die einsichtigen Wirtschaftsexperten in ihrem Fach diesen Standpunkt vertreten, daß nämlich *möglichst wenig aufwendige* Kontrollen angewandt werden sollen, um das Wirtschaftsleben zu steuern. Wie wir uns leider leicht klarmachen können, überfällt uns der Staat mit einer Fülle verschiedenartigster Kontrollen in Form sehr differenzierter Steuern sowie detaillierter Gesetze auf der einen Seite und gezielten Subventionen und gießkannenartig verteilten Vergünstigungen auf der anderen Seite. Greifen wir hier zwei Beispiele heraus, von denen das zweite von erheblicher politischer Brisanz ist.

Wegen der Verheerungen durch den Krieg mußte es die Aufgabe der Regierung sein, den Wohnungsbau zu unterstützen. Interessanterweise finden wir hier gerade beide Kontrollmöglichkeiten, von denen ich vorhin sprach, verwirklicht. Bei der einen bringt der Staat das ganze Geld auf, um Wohnungen zu errichten. Der andere Weg besteht in der Steuerung mit Hilfe eines Kontrollparameters, wobei der Kontrollparameter selbst gar kein großes finanzielles Gewicht darstellt, aber den Kapitalfluß in die richtige Richtung lenkt. Diese Kontrollparameter sind die Steuererleichterungen für Privatleute, die Wohnungen errichten wollen. Die Kapitalanlage der Privatleute wird auf diese Weise in die gewünschte Richtung gelenkt, ohne daß der Staat, d. h. die Gemeinschaft aller, hierzu das ganze Kapital aufbringen muß.

Das zweite, politisch hochbrisante Thema sind die Mieterschutzgesetze. Diese dienen vor allem dem sozialen Bedürfnis »Schutz des Mieters vor Kündigung«. Zugleich bringen diese Gesetze durch ihre Konstruktion mit sich, daß die Mieten – wie man sich leicht klarmachen, aber auch mathematisch streng beweisen kann – auf einem bestimmten Preisniveau festgefroren werden. Damit geht aber zugleich der Anreiz für Vermieter verloren, neue Häuser zu bauen, da diese sehr schnell unrentabel werden. Es kommt schließlich und endlich zu einer erheblichen Verknappung des Wohnraums, weil private Anleger ihre Mittel in andere, ihnen gewinnbringender erscheinende Wirtschaftszweige haben fließen lassen.

Dieses Beispiel weist deutlich auf eine Konfliktsituation im Sinne einer Verzweigung hin, wobei die Gesetzgebung sich für den einen oder den anderen Fall entscheiden muß. Hier muß also der Gesetzgeber Prioritäten setzen und wir erkennen deutlich, wie Gesetzgebungen von direktem Einfluß auf wirtschaftliches Geschehen sind, auch wenn dies anfänglich vom Gesetzgeber gar nicht so geplant war.

Nun werden wahrscheinlich viele erwarten, daß wir hier vom Gesichtspunkt der Synergetik ein universelles Rezept zur Beseitigung derartiger Schwierigkeiten hätten. Das ist aber keineswegs so, und zwar nicht deshalb, weil die Synergetik noch nicht weit genug entwickelt wäre, sondern ganz im Gegenteil. Im Rahmen der Synergetik haben wir an unzähligen Beispielen erkannt, daß es prinzipiell Konfliktsituationen gibt, bei denen die eine Lösung die andere Lösung gerade ausschließt. Das einzige, was man eventuell tun kann, ist, durch größere Differenzierungen Konflikte zu mildern. Dies kann aber auch wieder einen derartigen äußeren Aufwand bedeuten, daß es sich dann nicht mehr lohnt. Ein letztes Beispiel staatlichen Eingreifens, das weitreichende Folgen haben kann, sei hier noch erwähnt. Wie wir immer wieder in diesem Buch gesehen haben, können selbst kleine Änderungen von Umweltbedingungen drastische Änderungen des Gesamtsystems bewirken. Eine solche Umweltbedingung, die hier als Lebensbedingung in Erscheinung tritt, ist für den Bürger die schon erwähnte Besteuerung. Hier können sehr leicht Verhältnisse eintreten, bei denen eine auch nur geringfügig höhere Besteuerung das Konsumverhalten der Bevölkerung drastisch ändern kann, so daß sich sehr rasch völlig neue gesamtwirtschaftliche Situationen, zum Beispiel stärkere Arbeitslosigkeit, ergeben können. Wie mir persönlich scheint, ist das Bewußtsein, daß eben kleine Umweltänderungen (gleich Änderung der Lebensbedingungen) drastische Zustandsänderungen eines ganzen Systems bewirken können, bei einer ganzen Reihe von Politikern noch nicht durchgedrungen.

Wirtschaftschaos durch Kontrollen ohne Verständnis

Schließlich sei noch ein Punkt angeführt, der sich in den Ohren vieler Wirtschaftsfachleute geradezu blasphemisch anhört, der aber mathematisch fundiert ist und zweifellos in absehbarer Zeit auch Eingang in die Wirtschaftswissenschaften finden wird. Aus den Beispielen aus Physik und Chemie wissen wir, daß gerade auch kontrollierte Vorgänge chaotisch ablaufen können. Zum Beispiel gibt es, wie wir gesehen haben, chemische Reaktionen, die rein periodisch ablaufen mit einem Farbumschlag der Substanz von Rot nach Blau nach Rot usw. Nun kann man natürlich sagen, dieser Farbumschlag geht hier zu langsam vor sich. Ich gebe, etwa im Sinne einer Kontrolle, periodisch eine Substanz hinzu, aber so, daß damit die Periode des Farbumschlags verkürzt werden soll. Wie sowohl experimentell als auch theoretisch nachgewiesen werden konnte, kann dann das Verhalten des Systems völlig umschlagen. Statt einer regelmäßigen periodischen Farbumwandlung tritt nun eine völlig irreguläre chaotische Farbänderung ein.

Bei den hochkomplexen Systemen der Wirtschaft ist dies nicht anders. Vielmehr müssen wir erwarten, daß Kontrollmaßnahmen, die nicht auf die Eigenheiten des Systems Rücksicht nehmen, zu ausgesprochen chaotischen Verläufen führen können.

Es gibt in den Naturwissenschaften und auch in der Biologie eine ganze Literatur über chaotisches Verhalten, und Wirtschaftsfachleute werden gut daran tun, sich mit dieser Problematik zu befassen.

Wird der Friede durch engere Wirtschaftsbindungen sicherer?

Wie wir sahen, lassen sich eine ganze Reihe von Phänomenen der Wirtschaft mit solchen physikalischer Systeme in Analogie setzen. Dies beruht darauf, daß sich zumindest in gewissem Umfang die Wirtschaft mit Hilfe mathematischer Gesetze beschreiben läßt und dann aufgrund der Ähnlichkeiten der mathematischen Beziehungen die Analogien in den Aussagen folgen. In diesem Sinne haben wir auch Modelle betrachtet, die folgende Fragestellung behandeln, die von erheblichem aktuellen Interesse sind, nämlich: Wird der Weltfriede durch engere Wirtschaftsbindungen sicherer?

Es herrschen in der Welt vielerorts Tendenzen vor, gerade zwischen antagonistischen politischen Systemen enge wirtschaftliche Bindungen zu knüpfen mit dem Ziel, den Weltfrieden dadurch sicherer zu machen. Die mathematische Formulierung derartiger Vorgänge führte mich zu einem Resultat, das mich zunächst sehr überraschte. Es zeigte sich nämlich, daß es nicht nur den Fall einer größeren Stabilität durch engere Bindungen gibt, sondern daß sogar ein Zustand, der vor Verstärkung der Bindungen stabil war, plötzlich instabil wird und es zu einer Katastrophe kommt.

Die Deutung des Stabilerwerdens ist heute schon fast politisches Allgemeingut. Jeder der Partner sieht, daß er durch die engen wirtschaftlichen Beziehungen für den eigenen Wohlstand profitiert, und er möchte deshalb auch die Beziehungen nicht gefährden, sondern möglichst noch weiter ausbauen.

Versagt daher nun das mathematische Modell im zweiten Fall, nämlich der Instabilität, oder stecken hier noch tiefere Gründe dahinter? Wir haben in diesem Buch immer wieder gesehen, daß Instabilitäten erst

154

dann wirksam werden, wenn irgendwelche Fluktuationen auftreten. Fluktuationen sind z. B. im Zusammenleben der Völker durch verschiedenartige Krisen, sei es wirtschaftlicher, politischer oder militärischer Natur gegeben. Diese Krisen können zum Teil ganz lokal sein. Als Folge einer solchen Fluktuation kann es aber zu Maßnahmen der Gegenseite in Form von wirtschaftlichen Repressalien kommen, die dann entsprechend erwidert werden, und es ergibt sich somit ein explosionsartiger Anstieg des Konflikts.

Wie aus diesem Modellbeispiel zumindest hervorgeht, müssen stärkere wirtschaftliche Bindungen nicht automatisch zu einer größeren politischen Stabilität führen.

Es erscheint vielmehr notwendig, und damit verlassen wir die rein mathematischen Aspekte, die Stabilität auf einer tieferen Basis zu verwirklichen. Dies kann wohl nur durch erhöhtes gegenseitiges Vertrauen geschehen.

Synergetische Gesetze erkennen zum Wohle des Menschen

Im vorangegangenen hatten wir an einer Reihe konkreter Beispiele gesehen, daß Wirtschaftsvorgänge oft verblüffende Ähnlichkeiten mit solchen ganz anderer Gebiete, wie etwa der Physik oder Chemie, aufweisen können. In diesen Fällen spielt das kollektive Verhalten eine ausschlaggebende Rolle. Aufgrund des kollektiven Verhaltens können aber Erscheinungen auftreten, die von der klassischen Wirtschaftstheorie im Sinne von Adam Smith mit der Existenz eines Gleichgewichts ganz entscheidend abweichen. Ganz zweifellos wird sich die Wirtschaftstheorie der Zukunft in erheblichem Umfang mit diesen neuartigen Phänomenen und Methoden der Synergetik befassen müssen, um mit ihrer Hilfe das Wirtschaftsgeschehen besser verstehen und schließlich auch besser gestalten zu können. Hierbei dürfen wir aber den folgenden Umstand nicht übersehen. Wie jede andere Theorie der Wirtschafts- und besonders auch der Sozialwissenschaften sieht sich die Synergetik mit dem Problem der *Interpretation* ihrer mathematischen Resultate konfrontiert. Insbesondere liegt der Grund darin, daß alle Wirtschaftsvorgänge weitgehende soziale Implikationen besitzen, sie greifen tief in das Leben jedes Einzelnen ein, im Beruf wie im Privatleben. Dies hat zum Teil zur Folge, daß Mathematisierungen von vornherein abgelehnt werden. Zugleich begegnen wir dem meist ablehnend gemeinten Wort von den »Technokraten«, die wohl deshalb zuweilen abgelehnt werden, weil sie mit ihren Schlußfolgerungen manchmal ideologischem Wunschdenken widersprechen. Man muß sich aber darüber klar werden, daß es bei einer ganzen Reihe von Vorgängen in komplexen Systemen, und die Wirtschaft ist ein solches, Zwangsläufigkeiten gibt, denen man auch durch ideologisches Wunschdenken nicht entrinnen kann. Man muß vielmehr lernen, wie diese Automatismen ablaufen, damit man sie von einem höheren Standpunkt aus zum Wohl jedes einzelnen Menschen verwenden kann.

13. Kapitel

Sind Revolutionen vorhersagbar?

In seinem Zukunftsroman »The Foundation« schildert der bekannte amerikanische Schriftsteller Isaac Asimov einen Wissenschaftler, Dr. Seldon, der das Verhalten von Menschenmassen auf viele Hunderte von Jahren im voraus berechnen konnte. Insbesondere war er also in der Lage, Revolutionen vorherzusagen. Dieses Problem beschäftigt natürlich nicht nur Zukunftswissenschaftler. Oft wäre es uns selbst, von den Politikern ganz zu schweigen, sehr wertvoll, wenn wir eine solche Voraussage auch nur für wenige Jahre machen könnten.

Revolution bedeutet Umwälzung, bei der eine Staatsordnung durch eine andere ersetzt wird. Das hier auftretende Wort »Ordnung« weist uns sogleich auf die Kernfrage der Synergetik hin. Wie entsteht Ordnung durch das Zusammenwirken der Teile eines Systems? In unserem Kapitel heißt das, wie entsteht eine Staatsordnung durch das Zusammenwirken der einzelnen Bürger?

Öffentliche Meinung als »Ordner«

Sogleich stoßen wir wieder auf die eigentümliche Wechselbeziehung zwischen Individuen und dem Ordnungszustand. Der Ordnungszustand versklavt die Einzelnen, umgekehrt halten diese aber wieder den Ordnungszustand aufrecht. Wir wollen diese Wechselbeziehung an einem brennenden Thema der Soziologie näher untersuchen, nämlich an der Bildung der »öffentlichen Meinung«.

Unsere These lautet: Die vorherrschende öffentliche Meinung spielt die Rolle des Ordners, der die individuellen Meinungen der Einzelnen versklavt, also eine weitgehend einheitliche öffentliche Meinung erzwingt und auf diese Weise selbst wieder am Leben erhalten bleibt. Die These, daß der Einzelne in seiner Meinung versklavt wird, muß natürlich näher begründet werden, und ich will zeigen, daß die soziologische Literatur eine Fülle derartiger Hinweise enthält. Allerdings sind die Verhältnisse im soziologischen Bereich, verglichen mit denen etwa im Laser oder der Flüssigkeit komplizierter, weil hier noch andere Kräfte am Werke sind, andere Teilsysteme gewissermaßen, nämlich die Massenmedien einerseits und die Regierung andererseits. Trotzdem werden wir gleich sehen, wie die Begriffsbildungen der Synergetik es uns ermöglichen, eine Gasse durch den Dschungel der verschiedenartigen Verflechtungen zu schlagen, so daß wir ein ziemlich klares Bild der Wechselbeziehungen dieser einzelnen Teile einer Gesellschaft erhalten.

Die Thesen, die wir hier vertreten werden, lauten wie folgt:

1 Menschen sind durch eine vorherrschende Meinung beeinflußbar und tendieren dazu, sich dieser anzuschließen.
2 Den Menschen stehen im Prinzip zwei Wege offen, die Meinung anderer zu erschließen, nämlich durch direkte Kontakte untereinander oder über Massenmedien.
3 Die Massenmedien bringen eine eigene Dynamik mit sich.
4 Unter den Massenmedien ist die Presse einer kollektiven Einflußnahme durch die Bürger zugänglich, nämlich durch das Kaufverhalten ihrer Leser.
5 In demokratischen Staaten wird die Regierung in entscheidendem Maße durch die öffentliche Meinung geprägt.

Im Rahmen der Synergetik ist es möglich geworden, eine Reihe dieser Wechselbeziehungen zwischen Ordner und versklavtem System durch mathematische Modelle zu behandeln und etwa die Dynamik der Meinungsbildung auf diese Weise nachzuvollziehen. Wir wollen nun sehen, wie das Konzept des Ordners einerseits und der Versklavung andererseits es uns ermöglicht, die einzelnen Wechselbeziehungen zwischen den verschiedenen gesellschaftlichen Kräften zu durchleuchten. Dazu betrachten wir Abb. 13.1, die diese einzelnen Wechselbeziehungen als Diagramm darstellt. Die Pfeile des Diagramms deuten Beeinflussungen an, und wir wollen nun diese einzelnen Beziehungen genauer unter die Lupe nehmen.

Die Behauptung, daß der Ordner die Untersysteme versklavt, nimmt in der Soziologie eine schockierende Dimension an. Sie besagt nämlich, daß die Meinungsbildung eines Einzelnen durch die vorherrschende Meinung versklavt wird (Abb. 13.2). Diese Behauptung ist so provozierend, daß man schnell versucht, sie als eine unerlaubte Extrapolation

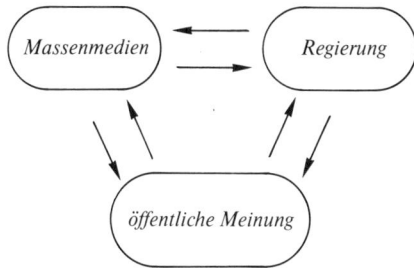

Abb. 13.1: Die Wechselbeziehung zwischen Regierung, Massenmedien und öffentlicher Meinung.

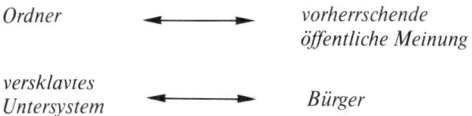

Abb. 13.2: Die Meinungsbildung des Einzelnen wird durch die vorherrschende Meinung versklavt.

vom naturwissenschaftlichen Bereich auf den soziologischen Bereich zurückzuweisen. Urteilen wir aber nicht zu schnell, sondern befragen wir hierzu die Soziologen selbst. In ihrem Buch »Die Schweigespirale« (Piper 1980) hat die bekannte Meinungsforscherin Elisabeth Noelle-Neumann die Beobachtungen führender Soziologen zusammengetragen, die diese These erhärten. Wenn wir an die zahlreichen Beispiele dieses Buches denken, wo wir immer neue Arten von Ordnern einerseits und versklavten Untersystemen andererseits kennenlernten, so müssen wir uns zunächst einmal fragen, wie wir den Begriff des Ordners präzise fassen können. Da wir den Ordner mit vorherrschender politischer Meinung identifizieren wollen, müssen wir uns also fragen, was überhaupt öffentliche Meinung ist.

In der soziologischen Literatur gibt es Dutzende von Begriffsbestimmungen. Im Sinne unseres Buches mit seiner naturwissenschaftlichen Grundtendenz soll es uns darauf ankommen, möglichst mit meßbaren Größen umzugehen und diffuse Vorstellungen auszuschließen. Hier können wir unmittelbar an das Vorgehen derjenigen Institutionen anknüpfen, die die Meinung des Volkes erforschen, eben die Meinungsforschungsinstitute.

159

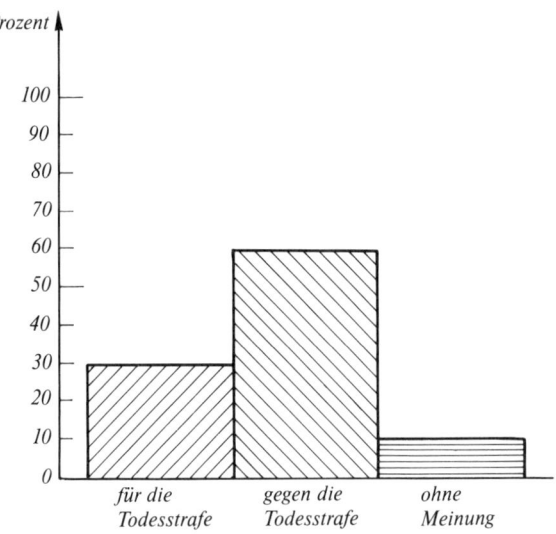

Abb. 13.3: Beispiel für die Verteilung von Meinungen (Meinungsstruktur).

Diese überlegen sich einen Katalog von Fragen zu brennenden Problemen der Gegenwart. Typische Beispiele sind: »Sind Sie für die Todesstrafe?« »Welche Partei würden Sie im gegenwärtigen Moment wählen?« usw. Die Meinungsforscher zählen dann die Stimmen für die eine bzw. andere Partei und erhalten so ein Bild über die Verteilung der Meinungen. Aus einem derartigen Diagramm läßt sich dann sofort ablesen, welche politische Meinung überwiegt. Dies kommt der Untersuchung einer Struktur im traditionellen Sinn der Wissenschaft gleich (Abb. 13.3).

In der Synergetik handelt es sich aber darum, das *Zustandekommen* von Strukturen zu verstehen, also die Dynamik. Wir müssen uns daher fragen, wie es überhaupt zu einer festgestellten Verteilung von politischen Meinungen kommt. Zwei Extremfälle sind hier denkbar. Der Fall des völlig mündigen Bürgers, der unbeeinflußt sich sein eigenes politisches Urteil bildet und dieses dann voll und ganz vertritt oder derjenige, der bei seiner Meinungsbildung sich von der Meinung anderer beeinflussen läßt. Im letzteren Fall spielen gerade die Wechselbeziehungen oder mit anderen Worten die synergetischen Effekte eine entscheidende Rolle.

Sind Menschen beeinflußbar?

Wir werden sogleich, gestützt auf soziologisches Material, sehen, daß wir immer mit einer Beeinflußbarkeit der Menschen bei der Meinungsbildung rechnen müssen. Dies hat einmal seine Ursache in der psychologischen Veranlagung des Menschen selbst, wie wir sogleich beleuchten wollen, zum anderen aber ist dies eine natürliche Reaktion auf die Umwelt. Die moderne Zivilisation hat für den Menschen eine äußerst verwickelte Umwelt geschaffen, in der sich zurechtzufinden ihm oft nicht leichtfällt. Er wird von einer Konfliktsituation in die nächste gedrängt, wo es ihm schwergemacht wird, eine eindeutige Antwort aus eigener Kraft zu finden. Dies läßt ihn dazu tendieren, auf die Handlungen und Meinungsbildungen der anderen zu schauen. Darüber hinaus gibt es aber sogar Experimente von Sozialpsychologen, die zeigen, daß ein nicht unerheblicher Prozentsatz von Menschen sich sogar einer Meinung anschließt, die diese Menschen selbst als objektiv falsch erkennen müßten und vielleicht sogar erkennen. Das wohl schlagendste Beispiel beruht auf Experimenten des amerikanischen Sozialpsychologen Solomon E. Asch. Diese Experimente sind in trefflicher Weise in dem Buch von Elisabeth Noelle-Neumann wie folgt geschildert: »Anfang der fünfziger Jahre erschien in den Vereinigten Staaten der Bericht über ein Experiment, das der Sozialpsychologe Solomon Asch über 50mal durchgeführt hatte. Bei diesem Experiment bestand die Aufgabe der Versuchspersonen darin, die Länge verschiedener Linien im Verhältnis zu einer Vergleichslinie abzuschätzen. Von drei vorgegebenen Linien entsprach jeweils eine in der Länge genau dem vorgegebenen Muster (Abb. 13.4). Es war eine leichte Aufgabe – so schien es auf den ersten Blick –, denn man konnte leicht erkennen, welches die übereinstimmende Linie war. Jeweils acht bis neun Personen nahmen an dem Experiment teil, das dann folgendermaßen verlief: Sobald neben

Musterlinie   *Vergleichslinien*   **Abb. 13.4:** Zum Asch-Experiment (vgl. Text).

der Musterlinie die drei Vergleichslinien aufgehängt waren, sagte, in der Reihenfolge von links nach rechts, jede Person, welche der drei Linien ihrer Meinung nach der Musterlinie entspräche. Zu jedem Experiment gehörten zwölf Durchgänge, zwölf Wiederholungen. Und nun wurde folgendes erprobt: Nachdem bei den ersten beiden Durchgängen alle Teilnehmer übereinstimmend die richtige Linie erkannt hatten, veränderte der Versuchsleiter die Situation. Seine Gehilfen, die den Sinn des Experiments kannten, nannten übereinstimmend eine zu kurze Linie als dem Muster entsprechend. Eine naive Versuchsperson, die einzige nichtsahnende Person, die am Ende der Reihe saß, wurde nun beobachtet, wie sie sich unter dem Druck einer überwiegend anderen Meinung verhalten würde. Würde sie selbst schwankend werden? Würde sie sich dem Mehrheitsurteil anschließen, sosehr es auch ihrem eigenen Urteil widersprach? Oder würde sie zu ihrem eigenen Urteil stehen?

Ergebnis: Von je zehn Versuchspersonen blieben zwei unverrückbar bei ihrem Eindruck; zwei schlossen sich nur ein- bis zweimal unter zehn sie auf die Probe stellenden Durchgängen an, sechs von zehn aber gaben mehrmals als eigene Meinung die offensichtlich falsche Meinung der Majorität an. Das bedeutet: Selbst in einer harmlosen Frage und in einer für sie ziemlich gleichgültigen, ihre realen Interessen nicht berührenden Situation schließen sich die meisten Menschen der Majoritätsmeinung an, auch wenn sie keinen Zweifel daran haben können, daß sie falsch ist.«

Im Sinne der Synergetik ist diese Beeinflußbarkeit die Wurzel aller kollektiven Effekte bei der Bildung der öffentlichen Meinung. Wie diese Beeinflussung im einzelnen vor sich geht und selbst wie wir sie im einzelnen mathematisch formulieren, spielt dabei gar keine Rolle. Aufgrund ganz allgemeiner Gesetzmäßigkeiten, die der Synergetik zugrunde liegen, kommt es automatisch zum Wettbewerb zwischen den verschiedenen Meinungen, wobei die eine schließlich dominiert und den Wettbewerb gewinnt. Dies wird besonders augenfällig in der Mode, die auch nichts anderes als ein Ausdruck öffentlicher Meinung ist. Hier wird übrigens ganz besonders deutlich, daß es bei derartigen kollektiven Effekten oft gar nicht auf objektive Maßstäbe ankommt, sondern eine subjektive Richtung schließlich im Kollektiv bevorzugt wird. Ob etwa die Damen lange oder kurze Röcke oder die Herren weite oder enge Hosen tragen, ist ausschließlich eine Frage des Geschmacks und nicht Folge tiefsinniger Überlegungen (es sei denn die Modeschöpfer wollen das Geschäft beleben, und es gelingt ihnen in geschickter Weise, das kollektive Verhalten der Menschen für ihre Zwecke zu benutzen). Dies gilt nicht nur für die Modeschöpfer, es ist wohl auch das Geheimnis eines erfolgreichen Politikers, der es versteht, derartige kollektive Strömungen für sich zu nutzen. Doch darauf kommen wir später noch zurück.

Wenn die synergetischen Effekte bei der Meinungsbildung tatsächlich vorhanden sind, so wäre es natürlich höchst verwunderlich, wenn diese Effekte den Soziologen entgangen wären. Ganz im Gegenteil finden wir in der soziologischen Literatur oder der soziologischen Geschichtsschreibung eine Fülle von Hinweisen. Der Begriff »öffentliche Meinung«, »l'opinion publique« tauchte wohl erstmalig bei Jean-Jacques Rousseau (1712–1778) auf, in dem Sinne, daß öffentliche Meinung eine Urteilsinstanz ist, vor deren Mißbilligung man sich hüten soll. Im Sinne unserer jetzigen Definition müßten wir wohl besser von der »herrschenden öffentlichen Meinung« sprechen.

Die Beeinflußbarkeit des Menschen kommt deutlich bei James Madison (1751–1836), einem der Väter der amerikanischen Verfassung, zum Ausdruck, wenn er feststellte: »Wenn es auch zutrifft, daß alle Herrschaft, Regierung durch öffentliche Meinung legitimiert ist, sich darauf stützt, so ist doch auch wahr, daß bei jedem Einzelnen die Kraft seiner Überzeugungen, Meinungen und der Grad, in dem seine Meinungen sein *praktisches* Verhalten, sein Handeln prägen, erheblich davon abhängt, was er glaubt, *wie viele* andere Menschen auch so denken. Die Vernunft des Menschen, der Mensch überhaupt ist furchtsam und vorsichtig, wenn er sich *allein* gelassen fühlt und er wird kräftiger und zuversichtlicher in dem Maße, in dem er glaubt, daß *viele andere* auch so denken wie er.«

Elisabeth Noelle-Neumann faßt diese Beziehung in die Worte:
»Seine soziale Natur veranlaßt den Menschen, die Absonderung zu fürchten, unter anderen Menschen geachtet und geliebt sein zu wollen.«
Oder an anderer Stelle:
»Nur wenn wir eine sehr große Isolationsfurcht annehmen, können wir die enorme Leistung erklären, die Menschen zumindest im Kollektiv vollbringen, wenn sie mit großer Treffsicherheit und ohne irgendwelche demoskopischen Hilfsmittel jeweils sagen können, welche Meinungen zu- und welche abnehmen.«
»Die Anspannung, die Umwelt zu beobachten, ist anscheinend das geringere Übel, verglichen mit der Gefahr, plötzlich das Wohlwollen seiner Mitmenschen zu verlieren, plötzlich isoliert zu sein.«
Schon wesentlich früher hatte Ch. A. H. C. Tocqueville (1805–1859) ebenfalls diese Beeinflußbarkeit erkannt und in die Worte gekleidet:

»In den demokratischen Völkern erscheint die öffentliche Gunst ebenso nötig wie die Luft, die man atmet, und mit der Masse nicht im Einklang sein, heißt sozusagen nicht leben. Diese braucht nicht die Gesetze anzuwenden, um die Andersdenkenden unterzukriegen. Die Mißbilligung genügt. Das Gefühl ihrer Vereinsamung und ihrer Ohnmacht übermannt sie alsbald und raubt ihnen jede Hoffnung.«

Die Möglichkeit der Beeinflussung sagt natürlich zunächst nichts aus über das Zustandekommen eines makroskopischen Ordnungszustands, hier also, daß eine Meinung schließlich vorherrscht. Dies kann erst durch die mathematischen Methoden der Synergetik bewiesen werden. Die gegenseitige Beeinflußbarkeit hat einen Verstärkungseffekt zur Folge, ganz genau so, wie wir es beim Laserlicht kennengelernt haben. Herrschte dort eine bestimmte Welle, die wir übrigens damals nicht ohne Hintergedanken eine Mode nannten, vor, so gewann diese schließlich das Wettrennen mit allen anderen. Immer mehr Atome gerieten in ihren Bann. Ähnlich verhält es sich mit der Bildung der vorherrschenden öffentlichen Meinung. Immer mehr Menschen geraten in ihren Bann und unterstützen sie schließlich.

Auch das in der Synergetik herrschende Prinzip der Versklavung wurde von Tocqueville klar erkannt. Tocqueville hebt hervor, wie die demokratischen Völker erst einmal jene Mächte überwunden haben, die den »Aufschwung der individuellen Vernunft maßlos hinderten oder verzögerten«, wie sie der geistigen Freiheit eine Bahn brechen. Wenn aber nun »unter der Macht gewisser Gesetze« – Tocqueville meint die Autorität der Zählmehrheit – »die geistige Freiheit ersticken würde, . . . so hätte das Übel nur ein anderes Aussehen bekommen; die Menschen hätten nicht das Mittel eines unabhängigen Lebens gefunden; sie hätten nur . . . eine neue Art der Knechtschaft entdeckt«.

Noch deutlicher drückt James Bryce (1888) in einem Artikel diesen Sachverhalt aus, in dem er von der Tyrannei der Majorität spricht.

Es ist deshalb nicht verwunderlich, wenn das, was wir als Endresultat dieser Prozesse als *vorherrschende* öffentliche Meinung bezeichnet haben, von Meinungsforschern, insbesondere von Elisabeth Noelle-Neumann, direkt als *öffentliche Meinung* selbst identifiziert wird. Dementsprechend definiert sie als »öffentliche Meinung solche Meinungen im kontroversen Bereich, die man öffentlich äußern kann ohne sich zu isolieren«. Die herrschende öffentliche Meinung und die Meinung der Einzelnen bedingen und stabilisieren sich im Sinne der Synergetik gegenseitig.

Meinungsumschwung: wie und wodurch?

Wie kann es nun aber überhaupt noch zu einem Umschwung von Meinungen kommen? Auch hier wieder ist die Analogie mit den Erscheinungen der Naturwissenschaften nützlich. So hatten wir gesehen, daß Flüssigkeitsrollen sich bilden, wenn wir die Temperaturdifferenz erhöhen. Auf den soziologischen Bereich übertragen heißt dies: Umweltänderungen, etwa Veränderungen der wirtschaftlichen Lage, Überhandnehmen eines innenpolitischen Drucks usw. können das Vertrauen in eine bisherige Meinung erschüttern, mit anderen Worten, das System wird destabilisiert. Auch die Handlungen von Terroristen gehören hierzu, nämlich der Versuch, das Vertrauen in die Gesellschaftsordnung, in die Justiz usw. zu schwächen und zu erschüttern, so daß ein Meinungsumschwung vorbereitet wird. Gerade in den Zeiten des Umbruchs erscheint es für den Einzelnen besonders wichtig, auf das Verhalten der Mitmenschen zu achten, um bei sich ändernden Verhältnissen nicht selbst in eine Isolation zu geraten. Im Sinne der Synergetik werden Meinungsumschwünge durch äußere Gegebenheiten vorbereitet. Ist aber die Destabilisierung erfolgt, so bedeutet dies, daß sich unter den Menschen die Ansicht ausbreitet, daß etwas Neues geschehen müsse. Sehr oft ist aber die Frage, in welche Richtung man fortschreiten soll, ungeklärt. Hier hängt es gerade immer nur von wenigen ab, die den neuen Weg vorzeichnen. Eine einzelne Gruppe von Menschen, von Avantgardisten oder aktiven Revolutionären, ja sehr oft ein einzelner Mann kann hier zum Kristallisationspunkt einer neuen Richtung werden. Es sind hier gerade die Fluktuationen, die den Ausschlag geben und die uns an unzähligen Stellen dieses Buches immer wieder begegnet sind. Unvorhersehbare scheinbar lokale Ereignisse bekommen bei einem Zustand der Instabilität eine enorme Ausstrahlungskraft, die sie in normalen Zeiten nie gehabt hätten. In jenen Zeiten wäre die Aktion derartiger einzelner Gruppen eine schnell vergessene Episode geblieben, eine kleine Schwankungserscheinung, die rasch wieder abgeklungen wäre.

Massenmedien: Ordner unter Selektionsdruck

Bisher hatten wir so getan, als wäre das Auftreten des Ordners, nämlich »vorherrschende öffentliche Meinung«, und die Meinung des einzelnen Bürgers ein in sich abgeschlossener Kreislauf, etwa wie Laseratome das

Laserlicht erzeugen und von diesem wieder versklavt werden. Obgleich dieser Grundgedanke durchaus richtig ist, muß er doch in wichtiger Weise ergänzt werden. Öffentliche Meinung entsteht nämlich nicht nur durch direkte Kontakte der Menschen untereinander, sondern auch über Massenmedien. Nun wäre es naiv, und das wäre wohl ein Fehler, in den mancher verfällt, zu sagen, die Massenmedien wären nichts anderes als ein bloßes Abbild der öffentlichen Meinung. Ganz im Gegenteil besitzen diese eine eigene Dynamik und diese ist wieder eng mit den Grundfragen der Synergetik verknüpft.

Der französische Schriftsteller Guy de Maupassant (1850–1893) hat im letzten Jahrhundert in seinen Romanen nicht nur pikante amouröse Abenteuer beschrieben, sondern er war auch ein scharfer und kritischer Beobachter seiner Zeit. So schildert Maupassant, der selbst einmal Journalist war, in seinem Roman »Bel Ami« einen Verleger, der am Abendtisch die eingegangenen Neuigkeiten wie Waren auf ihren Wert taxiert. Hier tritt uns, nur in neuem Gewande, eine Reihe von Prinzipien entgegen, die wir schon längst in diesem Buch kennengelernt haben. Zum einen ist es das Problem der beschränkten Möglichkeiten. Eine Zeitung kann nicht alles bringen. Sie darf einen bestimmten Umfang nicht überschreiten, um nicht zu teuer zu werden. Darüber hinaus hat der Leser auch nur eine beschränkte Zeit zur Verfügung, ca. 15 Minuten pro Tag, wie Soziologen herausgefunden haben. Die Journalisten müssen daher aus der Fülle des Materials eine Auswahl treffen. Aber nach welchen Gesichtspunkten? Natürlich gibt es hier eine ganze Reihe. Aber nehmen wir die Gesichtspunkte, die sich vom Standpunkt der Synergetik am überzeugendsten anbieten.

Zeitungen, Magazine oder Journale können ja nur dadurch existieren, daß sie vom Käufer gekauft werden, oder mit anderen Worten, sie müssen von den Käufern gewissermaßen wie von einem Nahrungsvorrat leben. Aber dieser Nahrungsvorrat selbst ist wieder begrenzt. Es kommt notwendigerweise zur Konkurrenz und damit wieder zu einem Ausleseprozeß. Eine Zeitung oder eine Zeitschrift ist daher aus Konkurrenzgründen einerseits und aus Mangel an Platz andererseits gezwungen, eine Vorauswahl zu treffen in einer Weise, die ihr eigenes Weiterbestehen am besten garantiert. In diesem Sinn geraten Zeitungen und Zeitschriften in eine Doppelrolle, deren eine Seite wie folgt aussieht. Sie selbst treten wieder als Ordner auf, indem sie in der Lage sind, durch die geäußerten Meinungen die Meinungen ihrer Leser zu beeinflussen. Dieser Einfluß wird zuweilen als drückend und bedrückend empfunden. So schreibt Elisabeth Noelle-Neumann:

»Die Massenmedien verkörpern Öffentlichkeit, eine weit ausgebreitete, anonyme, unangreifbare, unbeeinflußbare Öffentlichkeit.« Oder auch:

»Die Massenmedien sind einseitige, indirekte, öffentliche Kommunikation, sie sind der natürlichsten menschlichen Kommunikation, dem Gespräch, entgegengesetzt. Das ist es, was dem einzelnen gegenüber den Massenmedien ein Gefühl der Machtlosigkeit gibt; bei jeder Umfrage, wer in der heutigen Gesellschaft zuviel Macht habe, rangieren die Massenmedien mit an der Spitze.«

Die Machtlosigkeit des Einzelnen offenbart sich dabei in zweierlei Weise. Ihm wird Öffentlichkeit vorenthalten, mit anderen Worten, es gelingt ihm nicht, seine Meinung über die Medien anderen mitzuteilen und der Einzelne kann an den Pranger gestellt werden, ohne daß er sich in adäquater Weise dagegen wehren kann. Auch ein Prozeß gegen eine Zeitung oder eine Zeitschrift kann dieser in ihrer Publizität helfen, ihren Umsatz steigern und ihr dadurch zugute kommen, selbst, wenn sie am Schluß diesen Prozeß verlieren sollte. Die andere Seite der oben erwähnten Doppelrolle von Zeitungen und Zeitschriften besteht in folgendem:

Sosehr es auch zutreffen mag, daß der einzelne den Massenmedien hilflos ausgeliefert ist, so sind diese doch auch wieder verletzbar und sogar tödlich zu treffen, nämlich durch das kollektive Verhalten der Leser. So könnte ich mir nicht vorstellen, daß es einer bestimmten Zeitung gelänge, sich ohne Unterstützung von außen längere Zeit wirtschaftlich am Leben zu erhalten, wenn sie ständig eine Meinung vertritt, die im Gegensatz zur Meinung ihrer Leser steht. Allerdings trifft dies nur mit einer Einschränkung zu. Zeitungen und Zeitschriften bringen ja nicht nur rein politische Meldungen. (Auch muß der politische Teil nicht immer das Hauptanliegen der Zeitung oder Zeitschrift sein). Gerade um sich vor den Reaktionen, ja auch Launen, des Publikums zu schützen, haben sie meist den Weg der Generalisierung eingeschlagen. Sie bieten ein relativ breites Angebot aus den verschiedenartigsten Bereichen der Politik, Wirtschaft, Kunst usw. Darüber hinaus erfährt die Presse eine Stabilisierung durch lokale Nachrichten, die oft von Bagatellnatur sein können, z. B. wann die nächste Müllabfuhr ist oder welche Veranstaltungen stattfinden. Andererseits sind diese Dinge nicht für die eine oder die andere Zeitung spezifisch, was bedeutet, daß diese Lokalnachrichten den lokalen Konkurrenzkampf nicht ausschalten. In der Tat beobachten wir häufig, daß in kleineren Orten nur noch eine Zeitung vorhanden ist oder daß in den Einzugsgebieten größerer Orte das überregionale Nachrichtenprogramm von einer zentralen Redaktion einer einzelnen Zeitung geliefert wird, und die einzelnen örtlichen Zeitungen nur noch ihren Lokalteil hinzugeben.

Es ist nicht zu verkennen, daß hier ein Meinungswettkampf unter den Zeitungen nicht mehr existiert, sondern die betreffende zentrale Zeitung ein Meinungsmonopol errungen hat. Dieses Meinungsmonopol ist auch wirtschaftlich kaum mehr durch kollektives Verhalten der Leser zu brechen, weil diese eben auf die lokalen Nachrichten nicht verzichten können oder verzichten wollen. Hierbei ist es durchaus möglich, daß sich im Laufe der Entwicklung der jeweiligen Zeitungen zunächst nur wenig ausgeprägte Vorzugstendenzen durch den schon oft besprochenen Rückkopplungsmechanismus immer mehr verstärkt haben. Es wäre eine interessante Aufgabe für Soziologen, herauszufinden, ob die Wahlausgänge in der Bundesrepublik, die ja offensichtlich eine Nord-Süd-Gliederung aufweisen, nicht mit derartigen Mechanismen zusammenhängen könnten.

Wie können wir als einzelne Bürger dieser Versklavung, die ja fast unentrinnbar scheint, entgehen? Wenn wir unsere eigene Beeinflußbarkeit in Rechnung stellen, dann können wir dieser Beeinflußbarkeit nur dann entrinnen, wenn wir die äußeren Einflüsse sich gewissermaßen gegenseitig aufheben lassen. So wie wir in der sich drückenden Menge aufrecht stehenbleiben können, weil wir eben von allen Seiten in gleicher Weise gestoßen und gedrückt werden. Dies kann nur dadurch geschehen, daß wir auch überregionale Zeitungen, und wenn möglich auch ausländische Zeitungen verschiedener Couleur lesen. Das heißt natürlich nicht, daß wir zwanzig Zeitungen nebenbei abonnieren müßten. Es genügt ja vollkommen, wenn wir uns ab und zu die eine oder andere Zeitung zu Gemüte führen. Vielen wird es dann ähnlich ergehen wie mir auf meinen Auslandsreisen, wo die Probleme in der Bundesrepublik in einem völlig anderen und neuen Licht und Zusammenhang erscheinen.

Übrigens gehen Zeitungen und erst recht Zeitschriften nicht nur den Weg der oben besprochenen Generalisierung, sondern auch den der Spezialisierung, indem sie sich z. B. an bestimmte Lesergruppen wenden. So gibt es Zeitungen mit anspruchsvollem Inhalt, deren Lektüre ein intellektueller Genuß ist, während andere ihre Leserschaft durch Herabschraubung der geistigen Ansprüche zu gewinnen suchen.

Darüber, ob eine Zeitung gelesen wird oder nicht, entscheidet nicht allein ihr Inhalt, sondern zumindest in gewissem Umfang auch ihr Preis.

Auch hier sind wieder Effekte am Werke, die zur Bevorzugung einer einzigen Zeitung führen. Wird nämlich eine Zeitung mehr gekauft, so kann sie aus wirtschaftlichen Gründen, die leicht einsichtig sind, billiger werden. Dadurch wird sie aber wieder mehr gekauft, und der Prozeß kann so weit gehen, daß nur dieses eine Organ den Wettkampf überlebt. Selbst wenn man mit der politischen Meinung einer solchen Zeitung, die den Wettkampf gewonnen hat, übereinstimmt, so hat man sich damit schon wieder automatisch einem Meinungsmonopol ausgesetzt. Selbst wenn man auf seiner eigenen Meinung beharren wollte (was keineswegs immer ein Zeichen von Intelligenz ist, genausowenig wie ein Meinungswechsel eine Charakterlosigkeit bedeuten muß), so kann die Zeitung selbst im Laufe der Zeit einen Meinungswechsel erfahren, und wir werden vielleicht von einer Meinung unbemerkt versklavt.

Wir müssen uns vor Augen halten, daß die Herausbildung einer Meinung oder einer dominanten Zeitung Akte sind, die sich oft über viele Jahre erstrecken, so daß wir uns gar nicht mehr daran erinnern, wie Vorzugsmeinungen oder, härter ausgedrückt, Meinungsmonopole entstanden sind. Dies gilt auch für politische Systeme, die ja nichts anderes als eine bestimmte Manifestation oder in Staatsform gegossene öffentliche Meinung darstellen. In extremen, aber leider sehr realen Fällen, schreitet man unmerklich Schritt für Schritt gemeinsam, wie eine ineinander Arm in Arm verhakte Kolonne, immer tiefer in den Sumpf hinein. Wenn der Einzelne ausbrechen möchte, so tun es seine Nachbarn gerade nicht und am Schluß sind alle versunken. Zweifellos erscheint die Frage der Kollektivschuld unter einem solchen Aspekt völlig neu. Eigentlich hat keiner das »Endziel« so gewollt und trotzdem sind alle gemeinsam miteinander hineingeschlittert. Wir werden dieser Frage, wenn wir über Diktaturen sprechen, später nochmals begegnen.

Die Reduktion der Welt

Kehren wir aber nochmals zur Frage der Bildung von Meinungen im Sinne von Ordnern zurück. Im naturwissenschaftlichen Bereich sahen wir, daß die Ordner ganz prägnant in Erscheinung treten und mit wenigen Worten beschrieben werden können, etwa die »dominierende Laserwelle« oder die »Bienenwabenstruktur«. Durch die Verstärkungsprozesse gelingt es der Natur, am Schluß ganz scharfe Ordnungszustände zu erhalten. Grund hierfür sind der Wettbewerb und die Auslese zwischen verschiedenen möglichen Ordnungszuständen. Die Begründung für ein ähnliches Verhalten bei der Bildung ganz ausgeprägter geistiger Ordnungsstrukturen können wir anhand von Untersuchungen des amerikanischen Journalisten Walter Lippmann zurückverfolgen. Es sind vornehmlich zwei Dinge, die das Auftreten von Ordnern, d. h. einheitlicher Auffassungen, begünstigen. Das eine sind die beschränkten Ressourcen, d. h. die beschränkte Anzahl von Meldungen oder Trends, die überhaupt mitgeteilt werden können. Dies führt notwendigerweise zu einer starken Reduktion der komplexen Wirklichkeit auf eine Scheinwelt, wie dies klar von Niklas Luhmann ausgesprochen wurde. Walter Lippmann drückte dies so aus: »Jede Zeitung, wenn sie den Leser erreicht, ist das Ergebnis einer ganzen Serie von Selektionen.« Wie Lippmann bemerkt, wird hierdurch für den Leser eine passende Umwelt, wie wir sagen könnten, eine Scheinwelt geschaffen, oder, um es noch schärfer auszudrücken, was nicht berichtet wird existiert nicht.

Auf diese Weise entsteht ein vereinfachtes Bild der Wirklichkeit, das uns aber als die Wirklichkeit schlechthin erscheint. Dies ist also der eine Grund, der das Auftreten von Ordnern begünstigt: der naturgegebene Zwang der Auswahl. Der andere Grund liegt darin, daß die ausgewählten Themen im geistigen Bereich genauso prägnant erfaßt werden können, wie wir es in den Naturwissenschaften bei den Ordnern kennengelernt haben. Dies geschieht durch Schlagworte oder, um das von dem bereits erwähnten Walter Lippmann benutzte Wort aufzunehmen, durch *Stereotype*. Dieser Begriff ist aus der Zeitungsdruckerei bekannt. Hier wird der Text in einer Abteilung, der Stereotypie, in starre Form gegossen, um dann beliebig oft vervielfältigt werden zu können. Stereotype sind also Schlagworte, die mit Absicht geprägt worden sind, um bestimmte Sachverhalte darzustellen. Oft ist damit gleichzeitig eine bestimmte Meinung verknüpft, z. B. bei dem Schlagwort »Berufsverbote«. Dieses Stereotyp ist dann die in Umlauf gebrachte Münze, die immer wieder benutzt wird und mit deren Hilfe sich schließlich eine bestimmte Meinung gegen die Konkurrenz durchsetzt. Um mit Walter Lippmann zu sprechen: »Wer sich aber der Symbole bemächtigt, die für den Augenblick das öffentliche Gefühl beherrschen, beherrscht hierdurch in starkem Maße den Weg zur Politik.« Dieser Wettkampf der Ordner, der uns immer wieder in den Naturwissenschaften begegnet, ist im soziologischen Bereich den Wissenschaftlern nicht entgangen. Wir brauchen nur als Beispiel für viele Elisabeth Noelle-Neumann zu zitieren:

»Die Aufmerksamkeit ist knapp, gegen starke Konkurrenz müssen sich die Personen oder Themen hereindrängen. Pseudokrisen und Pseudoneuigkeiten werden in den Massenmedien erzeugt, um die Konkurrenz anderer Themen aus dem Feld zu schlagen.«

Was wir aber nun mit den Methoden der Synergetik erkennen können, sind die allgemeinen Gesetzmäßigkeiten, die all diesen Vorgängen zugrunde liegen. Meinungsbildungen oder Publikationen unterliegen allgemeinen Gesetzmäßigkeiten, die als notwendige Konsequenz eine enorme Reduktion verschiedenartiger Meinungen auf einige oder wenige zur Folge haben. Aber gerade in Kenntnis dieser Gesetze können wir auch gegensteuern, wie wir es schon oben besprochen haben.

Hier kommt aber noch ein Gesichtspunkt hinzu, der zu den Prozessen im physikalisch-chemischen Bereich kein Analogon besitzt, hingegen durchaus im Bereich der belebten Natur, nämlich der evolutionäre Charakter. Wir finden eine ständig sich verändernde Umwelt vor uns. Zugleich werden stets neue Ideen geboren und andere sterben wieder ab. Wir haben hier ein enorm dynamisches Geschehen vor uns, das sich auch in der Presse widerspiegelt. Es genügt, hier auf einige Gesichtspunkte aus soziologischer Sicht hinzuweisen.

So werden von der Presse neue Themen aufgegriffen, um einen Prozeß der öffentlichen Meinungen in Gang zu setzen. Hierzu ist es, um mit Niklas Luhmann zu reden, nötig, Worte und Formeln zu finden. Schließlich wird ein Thema verhandlungsfähig, wobei oft wieder in unserem Sinne synergetische Prozesse maßgebend sind. Es wird von den verschiedensten Richtungen oder Zeitungen her aufgegriffen. Später tritt eine Sättigung der Leserschaft ein. Alles ist zum Thema gesagt oder, im Fachjargon der Journalisten, das Thema ist gestorben. Interessant ist aber eine Feststellung amerikanischer Kommunikationsforscher, die untersuchen, ob die Ansichten der Bevölkerung oder die thematischen Schwerpunkte der Massenmedien zeitlich vorn sind. Diese Forscher fanden heraus, daß in der Regel die thematischen Schwerpunkte der Medien den tatsächlichen Entwicklungen der Ansichten der Bevölkerung voraus waren.

Im vorangegangenen kam es uns darauf an, einige Grundgedanken der gegenseitigen Einflußnahme aufzuzeigen. Insbesondere erkannten wir, daß auch Medien keineswegs absolute Diktatoren sind, sondern sie wieder ihre eigenen Probleme des Überlebens haben. Es herrscht hier ein Kommen und Gehen, wie es sich im Eröffnen neuer Zeitschriften oder Verlage einerseits, im Fusionieren und im Verschwinden von Zeitschriften andererseits deutlich manifestiert.

Aus dem Gesagten geht aber zugleich hervor, daß für das Fernsehen andere Mechanismen gelten. Dies gilt insbesondere für das staatliche Fernsehen, bei dem es ja keine direkte Rückkopplung von Konsumentenverhalten auf wirtschaftliche Existenz oder sogar auf das Überleben selbst gibt. Andererseits unterliegt auch das Fernsehen den Zwangsbedingungen, die durch beschränkte Ressourcen, d. h. nur eine endliche Sendezeit, gegeben sind. Im allgemeinen ist es eben dann nicht möglich, etwa die Reden aller Politiker ungekürzt zu bringen. Mit der notwendigen Reduktion, d. h. mit den gewählten Redeausschnitten, muß notwendigerweise eine Vorauswahl getroffen werden, die die Bildung einer Vorzugsmeinung fördern kann, wobei dahingestellt gelassen sein soll, ob diese vom jeweiligen Fernsehredakteur gewollt oder nicht gewollt war. Setzen wir die Beeinflußbarkeit des Zuschauers in Rechnung, so ergeben sich im Sinne der Synergetik interessante Fragen, die in ihrer Fülle wohl erst noch ausgelotet werden müssen. Nehmen wir etwa an, daß die gesendeten Meinungen in dem Maße vertreten sind, wie sie der Verteilung der verschiedenen Meinungen in der Bevölkerung entsprechen, so wird nach den Grundgesetzen der Synergetik im allgemeinen zu erwarten sein, daß sich schließlich eine einzige Meinung immer mehr verstärkt und durchsetzt und nur noch diese herrscht, sofern dem nicht ganz eklatante Widersprüche in unserer Umwelt entgegenstehen. Werden aber andererseits alle Meinungen – welcher Couleur auch immer – gleich stark vertreten, so wird auch hier wieder das Bild verzerrt. Randgruppen erhalten ein überdimensionales Gewicht und viele einen Zulauf, der nicht wünschenswert sein kann.

Es mag sein, daß der Ausweg aus diesem Dilemma nur darin besteht, daß man es erträgt, daß eine Zeitlang die eine Meinung vorherrscht und dann wieder durch eine andere ersetzt wird, wobei man aber im Sinne der Meinungsfreiheit dafür Sorge tragen muß, daß die Meinung nicht festgefroren wird.

Regierung und öffentliche Meinung

Wie wir von der Synergetik her wissen, hat der Ordner ein doppeltes Gesicht oder eine doppelte Funktion. Einerseits versklavt er die Untersysteme, zum anderen wird er selbst wieder von den Untersystemen aufrechterhalten. Wir haben gesehen, daß der Ordner »öffentliche

Meinung« diesem Prinzip unterliegt, aber er erfüllt noch weitere Funktionen – eine Erkenntnis, die sich erst im Laufe der Zeit herausgebildet hat. Er beeinflußt nämlich nicht nur die Volksmeinung, sondern die öffentliche Meinung wirkt auch auf die Regierung. Wir zitieren hierzu die Gedanken des 1711 geborenen David Hume:

»Nichts erscheint denen, die sich mit politischer Philosophie befassen, erstaunlicher, als die Leichtigkeit, mit der die *vielen* von den *wenigen* regiert werden, und die Bereitwilligkeit, mit der Menschen ihre eigenen Empfindungen und Wünsche den Empfindungen und Wünschen der Regierung unterordnen. Wenn wir zu analysieren versuchen, auf welche Weise ein solches Wunder zustandekommt, finden wir, daß die Regierenden . . . sich auf nichts anderes stützen können als auf Meinung, auf Zustimmung. Regierung ist allein auf Meinung gegründet; und dies trifft zu für die despotischsten und militärischsten Regierungen ebenso wie für die freiesten und populärsten.«

Diese Erörterungen können auch mit einem Satz von David Hume zusammengefaßt werden: »It is on opinion that government is founded« – »die Regierung beruht auf Meinung«. Die deutlichste Einflußnahme der öffentlichen Meinung auf die Regierung erfolgt in den demokratischen Staaten bei den Wahlen. Hier tritt nun ein merkwürdiges Phänomen auf, das uns zunächst wie ein Widerspruch zu dem zuvor Gesagten erscheinen mag. In vielen Staaten kommt es immer häufiger zu einer Art Patt. Es gibt annähernd gleich viele Wähler, die für die Regierung oder die entsprechende Koalition stimmen wie auch dagegen. Es ist interessant, möglichen Gründen hierfür nachzugehen, handelt es sich doch hier um ein Phänomen, das uns in der Synergetik bereits begegnet ist, nämlich um verschiedene Antworten auf die gleiche Frage oder, deutlicher ausgedrückt, um verschiedenartige Lösungen zum gleichen Problem.

Das Verhalten der Parteien erinnert oft an das der Eisverkäufer am Strand, das wir uns in unserem Kapitel über Wirtschaft vor Augen geführt hatten. Die Parteien selbst unterliegen wieder dem Konkurrenzkampf, wobei es zum Teil sogar um das Überleben einer einzelnen Partei gehen kann, während es sich bei einer anderen Partei darum handelt, ob sie an die Macht gelangt oder sie beibehalten kann. Nun sollte man meinen, daß eine Partei jeweils bestimmte Idealvorstellungen hat, die sie im Sinne ihrer Wähler durchsetzen will. Hierbei stellt sie aber sehr bald fest, daß sie zur Durchsetzung ihrer Ziele erst die Macht haben muß und diese erreicht sie nur, wenn sie genügend Wähler hat. Sie wird daher ihre Wahlstrategie darauf abstellen müssen, Wähler anderer Parteien abzuziehen. Das entspricht aber dem Verhalten der Eisverkäufer, die sich jeweils auf den anderen hin bewegen, bis schließlich, zumindest äußerlich, eine Position bezogen ist, die von dem Außenstehenden gar nicht mehr in ihren Unterschieden ohne weiteres wahrgenommen werden kann (zumindest vor dem Eiskauf). Erst nachdem er das gleiche Eis vier Jahre lang essen mußte, kann er dann vielleicht einen Unterschied verspüren. Dieses äußere Gleichwerden, das sich schon dadurch manifestiert, daß die Parteien oft völlig gleichlautende Schlagworte, wie Friede, Freiheit, Gerechtigkeit verwenden, läßt erkennen, daß Entscheidungskriterien gerade in einer komplexen Umwelt nur schwer zu beschaffen sind. Hinzu kommt, daß es zuweilen auch, objektiv gesehen, durchaus gleichberechtigte, jedoch völlig verschiedenartige Lösungen für bestimmte wirtschaftliche oder gesellschaftliche Probleme geben kann. Dabei wird jeweils eine bestimmte Gruppe hart getroffen, während die andere profitiert und umgekehrt. Aus all diesen Gründen und wahrscheinlich aus noch vielen anderen wird der »synergetische Aufwand« oder die synergetische Kurve, die wir schon mehrfach angetroffen haben, mehrere lokale Vorzugspositionen besitzen. Die eine Gruppe sieht die eine als die bessere an, die andere Gruppe die andere. Wir erhalten so eine symmetrische Lage, wie sie uns immer wieder begegnet. Wir wissen auch, was dann passiert. Ganz kleine Schwankungen, oder im politischen Falle ganz kleine Gruppen oder Parteien können dann den Ausschlag geben und die Symmetrie brechen. Behält dabei ständig die eine Konfiguration das Übergewicht, so kann damit durchaus eine immer stärker werdende Verengung der Meinungen eintreten. Es macht wohl das Charakteristikum einer Demokratie aus, daß sie wenigstens im Prinzip die Möglichkeit in sich birgt, auch die andere Seite zum Zuge kommen zu lassen. Insofern beinhaltet eine Demokratie eine größere Symmetrie als eine Diktatur, wobei größere Symmetrie heißt, ein viel breiteres Spektrum von Meinungen und individuellen Entfaltungsmöglichkeiten, oder, mit anderen Worten, die Demokratie vermag eine pluralistische Gesellschaft zu garantieren. Damit ist zugleich die höhere Anpassungsfähigkeit einer Demokratie an Veränderungen der Umwelt, etwa an wirtschaftliche Gegebenheiten, verknüpft. Es sind gewissermaßen latent schon alle möglichen Reaktionsfähigkeiten vorhanden und müssen nur noch in geeignetem Maße verstärkt werden, um einer neuen Situation zu begegnen. Daß auch hier nicht immer ein neuer *Gleichgewichtszustand* erreicht werden kann, machen schon unsere Betrachtungen über Wirtschaftsvorgänge klar.

Allgemein läßt sich eine Demokratie wohl dadurch kennzeichnen, daß hier zwar eine Ordnung im Grundsätzlichen vorliegt, die Strukturierung und Selbststeuerung aber den Einzelnen oder den einzelnen Gruppierungen überlassen bleibt. Wir haben dann eben nicht die Ordnung eines Friedhofs vor uns, sondern die Ordnung in einem höheren Sinn, die die Freiheit der einzelnen Bürger und die damit verknüpfte Meinungsvielfalt garantiert.

In diesem Kapitel hatten wir das Phänomen öffentliche Meinung in den Mittelpunkt unserer Betrachtungen gestellt. Wir untersuchten, wie öffentliche Meinung entsteht, wie sie auf den Einzelnen und auf die Regierung wirkt. Untersuchen wir nun, inwieweit wir von einer öffentlichen Meinung in Diktaturen sprechen können.

Diktaturen

Leute, die in Diktaturen gelebt haben, wissen, daß es hier so etwas wie ein doppeltes Meinungsklima gibt. Dieses Phänomen wird übrigens auch in einem demokratischen Staat wie der Bundesrepublik beobachtet und von Elisabeth Noelle-Neumann untersucht und beschrieben. In einer Diktatur besagt »doppeltes Meinungsklima« folgendes:

Die von der Regierung kontrollierten Nachrichtenorgane sprechen ganz einheitlich uniforme Meinungen aus, die durch entsprechend ausgewählte Nachrichten untermauert werden. Daneben hält sich aber offensichtlich eine private und trotzdem in gewissem Sinn einheitliche und daher als öffentlich zu bezeichnende Meinung. Diese Haltung, die stark von der offiziellen Meinung abweicht, äußert sich im geflüsterten Wort oder besonders im politischen Witz. Die Maßnahmen, die totalitäre Regierungen gegen die Verbreitung dieser inoffiziellen und doch als öffentlich zu wertenden Meinungen ergreifen, zeigen deutlich, daß die direkte Kontaktnahme zwischen Menschen ein Meinungsklima hervorrufen kann, das der Regierung oder der regierenden Klasse gefährlich zu werden droht. Hierzu gehört nicht nur, daß in derartigen Staaten oft das Abhören ausländischer Sender verboten wird oder die Sendungen durch Störsender unterbunden werden. Hierzu gehört auch die Einschränkung von Vervielfältigungsmöglichkeiten wie Xerox-Verfahren oder die genaue Registrierung von Druckereien und deren Arbeiten. Dies würde immer noch darauf hindeuten, daß erst vervielfältigte Meinung gefährlich werden kann. Wir wissen aber aus derartigen Staaten, daß dort Geheimpolizei und Denunziantentum zu allgemeiner Furcht führen, sich öffentlich kritisch über das Regime zu äußern. Auch jede Äußerung individueller Meinung wird auf diese Weise durch Einschüchterung unterbunden. Trotzdem kann der Ausbruch kollektiver Verhaltensweisen nicht immer unterbunden werden. Dafür schaffen dann Diktatoren Ventile für den Volkszorn, oft in der Form der Verfolgung von Minderheiten, etwa rassischer, religiöser oder auch andersdenkender, die von der Norm abweichen.

Die Synergetik gibt durch ihre Untersuchung kollektiver Effekte auch eine Antwort darauf, warum Diktaturen so stabil sind, obwohl das für die meisten in einem demokratischen Land lebenden Bürger völlig unverständlich ist. Die Antwort liegt in der sich selbst stabilisierenden Wirkung eines großen Systems. Damit der betreffende Ordnungszustand zusammenbricht, müßten eben *gleichzeitig* alle oder ein sehr großer Teil der Bürger aus dem sogenannten Ordnungszustand der Diktatur ausbrechen. Aber weil die Diktaturen die Kommunikationsmöglichkeiten unter den einzelnen Mitgliedern so stark eingeschränkt haben und kontrollieren, können die Mitglieder nur jeweils unabhängig voneinander Ausbruchsversuche unternehmen, die scheitern müssen, weil die anderen Mitglieder der Gesellschaft gerade in diesem Moment an dem alten System festhalten oder aber in die verschiedensten Richtungen drängen und sich so in ihren Handlungen gegenseitig im Wege sind. Vorbedingung für einen Umsturz (eine Revolution) sind daher entweder eine Lockerung der Regierungsmaßnahmen, durch die ein Meinungsaustausch erleichtert wird oder der Aufbau eines geheimen Untergrundnetzes. Auch hier haben aber effektive Diktatoren Gegenmaßnahmen ergriffen, z. B. in Gestalt des »agent provocateur«, der sich als aktives Mitglied in eine Untergrundgruppe einschleicht, in Wirklichkeit aber die Untergrundmitglieder der Polizei schließlich ausliefert.

Trotzdem kann es in einem derartigen Land zur öffentlichen Manifestation einer Meinung kommen, obwohl dies völlig nichtssagend zu sein scheint. Als ich einmal in einem derartigen Land ein Flugzeug bestieg, fiel mir ein interessanter Vorfall auf. Die Stewardeß verteilt ja in einem Flugzeug Zeitungen. Die Leute ließen sich die Zeitungen geben, schlugen aber sogleich die letzte Seite auf. Zunächst dachte ich, dort müßte etwas besonders Aktuelles stehen, bis ich feststellte, daß alle die Sportseite aufgeschlagen hatten. Eine deutlichere, zugleich aber in keiner Weise angreifbare Ablehnung des Regimes kann man sich wohl kaum vorstellen.

Öffentliche Meinung und Minderheiten

Wie wir immer wieder sahen, kommt es aufgrund synergetischer Gesetzmäßigkeiten in den verschiedensten Bereichen der Natur, aber auch der Gesellschaft, zu einem Selektionsdruck, der zum immer ausgeprägteren Zusammenschluß von Gruppen führt, etwa zu Gruppen gleicher Meinung. Diese Tendenz kann bis zur Ächtung oder Verfolgung Andersdenkender gehen, besonders solcher Gruppen, die sich ohnehin durch äußere Merkmale (wie Rasse oder Religionszugehörigkeit) von der Masse unterscheiden. Nicht immer genießen diese Gruppen in allen Ländern den Schutz des Staates. Um zu überleben, reagieren die einen mit Assimilation, indem sie sich möglichst ununterscheidbar von den anderen verhalten. Es gibt aber noch einen zweiten Weg, nämlich den der Profilierung. Diese Minderheitengruppe wird dann zu immer höheren Leistungen angespornt und erringt ihre allgemeine Achtung und damit auch ihre Lebenssicherung durch erhöhte Leistungen.

Auch das soziale Verhalten einer solchen Gruppe wird von dem der breiten Bevölkerung abweichen. Bei dieser Gruppe kommt es wegen des Problems des Überlebens darauf an, sich gegenseitig zu fördern. Nur durch Kooperation bleibt eine solche Gruppe stark. Das Verhalten der übrigen Bevölkerung ist zumeist anders. Hier sieht jeder in dem anderen einen ausgeprägten Konkurrenten. Für die letzteren gelten die Worte Rousseaus in seiner Preisschrift, die ihn 1755 berühmt machte. Der Titel dieser Preisschrift lautet »Über den Ursprung der Ungleichheit unter den Menschen«. Rousseau stellt fest:»Ich würde sichtbar machen, wie sehr dieser allgewaltige Drang nach Ruf, Ehre und Auszeichnungen, der uns alle verzehrt, Talente und Kräfte einübt und sich messen läßt, wie sehr er die Leidenschaften aufreizt und vervielfältigt, wie sehr er alle Menschen zu Konkurrenten, Rivalen oder vielmehr Feinden macht.«

Revolutionen

Revolutionen, auf deutsch Umwälzungen, greifen immer tief in das Leben aller Bürger ein. Im Sinne der Synergetik ändert sich der makroskopische Zustand, also die Staatsform drastisch. Mehrfach hatten wir in unserem Buch von derartigen drastischen Umwälzungen bei physikalischen, chemischen oder biologischen Vorgängen gesprochen. Immer wieder treten bei diesen Vorgängen ganz besonders deutlich Analogien zutage. Dies läßt uns erwarten, daß Revolutionen im politischen oder soziologischen Bereich durch die Methoden der Synergetik erfaßt werden können. Revolutionen erscheinen in diesem Sinn wie Phasenübergänge, etwa vom unmagnetischen zum magnetischen Zustand eines Eisenmagneten oder vom ungeordneten Licht einer Lampe zum geordneten Laserlicht. Allerdings müssen wir uns hüten, voreilig zu enge Parallelen zu ziehen, etwa in der Interpretation, was Ordnungszustände im soziologischen Bereich bedeuten. Sehr schnell würden wir berechtigten Widerspruch hervorrufen. Wir werden daher den Begriff »Ordnungszustand« nur in einem ganz losen Sinn verwenden wollen, um eine Staatsform zu kennzeichnen, wobei verschiedene Staatsformen gewissen Phasen entsprechen.

Ähnlich wie in der unbelebten Natur, etwa in der flüssigen oder festen Phase des Wassers, die Beziehungen der Einzelmoleküle untereinander in bestimmter Weise geregelt sind und andererseits dadurch wieder den makroskopischen Zustand Wasser oder Eis bestimmen, so sind auch die Verhaltensweisen der Mitglieder einer menschlichen Gesellschaft verschieden bei verschiedenen Staatsformen. Ähnlich wie es in der unbelebten Welt Übergänge zwischen verschiedenen Ordnungszuständen gibt, z. B. fest-flüssig, so treten uns auch Revolutionen in verschiedenem Gewande entgegen. Es kann Umwälzungen von einer Monarchie zur Demokratie geben, wie z. B. in der Französischen Revolution. Es kann Umwälzungen von der Demokratie zur Diktatur geben, wie bei der Machtübernahme Hitlers. Es kann Revolutionen geben, die von einer Form der Diktatur zu einer anderen führen, wie etwa der Übergang von der Zarendiktatur in die Diktatur Stalins. Der Übergang von einer Diktatur in eine Demokratie scheint in unseren Tagen ein seltenes Ereignis zu sein, der von einer Diktatur in die andere dagegen ist weit häufiger. In dieser Liste fehlt offensichtlich der Übergang von Demokratie zur Demokratie. Tatsächlich ist es aber gerade die Eigenschaft einer Demokratie, ihren grundsätzlichen Charakter beizubehalten, selbst wenn die Regierungspartei wechselt.

Was sind nun die Mechanismen, die für eine Revolution maßgebend sind? Wir sind heute wohl in der Lage, diese im Sinne der Synergetik sowohl durch mathematische Modelle zu erfassen als auch durch Beobachtungen von Historikern zu belegen. Einer Revolution scheint immer eine Destabilisierung vorauszugehen, d. h. daß die breite Masse der Bürger nicht mehr oder nicht mehr stark für das jeweils herrschende System einzutreten bereit ist. Hier kommt hinzu, und das ist wohl das entscheidende Moment, die gegenseitige Beeinflußbarkeit und Einflußnahme. Die negative Haltung dem herrschenden System gegenüber wächst auf diese Weise, wie sich auch mathematisch zeigen läßt, lawinenartig an. Dieses lawinenartige Anwachsen wird zum anderen dadurch gestützt, daß die Anhänger des herrschenden Systems sich immer mehr selbst isolieren, schweigen und damit dem System ihre Unterstützung teils absichtlich, teils unabsichtlich, versagen. Dieser Sachverhalt findet seine treffende Charakterisierung in dem von Elisabeth Noelle-Neumann geprägten Begriff der Schweigespirale. Diese Erscheinung war schon früher beobachtet und beschrieben worden. Erwähnt sei nur die 1856 von Alexis de Tocqueville veröffentlichte Geschichte der Französischen Revolution. Tocqueville schildert hier den Niedergang der französische Kirchen in der Mitte des 18. Jahrhunderts. Er schildert dies mit den Worten: »Leute, die noch am alten Glauben festhielten, fürchteten, die einzigen zu sein, die ihm treu blieben und, da sie die Absonderung mehr als den Irrtum fürchteten, so gesellten sie sich zu der Menge, ohne wie diese zu denken. Was nur die Ansicht eines Teils der Nation (noch) war, schien auf solche Weise die Meinung aller zu sein und drückte eben deshalb diejenigen unwiderstehlich, die ihr diesen trügerischen Anschein gaben.«

Es handelt sich hier also um einen Verstärkungseffekt, der aber dann noch ausgeprägter ist, wenn die meisten Anhänger des Systems schon von sich aus innerlich von diesem abgefallen sind.

Was sind aber nun die Gründe für eine derartige Destabilisierung? Dies kann in einer wirtschaftlichen Verelendung durch einen langen Krieg, durch geistige Unfreiheit, durch große Arbeitslosigkeit oder drückende Steuerlast (z. B. Bauernkriege), eine heutzutage nicht mehr unrealistische Zukunftsvision, hervorgerufen werden. Daneben gibt es, wie wir schon früher erwähnten, die Versuche kleinerer Gruppen, die Destabilisierung des Staatswesens herbeizuführen, indem Bürger durch Terrorakte verunsichert werden. Auch hier kann es zu einer Spirale kommen, wenn nämlich die Justiz verunsichert wird, deren Beamte nicht mehr durch den Staat in ihren Entscheidungen unterstützt werden und so die Verfolgung der Straftaten immer weniger überzeugend wirken muß.

Die Theorie der Phasenübergänge ermöglicht es, viele der in den Naturwissenschaften aufgefundenen Effekte in dem Mechanismus der Revolutionen wiederzufinden. Wie wir wissen, ist die beim Phasenübergang zu beobachtende Destabilisierung des alten Zustands mit starken Schwankungserscheinungen verknüpft. Damals waren es z. B. beim Verdampfen von Wasser starke Dichteschwankungen. Jetzt, im soziologischen Bereich ist es die Anhäufung von ungewöhnlichen Vorgängen, die in der normalen Staatsform selten auftreten und auch dann ohne nachhaltige Wirkung bleiben. Dies kann im politischen Bereich die rapide Zunahme von Terroranschlägen sein, Massenschlägereien konkurrierender politischer Gruppen, wilde Streiks mit verheerenden Folgen für die Volkswirtschaft, Demonstrationen, öffentliche Versammlungen, die nach den Gesetzen, die im jeweiligen System gelten, an sich verboten wären. Diese Manifestationen sind Ausdruck der aus den Fugen geratenden Staatsordnung, wobei oft, und das zeigen auch gerade wieder die mathematischen Modelle, der Weg in die neue Ordnung, in die neue Staatsform, noch keineswegs vorgezeichnet ist. Ein Beispiel der neueren Geschichte ist der Sturz des Schahs, als nach dessen erzwungener Abdankung verschiedene Richtungen in Konkurrenz traten. Hier kann aus der Sicht der Synergetik eine einzelne, sehr aktive Gruppe den Ausschlag geben, um die Richtung zu bestimmen, in die nun das ganze Volk gedrängt wird. Im Sinne der Synergetik ist eine Revolution zumeist eine symmetriebrechende Instabilität. Besonders bei den Massendemonstrationen ist die gegenseitige Anheizung der Meinung der Einzelnen, deren Wille zum Umsturz als kollektiver Effekt deutlich zu beobachten. Die Menge steigert sich in einen kollektiven Erregungszustand hinein, der zu dem unwiderstehlichen Drang führt, etwas zu tun, nämlich Gewalt anzuwenden, z. B. Schaufenster zu zertrümmern, Autos anzuzünden oder wie bei der Französischen Revolution die Bastille zu erstürmen. In diesen kollektiven Erregungszuständen scheint das eigene logische Denken weitgehend ausgeschaltet. Der Einzelne erscheint wie versklavt von einem Ordner, nämlich der oft zufällig entstandenen Parole.

Damit kommen wir schließlich zu der anfänglich gestellten Frage zurück, ob sich Revolutionen vorhersagen, ja sogar vorausberechnen lassen. Schon heute scheinen Meinungsforschungsinstitute in gewissem Umfang in der Lage zu sein, festzustellen, wann eine zu große Diskrepanz zwischen den Auffassungen der Bevölkerung vorliegt, wie die Lage tatsächlich ist und wie sie sein sollte. Es scheint nicht unmöglich zu sein, daß durch die Anwendung der Methoden der Synergetik einerseits und durch die Verfeinerung demoskopischer Methoden andererseits es möglich wird, das Ausbrechen einer Revolution vorherzusagen.

Allerdings müssen wir hier einige grundsätzliche Einschränkungen machen und das ist gerade eine der entscheidenden Erkenntnisse. Wie wir immer wieder an den einzelnen Beispielen der Synergetik erkennen konnten, ist die weitere Entwicklung eines Systems an seinen Instabilitätspunkten oft nicht mehr eindeutig voraussagbar. Hier können bereits kleine Fluktuationen den entscheidenden Ausschlag geben. Insofern lassen sich nur Wahrscheinlichkeitsvoraussagen machen. Des weiteren erscheint es schwierig, gerade wegen der Notwendigkeit des Auftretens von auslösenden Fluktuationen, den Zeitpunkt einer solchen Revolution oder Volkserhebung genau vorherzusagen.

Diese Erkenntnisse sind natürlich auch für Leute, die bewußt Revolutionen herbeiführen wollen und dabei eine neue Diktatur anstreben, von Wichtigkeit, und es besteht wohl kein Zweifel, daß diese Methodik auch von Großmächten bei der Einmischung in die Angelegenheiten anderer Staaten verwendet werden. 1) Das herrschende politische System, sei es Demokratie oder Diktatur, muß destabilisiert werden, 2) es muß eine entschlossene Gruppe von Revolutionären bereitstehen, das Volk im destabilisierten Zustand in die neue Richtung zu drängen.

Den oben dargestellten Erkenntnissen werden wohl die meisten Leser aus ihren eigenen Überlegungen und Beobachtungen heraus zustimmen. Dagegen scheint es ketzerisch zu sein, auf eine andere Konsequenz hinzuweisen, die sich aus den mathematischen Modellen ableiten läßt. Hier zeigt sich nämlich deutlich, daß das Auftreten bestimmter makroskopischer Phasen (ich vermeide hier das Wort Ordnungszustand) nicht nur eine Eigenschaft des Systems im makroskopischen Sinne ist, sondern daß die Eigenschaften der individuellen Bestandteile wesentlich sein können. Zum Beispiel kann man sich alle Mühe geben, einen Laser zu bauen, der grünes Licht aussendet, das von Atomen stammen soll, die sonst ohne Lasertätigkeit nur rotes Licht aussenden. Dies wird nie gelingen. In ähnlichem Sinne muß man sich die Frage vorlegen, ob nicht das Auftreten bestimmter Staatsformen durch den Volkscharakter zumindest im einen Fall begünstigt, im anderen Fall hingegen erschwert wird. Hier scheint noch ein weites Feld soziologischer und sozialpsychologischer Forschung vor uns zu liegen.

Lassen sich allgemeine Prinzipien des Handelns angeben?

Aus den zahlreichen verschiedenartigsten Beispielen aus den Naturwissenschaften und der Soziologie sowie aus der mathematischen Behandlung lassen sich einige allgemeine Schlüsse ziehen, die zum Teil desillusionierend wirken. Einige der wichtigsten Schlüsse sind die folgenden. Durch kollektives Handeln allein, bei dem der eine dasselbe wie der andere tut, *weil* es der andere tut, können oft ganz verschiedenartige makroskopische Zustände, im politischen Fall Staatsformen, oder Handlungsweisen hervorgerufen werden, wobei nicht einmal kollektive

Verbrechen ausgeschlossen sind. Die Ermordung von Minderheiten kann hier ebenso zum staatspolitischen Ritual gehören, wie andere Arten der Tötung von Leben. Hinzu kommt ein zweiter Gesichtspunkt. Bei wirtschaftlichen und politischen Entscheidungen sind die Lösungen oft keineswegs eindeutig, es treten mehrere gleichberechtigte Lösungen auf. Dabei bedeutet hier Lösung nicht, daß ein neuer optimaler Zustand gefunden wurde. Die Nachteile und Vorteile der einen Lösung stehen denjenigen der anderen Lösungen gleichberechtigt gegenüber. Diese Verzweigungslösungen sind aufs engste mit den ineinander verzahnten kollektiven Verhaltensweisen verbunden. Weil der eine so handelt, glaubt der andere so reagieren zu müssen. Angesichts dieser Lage muß man sich fragen, wie man das Abgleiten einer Gesamtheit in Handlungen, die man als Einzelner als verbrecherisch beurteilen würde, verhindern kann und wie man im Falle der Verzweigungslösungen eventuell (nicht immer) zu eindeutigen Lösungen kommen kann.

Die einzige Antwort, die ich persönlich darauf geben kann, ist, hier höhere Gesichtspunkte, d. h. deutlicher gesagt, moralische, humanitäre oder religiöse heranzuziehen. Dies bedeutet zugleich den Verzicht auf opportunistisches Handeln und darauf, immer zu warten, daß der andere den ersten positiven Schritt tut. Wenn der Einzelne es nicht selbst tut, kann er nicht erwarten, daß es sein Nächster tut.

Gerade wegen der jeweiligen Verzweigungsmöglichkeit von Lösungen kann bei kollektivem Handeln, bei dem der Einzelne nicht von einer höheren Einsicht gelenkt ist, ein Irrweg in die Katastrophe nicht vermieden werden. Jeder Einzelne steht aber für sich selbst vor einer solchen Verzweigung in seinen Entscheidungen. Soll er ethische Gesichtspunkte walten lassen oder fühlt er sich lediglich als Bestandteil eines Kollektivs im Kampf ums Leben und ums Überleben?

Einige Gedanken zur Bürokratie

Eine Erscheinung, der sich die Synergetik erst jetzt zuzuwenden beginnt, ist die Bürokratie oder, genauer gesagt, das ständige Anwachsen der Bürokratie. Das Anwachsen der Bürokratie mit immer höherem finanziellen Aufwand an Personalkosten scheint in einem völligen Widerspruch zum Verhalten bei wirtschaftlichen Vorgängen zu sein, bei denen immer wieder effiziente Rationalisierungen vorgenommen werden. Es sollen hier einige Gesichtspunkte, wie es zu einem solchen Anwachsen kommen kann, schlaglichtartig beleuchtet werden.

Wie wir schon im Kapitel über Wirtschaft sahen, ist ein entscheidender Motor beim Verhalten der Firmen die Frage nach dem Gewinn. Eine Frage, die unmittelbar mit dem Überleben der Firma selbst verknüpft ist. Diese Erfolgsrückkopplung über den Gewinn fehlt bei sehr vielen Verwaltungsstellen. Da sie selbst nichts produzieren außer viel beschriebenem Papier ist es zum einen schwierig, die Arbeit einer Verwaltung mit Maßstäben des wirtschaftlichen Erfolges zu messen. Zum andern wächst, vor allen Dingen im staatlichen Bereich, der Verwaltungsapparat immer mehr an, wobei das Anwachsen selbst wieder größere innere Reibungsverluste mit sich bringt. Allein schon deshalb, weil bei einem größer gewordenen Apparat immer mehr Mitarbeiter oder Chefs mit einer Frage befaßt sind und die Zahl der Wechselbeziehungen zwischen den Einzelnen quadratisch mit der Zahl der Mitarbeiter anwächst. Dies gilt aber nicht nur für Stellen im staatlichen Bereich. Das Anwachsen der Verwaltungen bei größeren Firmen ist nicht zu übersehen und dürfte zuweilen die Konkurrenzfähigkeit von Firmen erheblich schwächen. Ein Gesichtspunkt der Analyse von Verwaltungsvorgängen zeigt bald, daß hier grundlegende Prinzipien der Selbstorganisation, die uns ja immer wieder in der Natur begegnen, völlig vernachlässigt werden. Es findet ein gewaltiger Strom von Informationen von den leitenden Stellen in die unteren Stellen und auch umgekehrt statt, der einem bei einer naturwissenschaftlichen Betrachtungsweise als völlig absurd erscheinen muß. Einerseits werden die Handlungen der untergeordneten Stellen immer mehr bis ins einzelne reglementiert, was einen enormen Aufwand an Vorschriften und Regeln erfordert. Dabei kann aber selbst der beste Jurist oder Verwaltungsfachmann die im einzelnen auftretenden Probleme gar nicht voll und ganz übersehen. Es sei denn, er wäre der liebe Gott. Auf diese Weise werden Regeln, die zu starr angelegt sind, widersinnig und können zu unmenschlichen Entscheidungen führen. Nicht zu verkennen ist allerdings dabei, daß eine zu lose Formulierung der Regelungen Anlaß zu Willkürakten, etwa im juristischen Bereich, geben könnte, wo etwa der eine freigesprochen wird, während der andere für das gleiche Delikt ins Gefängnis muß. Die Frage, die man aber zu prüfen hätte, ist, ob viele Verwaltungsabläufe nicht doch wesentlich Arbeitszeit sparen würden und auch die menschlichen Beziehungen erleichtern würden, wenn man größere Spielräume einräumt. Der andere noch weit größere Aufwand besteht darin, untergeordnete Stellen im einzelnen zu kontrollieren und jegliche Art einer eigenen Verantwortung dieser Stellen auszuschalten. Dies bedeutet natürlich einen mehrfachen Arbeitsaufwand, weil die höhergeordneten Stellen alles, was bereits unten kontrolliert worden ist, nochmals, oft sogar mehrmals, nachvollziehen. Auf diese Weise kann die Kontrolle mehr kosten, als das, was in einem unteren Bereich durch fahrlässiges oder selbst in einzelnen Fällen durch vorsätzliches schädliches Handeln verursacht werden kann.

Schließlich haben wir an zahlreichen Beispielen synergetischer Systeme feststellen können, daß Kontrollvorgänge, bei denen aktiv in die Handlungen vom oberen ins untere Niveau eingegriffen wird, zu chaotischen Zuständen führen können, d. h. zu Funktionsabläufen, die ihrer tatsächlichen Wirkung nach dem ursprünglich Bezweckten diametral entgegengesetzt sind. Jeder, der mit Verwaltungsvorgängen zu tun hat, wird diese Feststellungen nur bestätigen können.

Die Antwort vom Blickwinkel der Synergetik ist hier relativ einfach. Ob man aber Bürokraten findet, die bereit sind, diese zu akzeptieren, bleibt zweifelhaft.

Wenn wir an die Vorbilder aus der belebten und unbelebten Natur denken, so werden wir sehr schnell dazu geführt, viel mehr Selbstorganisation auf den unteren Niveaus zuzulassen, d. h. nur allgemeine Rahmenvorschriften, die die einzelnen unteren Stellen dann jeweils nach den örtlichen Gegebenheiten durch Eigeninitiative ausfüllen können. Zugleich kann damit der Nachrichtenfluß erheblich eingeschränkt werden. Wie wir nämlich von der Natur her wissen, kommt es nicht auf die Übersendung aller Nachrichten an, dies ist sogar im Gegenteil ganz hinderlich, sondern nur auf die Übersendung der relevanten Nachrichten. Zum Beispiel braucht der Chef einer chemischen Fabrik keineswegs über die Details der chemischen Prozesse informiert zu sein, die zur Herstellung seiner Produkte nötig sind. Für ihn sind ganz andere Kenngrößen maßgebend, z. B. die damit verbundenen Kosten. Dafür, daß neue Herstellungsprozesse eingeführt werden, hat er gerade seine Mitarbeiter und diesen kann und darf er nicht hineinreden. Wie diese im einzelnen bei der Auffindung neuer Verfahren oder neuer Stoffe vorzugehen haben, ist ja gerade deren Spezialität.

Ich will nicht verschweigen, daß ich skeptisch bin, daß sich je ein Anwachsen der Bürokratie verhindern läßt. Es sei denn durch den Zusammenbruch der ganzen Firma oder des Staates, worauf das Spiel von neuem beginnen kann.

14. Kapitel

Beweisen Halluzinationen Gehirntheorien?

Das wohl komplexeste System überhaupt und zugleich das faszinierendste, das die Natur hervorgebracht hat, ist unser menschliches Gehirn.
Öffnet der Chirurg die Gehirnschale, so trifft er auf eine scheinbar
weitgehend homogene graue Masse, die von feinen Äderchen durchzogen ist. In Wahrheit handelt es sich um ein unvorstellbar kompliziertes
Netz von Nervenzellen.

In der zweiten Hälfte des letzten Jahrhunderts gelang es dem Italiener
Camillo Golgi, die einzelnen Nervenzellen sichtbar zu machen, indem er
sie anfärbte. Unter hundert Zellen nimmt eine das Färbemittel auf und
nimmt eine Kupferfarbe an. Wir sehen dann einen Knoten, von dem
eine ganze Anzahl von Verästelungen ausgehen (Abb. 14.1). Allerdings
braucht man ein Mikroskop, um diese Zellen sehen zu können, da diese
Nervenzellen, auch Neuronen genannt, nur 1/1000 mm Durchmesser
haben. Auf ca. 100 Milliarden Neuronen schätzt man deren Zahl im
Gehirn, gerade soviel, wie die Milchstraße Sonnen enthält. Neben den
Nervenzellen gibt es im Gehirn noch die sogenannten Glialzellen, die
den Nervenzellen selbst Halt, Stütze und Nahrung geben. Oft sind die
Nervenzellen in Schichten angeordnet. Einige Forscher glauben neuerdings auch, daß es innerhalb der Schichten und sogar von Schicht zu
Schicht säulenartige Anordnungen gibt, in denen die Zellen besonders
»verdrahtet« sind und so funktionelle Einheiten bilden.

Wenn wir von Verdrahtung sprechen, so meinen wir dabei die vielen
Verbindungen zwischen den Neuronen, die Telefonkabeln oder Drähten gleich das Gehirn durchziehen. Einige zu benachbarten Zellen hin,
andere wieder, wie Überseekabel, zu weit entfernten Gehirnregionen
reichend (Abb. 14.2). In der Tat haben diese Verbindungen die Funktion von Telefonleitungen. Genau wie diese übertragen sie elektrische
Signale mit einem eigenen Morseapparat. Während aber das menschliche Morsealphabet aus Punkten und Strichen besteht, ist das Morse-

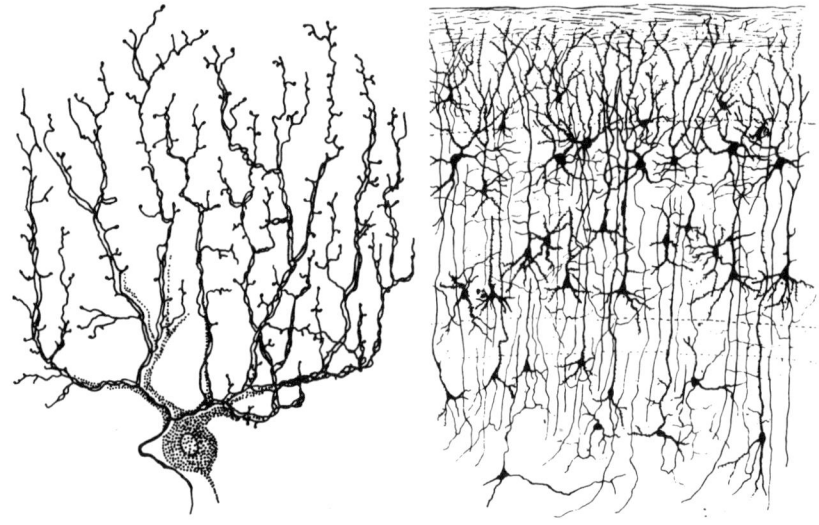

Abb. 14.1: Beispiel einer Nervenzelle.
Abb. 14.2: Beispiel für ein Netz von Nervenzellen.

alphabet des Gehirns nur aus Punkten zusammengesetzt. Daß trotzdem Nachrichten verschiedenen Inhalts übertragen werden können, bewältigt die Natur so, daß sie die Punkte in schnellerer oder langsamerer Reihenfolge sendet. Die Neuronen sind offenbar in der Lage, die ankommenden Nachrichten zu verarbeiten und wieder an andere Neuronen weiterzugeben.

In die Neuronen lassen sich feine elektrische Drähte (Elektroden) von außen her einführen, wodurch der Gehirnforscher die elektrischen Vorgänge innerhalb einer einzelnen Nervenzelle abtasten kann.

Gibt es die Großmutterzelle?

Von einer Aufklärung von Denkvorgängen ist die Wissenschaft sicher noch weit entfernt. Doch gibt es interessante Experimente, die uns Aufschluß über die Wirkungsweise zumindest einiger Zellen oder auch Zonen des Gehirns geben. So führten D. H. Hubel und T. N. Wiesel Experimente an Schimpansen durch, wobei sie vor den Augen der Schimpansen Objekte (etwa Streifen oder Balken) zeigten oder diese

Objekte bewegten. Die entsprechenden Lichteindrücke werden vom Auge des Schimpansen aufgenommen und an das Gehirn in eine bestimmte Zone, die für das Sehen verantwortlich ist, weitergegeben. In diese Zone führten die Forscher ihre Elektroden ein und untersuchten nun, wie die einzelnen Nervenzellen auf bestimmte, dem Auge vorgeführte Gegenstände, reagieren. Dabei machten sie eine überraschende Entdeckung. Sie stellten fest, daß es jeweils ganz bestimmte Zellen gibt, die auf bestimmte äußere Eindrücke reagieren. So gibt es Zellen, die nicht nur auf einen Balken ansprechen, sondern sogar verschieden stark, je nach Orientierung des Balkens. D. h. eine Zelle sendet sehr viele Morsepunkte oder, in der Fachsprache, »feuert viele Nervenimpulse ab«, wenn der Balken eine bestimmte Orientierung hat. Werden die Balken etwa um 90° gedreht, so reagiert diese Zelle praktisch nicht mehr (Abb. 14.3). Es wurden auch Zellen gefunden, die sogar auf die Bewegung von Balken in bestimmter Weise ansprechen. Dabei scheint es so, daß diese Nervenzellen einer höheren Schicht des Gehirns angehören und die von dem Auge eingehenden Nachrichten schon in vorgeschalteten Nervenzellen so vorbereitet und verarbeitet werden, daß schließlich in den eigentlich untersuchten Nervenzellen diese speziellen Reaktionen festgestellt wurden.

Mit anderen Worten, es scheint so, als würden gewissermaßen Rechenvorgänge ausgeführt, deren Endprodukt dann in den untersuchten Zellen erscheint. Diese Aussage lautet dann in Worten »der Balken liegt senkrecht« oder »dieser Balken liegt waagerecht«.

Diese Befunde können dazu verleiten, eine schon früher aufgestellte Hypothese über das Funktionieren des Gehirns zu stärken. Nämlich die Frage, wie es das Gehirn fertigbringt, Muster zu erkennen. Nach diesen Vorstellungen sollte es im Gehirn spezielle Zellen geben, in denen nicht

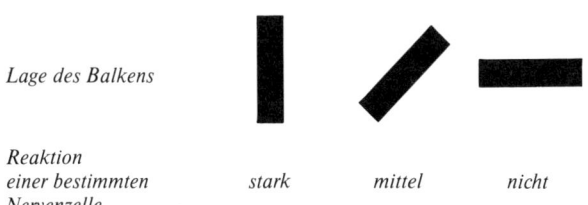

Lage des Balkens

Reaktion einer bestimmten Nervenzelle | *stark* | *mittel* | *nicht*

Abb. 14.3: Reaktion einer bestimmten Nervenzelle auf die Lage eines Balkens im Gesichtsfeld.

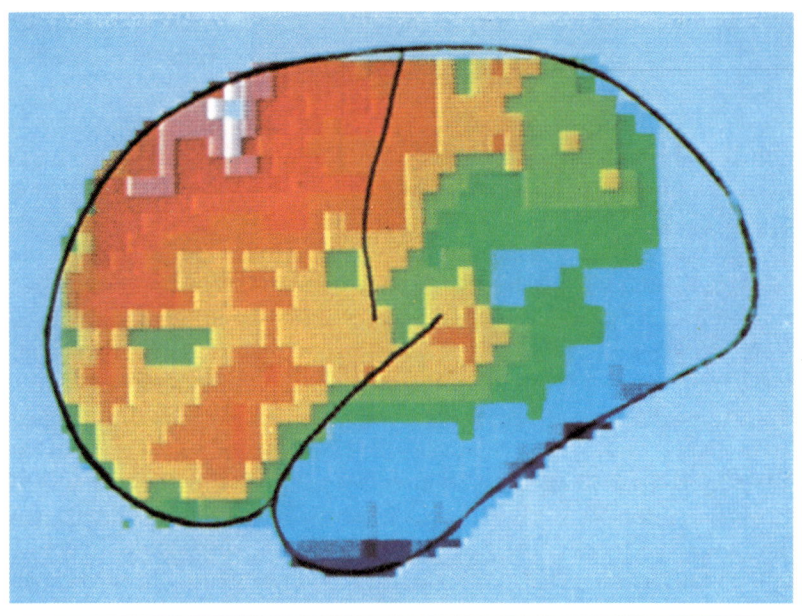

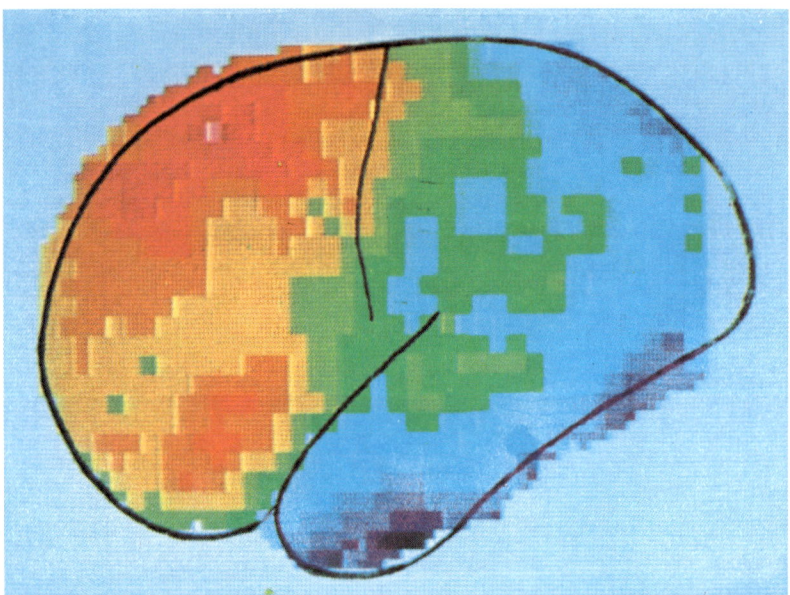

Abb. 14.4: Das blockartige Einschalten des Gehirns bei verschiedenen Tätigkeiten, wie Bewegungen, Sprechen usw. ist deutlich aus der Stärke der Durchblutung einzelner Gehirnteile abzulesen.

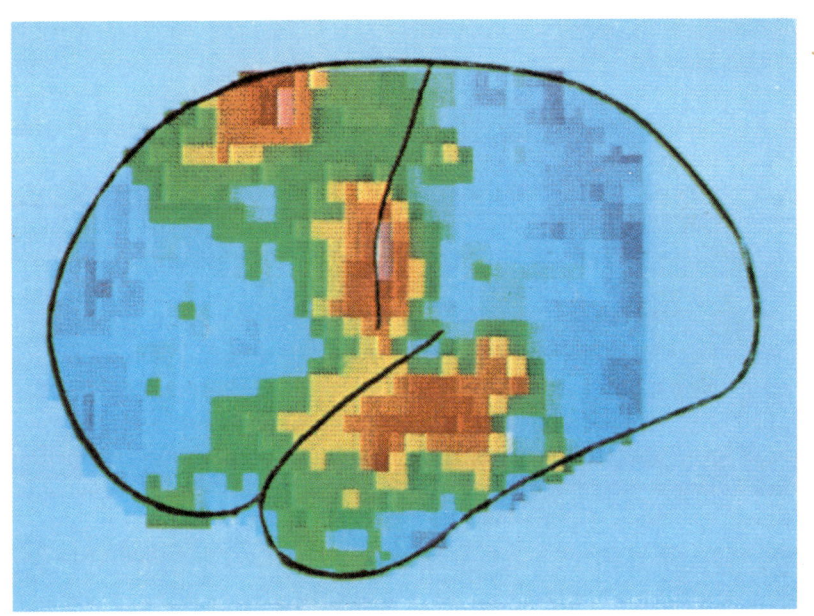

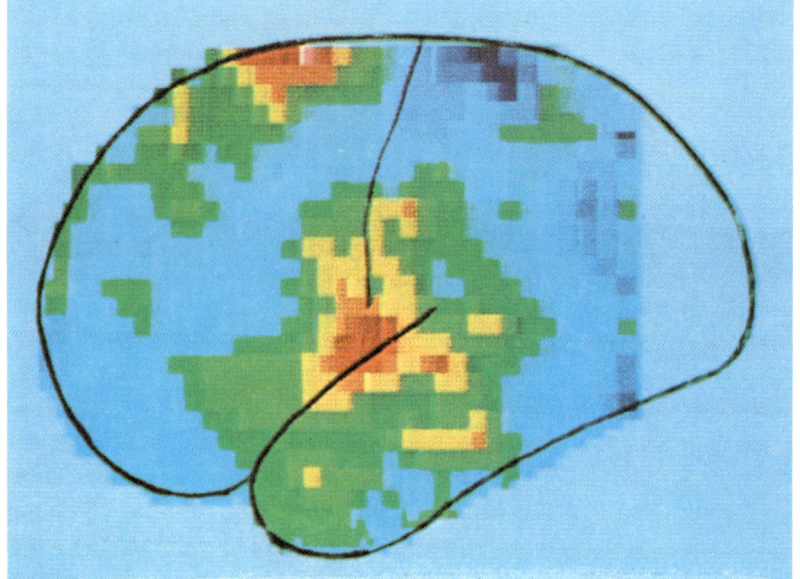

nur ein Balken als solcher erkannt werden kann, sondern z. B. auch ein ganzes Gesicht. Diese hypothetischen Zellen wurden in der Literatur spaßhafterweise »Großmutterzellen« genannt. Sie sollten zum Beispiel in der Lage sein, jemanden seine Großmutter erkennen zu lassen. Die Mehrzahl der Wissenschaftler ist von dieser Hypothese wieder abgerückt. Einerseits ist es trotz intensiven Suchens nicht gelungen, Zellen etwa beim Schimpansen aufzufinden, die nun z. B. aus Balken zusammengesetzte Muster erkennen. Zugleich ist auch aus der Gehirnforschung über Untersuchungen von Gehirnschäden, z. B. durch Verletzung bei Unfällen, her bekannt, daß Denk- und Gedächtnisleistungen nicht streng lokalisiert im Gehirn sitzen, sondern auf größere Bereiche verteilt sind. Die Wissenschaft tendiert heute dazu, anzunehmen, daß es sich bei den Wahrnehmungs-, Gedächtnis- und Denkleistungen um ausgesprochen kollektive Effekte handelt, bei denen jeweils eine größere Zahl von Neuronen beteiligt ist. Wenn aber viele Neuronen in kollektiver Weise Funktionen ausüben, so müssen wir natürlich fragen, wie man dies in irgendeiner Weise nachweisen kann und damit werden wir uns bald beschäftigen.

Zunächst aber noch eine Zwischenbemerkung, um einem Mißverständnis vorzubeugen. Aus dem Gesagten könnte geschlossen werden, daß die einzelnen Fähigkeiten etwa des Sehens, des Hörens oder auch der Sprache über das ganze Gehirn verteilt wären. Dies ist keineswegs der Fall. Es ist schon lange bekannt, z. B. aus der Unfallforschung, daß jeweils bestimmte Gehirnbereiche für bestimmte Funktionen, wie Sehen, Hören, Riechen, aber auch Sprechen, verantwortlich sind. Übrigens ist auch das Sprechzentrum keineswegs nur ein Block, sondern besteht aus zweien, von denen der eine anscheinend für die Form oder Grammatik verantwortlich ist, der andere hingegen mehr für den Inhalt des Gesprochenen. Durch neue medizinisch-physikalische Hilfsmittel ist es möglich geworden, die Funktion der einzelnen Teile des Gehirns sichtbar zu machen. Arbeiten diese nämlich aktiver, so müssen sie stärker mit Blut versorgt werden. Die Blutzufuhr kann aber mit physikalisch-chemischen Hilfsmitteln, die wir hier nicht näher besprechen wollen, markiert werden, so daß man schließlich analog zu einem Röntgenapparat (obwohl es sich hier um andere physikalische Vorgänge handelt) sichtbar machen kann, wo die Durchblutung stärker wird. Man erkennt so, daß bei verschiedenartigen Tätigkeiten des Menschen jeweils ganz bestimmte Zonen des Gehirns blockartig angeschaltet werden (Abb. 14.4). Auch hier wieder ein hochinteressantes Geschehen, bei dem sehr viele Einzelsysteme in synergetischer Weise wirken.

Hier wollen wir uns aber der Frage zuwenden, was in einem einzelnen Teil des Gehirns, etwa dem, der sich mit der optischen Wahrnehmung befaßt, abspielt. Für das Funktionieren solcher Teile liegen nun einige mathematische Modelle vor, z. B. solche, in denen man annimmt, daß es nur zwei Arten von Neuronen gibt. Dabei greift man auf experimentelle Ergebnisse zurück, die zeigen, daß die einen Neuronen Nervenimpulse verstärken, andere jedoch wieder eine Art Gegenfunktion haben, also, mit anderen Worten, Signale unterdrücken. Die Wirkung der hemmenden Neuronen verwundert zunächst. Sie haben aber eine wichtige Funktion, indem sie es z. B. ermöglichen, daß wir auch verschwommene Umrisse als Kanten erkennen. Dies auszuführen würde wohl hier langweilen. Wir wollen uns vielmehr mit der Frage befassen, wie solche Gehirnmodelle im Prinzip getestet werden können.

Das Wichtigste bei all den Systemen, die wir in diesem Buch betrachten, ist das kollektive Zusammenwirken der einzelnen Bestandteile, z. B. eben der Knoten des Netzes, was gerade die Neuronen sind.

Erregungsmuster im Gehirn – Hypothesen und Experimente

Nun hatten wir im Rahmen dieses Buches, besonders in den Kapiteln über physikalische und chemische Prozesse, gezeigt, daß die verschiedensten Systeme ganz gleichartige Muster bilden können. Z. B. treten in Flüssigkeiten und Luft die gleichen Rollenbewegungen der Moleküle auf, die sich makroskopisch anordnen. Dabei haben wir immer wieder gesehen, daß es auf die einzelnen Wechselbeziehungen zwischen den Bestandteilen eines Systems gar nicht so ankommt. Es treten immer wieder die gleichen makroskopischen Muster auf, wenn wir an die Instabilitätspunkte des Systems kommen.

Als der amerikanische Biomathematiker Jack Cowan an einem unserer Symposien über Synergetik teilnahm und von diesen Analogien, insbesondere von den Rollenbildungen bei Flüssigkeiten hörte, brachte ihn dies auf eine kühne Idee. Er brachte nämlich Halluzinationen in Verbindung mit der Bildung makroskopischer Erregungsmuster im Gehirn. Menschen, die Drogen eingenommen haben (z. B. LSD), berichten von ganz typischen Wahrnehmungen. So sehen sie etwa konzentrische Kreise oder nach außen laufende Strahlen oder Spiralen (Abb. 14.5). Nun hatte Cowan schon früher eine mathematische Theorie entwickelt, wie das von der Retina aufgenommene Bild auf eine flache Schicht des Gehirns, die für die optische Wahrnehmung verantwortlich ist, übertra-

visuelles Feld　　　*Neocortex*

drogen-induzierte Halluzinationen

Abb. 14.5: Zur Theorie der Halluzinationen von Cowan.
Links: Beispiele für Wahrnehmungsmuster von Personen nach Drogeneinnahme.
Rechts: Die streifenförmig angeordneten Erregungsmuster im Gehirn nach der Cowanschen Hypothese.

gen wird. Derartige Abbildungen kann man sich folgendermaßen veranschaulichen. In der Retina sitzen einzelne Nervenzellen, auch Empfänger genannt (Rezeptoren), die das auffallende Licht auffangen und in Nervensignale transformieren. Wir lassen hier außer acht, ob dies von einer einzelnen Zelle oder von einem ganzen Komplex solcher Zellen geschieht. Jedenfalls sendet dieser Punkt mit Hilfe eines Nervenstrangs die Signale an einen ganz bestimmten Punkt im Gehirn. Benachbarte Punkte in der Retina haben ihre speziellen »Telefonleitungen« zum Gehirn und erreichen dort wieder benachbarte Punkte. Zieht man nun aber die Cowansche Vorschrift, wie das Runde der Retina auf die viereckige Schicht des Gehirns abgebildet wird, heran, so macht man eine überraschende Entdeckung. Die in den Halluzinationen gesehenen Bilder entsprechen nämlich geraden Streifen im Gehirn, also Erregungsmustern von Nervenzellen, wobei sich die Muster lediglich in ihrer Orientierung unterscheiden (siehe Abb. 14.5). Cowan ist es sogar gelungen, auch kompliziertere Wahrnehmungen bei Halluzinationen auf ihre ursprünglichen Muster im Gehirn zurückzuführen, und zwar diesmal auf die uns schon wohlvertrauten Bienenwaben.

Wie ist das Ganze zu verstehen? Durch die Einnahme von Drogen wird offenbar die Gehirnfunktion destabilisiert, d. h. der alte Ruhezustand wird in eine Lage gedrängt, wo er einem neuen makroskopischen Zustand, hier einem Erregungsmuster, Platz machen soll. Dies ist ganz ähnlich wie bei den Flüssigkeiten, wo die Flüssigkeiten zunächst in Ruhe sind, dann aber – wenn sie von unten erhitzt werden – plötzlich einen makroskopischen Bewegungszustand einnehmen. Jenseits derjenigen Drogenkonzentration, bei der das Gehirn destabilisiert wird, fangen die Neuronen wie wild an zu feuern. Interessanterweise aber nicht wild *durcheinander*, sondern wieder *voll geordnet*. Natürlich behaupten wir hier nicht, daß sich das Gehirn im physikalischen Sinne wie eine Flüssigkeit bewegt. Wir haben hier nur versucht, eine rein mathematisch begründete Analogie anschaulich darzulegen.

Zur Zeit müssen diese Gedanken noch als eine reine Spekulation angesehen werden. Es ist nicht ausgeschlossen, daß man sie experimentell nachprüfen kann, aber offensichtlich muß man von den bisherigen Untersuchungsmethoden der Gehirnforschung weiterschreiten. Bisher untersuchte man ja nur das Feuern einer einzelnen Zelle, indem man eine einzelne Elektrode einführte. Um derartige gleichzeitige Erregungen verschiedener Nervenzellen nachzuweisen, muß man offenbar ein ganzes Netz von Elektroden verwenden. Wie es scheint, eröffnen sich hier faszinierende neue Wege zur Gehirnforschung.

Wenn hier angenommen wird, daß viele Neuronen gleichzeitig in ganz bestimmten Mustern ihre Nervenimpulse abfeuern, so mag dies sehr hypothetisch erscheinen. Es gibt aber ein Phänomen in der Gehirnforschung, wo das korrelierte Feuern vieler Neuronen tatsächlich beobachtet wird. Dieses Feuern ist so gleichmäßig, daß eine elektrische Welle entsteht, die mit dem Enzephalogramm gemessen wird. Diese gleichmä-

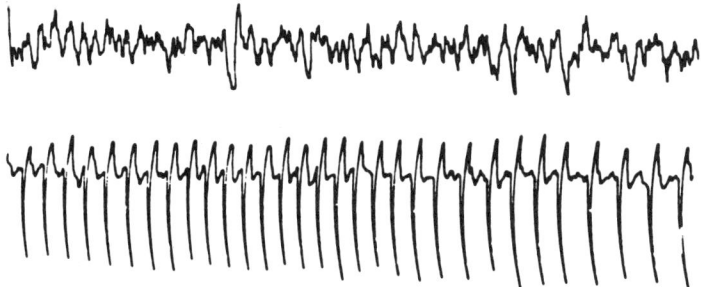

Abb. 14.6: EEG (Elektroenzephalogramm) von Gehirnströmen bei normaler Gehirntätigkeit (oben) und bei einem epileptischen Anfall (unten).

ßigen Gehirnwellen treten bei epileptischen Anfällen auf (Abb. 14.6). Regelmäßige Erregungsmuster (in diesem Fall die zeitliche Oszillation) sind also mit einem krankhaften Vorgang verknüpft. Von diesem Gesichtspunkt aus stellen die zeitlichen Oszillationen bei epileptischen Anfällen ein Analogon zu den bislang hypothetischen räumlichen Mustern im Gehirn bei Halluzinationen dar. Interessanterweise bedeutet Gleichschaltung vieler Nervenzellen pathologisches Verhalten. Wir dürfen allerdings daraus nicht schließen, daß Denken nicht mit Korrelationseffekten verknüpft ist. Ganz das Gegenteil ist zweifellos der Fall. Veranschaulichen wir uns die Neuronen durch Lämpchen, die bei ihrer Erregung aufleuchten, so würden wir ständig die verschiedensten Lämpchen aufleuchten und verlöschen sehen, wobei es für uns ein Puzzlespiel bleibt, zu erkennen, wie sich das Aufleuchten der einzelnen Lämpchen zu einem sinnvollen Gesamtbild zusammensetzt, ähnlich dem Bild auf einem Fernsehschirm. Zur Zeit müssen wir noch relativ indirekte Hinweise für dieses gleichzeitige Wirken vieler Neuronen benutzen.

Denken in Blöcken

Vieles spricht nämlich dafür, daß das Denken in ganzen Blöcken erfolgt. Erlernen wir eine fremde Sprache dadurch, daß wir in einem fremden Land leben, so wird uns deutlich, daß wir oft ganze Sätze in der Form von Redewendungen erlernen. Daneben aber auch einzelne Wörter. Durch Abwandlungen und Austausch einzelner Worte sind wir dann in der Lage, neue Sätze mit neuen Inhalten zu bilden. Trotzdem soll hier nicht der Ganzwort- oder Ganz-Sätze-Methode das Wort geredet werden. Beim Erlernen der Rechtschreibung kommt es nämlich gerade auf den umgekehrten Effekt an, nämlich auf das Analytische, wo jedes Wort von Anfang an als in seine Bestandteile zerlegt erscheint. Dies aber nur am Rande.

Das Denken in ganzen Blöcken ist auch von Schachmeistern her bekannt. Auf dem Schachbrett stehen sich ja je sechzehn weiße und schwarze Figuren, die zum Teil verschiedene Bedeutungen haben (Läufer, Bauer, Springer, König, Dame, Turm), gegenüber. Ein Anfänger im Schachspiel lernt nun die einzelnen Bewegungsmöglichkeiten der Figuren und probiert beim Spiel in Gedanken die einzelnen Schritte aus und überlegt sich die jeweiligen Folgen, ob er seinen Turm verteidigen oder die gegnerische Dame schlagen kann. Schachmeister denken hingegen in ganzen Anordnungen. Sie sehen die Figuren in ihrer gegenseitigen Anordnung vor sich und erkennen anhand dieser Konfiguration schon, was ihre nächsten Züge sein müssen, ohne daß sie in das Detail der Bewegungen der einzelnen Figuren zurückgehen müssen. Umgekehrt kann es vorkommen, daß sich ein Schachmeister sehr schwer tut, wenn er durch irgendwelche ganz neuen Gegebenheiten gezwungen wird, wieder an einzelne Figuren zu denken. In diesem Denken in Blöcken besteht ein wichtiger Unterschied zwischen einem Schachmeister und einer Schachrechenmaschine. Wie wir wissen, gibt es sogar schon in Kaufhäusern Rechenmaschinen, gegen die man Schach spielen kann, wobei man auch noch die Schwierigkeitsgrade wählen kann. Die besten Schachcomputer können heute nur noch von den ersten Schachmeistern, etwa den Großmeistern, geschlagen werden. Man könnte daher denken, daß diese Maschinen weitaus intelligenter seien als menschliche Gehirne. Aber die Art, wie sie ihr Ziel erreichen, den Gegner zu schlagen, ist überraschend primitiv. Diese Maschinen probieren in einer größeren Zahl von Schritten einfach alle Möglichkeiten durch und berechnen dann, wie sie die Zahl der Figuren des Gegners, die noch mit bestimmten Gewichten belegt sind, am effektivsten dezimieren können. Offenbar ein ganz stures Vorgehen, im Gegensatz zu der Denkweise in ganzen Konfigurationen. Dieses Beispiel macht bereits deutlich, daß zwischen Rechenmaschinen und dem Gehirn fundamentale Unterschiede bestehen.

Ein weiterer Gesichtspunkt für das Funktionieren des Gehirns erscheint wichtig. Indem immer mehr Neuronen in einem Netz zugeschaltet werden, gehen wir im Sinne einer Organisation zu einem immer höheren Niveau von Komplexität über. Trotzdem ist es aber dem Gehirn anscheinend möglich, daß es direkt von einem solchen *kollektiven* Niveau wieder auf das einzelner Zellen zurückgeht, indem z. B. ein Neuron ganz spezifisch angesprochen und herausgegriffen wird.

Vom Standpunkt der Synergetik aus erscheinen schöpferische Leistungen in einem neuen Licht. Ähnlich wie bei einem Puzzle entsteht ein ganz neues zusammenhängendes Bild vor unserem Auge. In unserem Gehirn findet eine Art Phasenübergang des Bewußtseins statt, vieles vorher Unzusammenhängende erscheint plötzlich als etwas sinnvoll Geordnetes, das quälende Nachdenken macht plötzlich einer befreienden Gewißheit Platz. Lange schon hat die neue Erkenntnis in uns geschlummert, plötzlich kommt sie aber wie eine Erleuchtung über uns. Man kann sich des Eindrucks nicht erwehren, daß hier ähnliche Vorgänge am Werke sind, wie wir sie von anderen Bereichen der Synergetik her kennen. Durch eine Fluktuation (»die Erleuchtung«) entsteht ein neuer

Ordner (also die neue Idee), dem es dann gelingt, sich die einzelnen Aspekte unterzuordnen und zu korrelieren, zu versklaven. Dies alles geschieht aber wieder völlig selbst organisiert – auch unsere Gedanken organisieren sich selbst zu neuen Einsichten, zu neuen Erkenntnissen. Vielleicht ist es sogar dieser Umstand, daß uns viele Selbstorganisationsprozesse in der Natur verständlich werden.

Körper und Geist

Die Betrachtungsweise der Synergetik gestattet es auch, einen neuen Zugang zum Körper-Geist- oder Leib-Seele-Problem zu finden. Nehmen wir zur Erörterung dieser Frage als Ausgangspunkt die Auffassung des berühmten Gehirnforschers Sir John Eccles (* 1903), die er auf der Nobelpreisträger-Tagung in Lindau 1980 vertrat. Er sieht eine Möglichkeit, das Körper-Geist-Problem dadurch zu lösen, daß alle Körperteile nur auswechselbares Zubehör zu sein scheinen. Der Mensch könnte dadurch in seinem Wesen auf bestimmte Bereiche des Gehirns reduziert werden. Dabei wäre nach Eccles das Ich der Programmierer und das Gehirn der Computer, also nur noch das ausführende Organ.

Die Synergetik kommt hier zu einem anderen Schluß. Ihre Auffassung, die wir hier in diesem Buch vertreten, kann sich wieder auf den Begriff des Ordners und der versklavten Einzelteile oder »Untersysteme« berufen, wobei sich Ordner und Untersysteme gegenseitig bedingen. In dieser Interpretation wären die Ordner unsere Gedanken, die Untersysteme hingegen die elektrochemischen Vorgänge im Neuronennetzwerk des Gehirns. Wir haben an vielen Beispielen in diesem Buch gesehen, daß sich Ordner und Untersysteme in ihrer Existenz und Funktion gegenseitig bedingen. In diesem Sinne bedingen sich nach der Auffassung der Synergetik also letztlich Körper und Geist gegenseitig.

Ein letztes Wort sei noch zur Interpretation der Gehirnfunktion durch Gehirnmodelle gesagt. Wie es scheint, wird immer der letzte Stand der Wissenschaft auf *anderen* Gebieten herangezogen, um die dort erzielten Ergebnisse auf das Gehirn übertragen zu können. Früher waren es die elektrischen Netzwerke oder gar die mechanischen Räderwerke, so daß man vom »Schaltwerk der Gedanken« sprach. Heutzutage sind es natürlich die Computer, die als Analogie herangezogen werden. Was wird es morgen sein?

Wächst das Gehirn nach einem Bauplan?

Nachdem es so ungemein schwierig ist, Aufschluß über die komplexen Vorgänge im Gehirn zu erlangen, haben sich die Forscher nach einem weiteren Weg umgesehen. Sie untersuchten nämlich die Frage, wie das Gehirn wächst. Liegt hier ein bestimmter Bauplan von vornherein vor? Was man heute weiß, ist kurz gefaßt folgendes. Bei der Entwicklung des Embryos bildet sich zuerst die sogenannte neurale Röhre, ein röhrenförmiges Gebilde aus Zellen. In der Gegend dieser Röhre bilden sich die Nervenzellen. Sie werden gewissermaßen wie in einer Fabrik am Fließband hergestellt. Sie bleiben aber nicht an diesem Ort, sondern werden an andere Plätze des Gehirns geliefert. Sie diffundieren in ihre neuen Plätze ganz ähnlich, wie wir das etwa bei den einzelnen Zellen des Schleimpilzes gesehen hatten. Sie sammeln sich dann in Schichten und bilden zunächst etwas wie einen Ameisenhaufen, wie sich einmal ein amerikanischer Forscher ausdrückte.

Woher wissen aber die einzelnen Zellen, wo sie sich einzufinden haben? Hierüber ist noch wenig bekannt. Es gibt aber Hinweise darauf, daß sich die einzelnen Nervenzellen an den zuvor gebildeten Glialzellen entlang-»hangeln« und so zu ihrer endgültigen Position gelangen.

Aber auch ein anderer Hinweis, der wieder stark an das Verhalten des Schleimpilzes erinnert, existiert. Es gibt, ähnlich wie bei den Zellen des Schleimpilzes, eine Art Lockstoff, der die einzelnen Zellen, in diesem Fall die einzelnen Nervenzellen, anlockt. Es handelt sich um den sogenannten neuralen Wachstumsfaktor, der in bestimmten Bereichen erzeugt wird und durch das Gewebe diffundiert. Spüren gewisse Nervenzellen diesen Stoff, so wandern sie in Richtung seiner Quelle. Bei diesen Wanderungen kann es durchaus vorkommen, daß einige der Zellen sich verlaufen. Diese sterben dann später zuweilen ab. In Einzelfällen kann es aber auch aufgrund falsch eingebauter Zellen zu einer Erkrankung des Gehirns kommen. Befassen wir uns jedoch mit dem weiteren Wachstum des gesunden Gehirns. Aus den einzelnen Nervenzellen wachsen die Verästelungen hervor. Einige suchen andere Zellen in der Nähe auf und stellen Kontakte her. Andere wieder wachsen weit zu anderen Zellen des sich entwickelnden Gehirns hin. Ganz zweifellos ist der Aufbau des Neuronen-Netzwerks im Gehirn selbstorganisiert. Die Verbindungen knüpfen sich, nach allem was wir wissen, von selbst, ohne daß eine übergeordnete Instanz da wäre, die diese Verknüpfungen vornimmt. Verschiedene Forscher vertreten über die Wirkungsweise dieser Selbstorganisation verschiedene Ansichten. Vielleicht sind diese

Ansichten aber auch alle richtig und treffen nur jeweils auf verschiedene Gehirnteile oder auf verschiedene Lebewesen zu. Stellen wir einfach hier die beiden Ansichten gegenüber.

Die eine Ansicht lautet, daß die wachsenden Verästelungen mit Hilfe besonderer Moleküle erkennen können, mit welchen Zellen sie sich zu verbinden haben. Das wäre gewissermaßen so, als wenn die einzelnen Neuronen Schlösser hätten, die nur von bestimmten Schlüsseln (jeweils den einzelnen Auswüchsen) geöffnet werden könnten. Oft wird beobachtet, daß sich zunächst mehr »Telefondrähte« gebildet haben, als hinterher benutzt werden. Diese werden dann wieder eingezogen oder sterben ab, wie es auch einzelnen Neuronen ergehen kann, die sich nicht richtig in das Netz eingefügt haben.

In diesem Bild wäre das spätere Netzwerk eine ganz bestimmte Verdrahtung, die nach einem vorgegebenen Plan, der in den molekularen Schlössern und Schlüsseln niedergelegt ist, abläuft.

Die andere Vorstellung kommt den Ideen der Selbstorganisation mehr entgegen. Hiernach bilden sich die Verknüpfungen von Zelle zu Zelle wirr durcheinander. Gelangen aber nun Nervenimpulse von den Sinnesorganen auf dieses Netzwerk, so bilden sich je nach Benutzungsgrad, aber ansonsten von allein, bestimmte Verbindungen mehr aus als andere. Auf diese Weise entsteht das Netzwerk mit seiner Funktionstüchtigkeit erst während und durch die Benutzung. Die Idee, daß durch die Benutzung, zum Beispiel durch die Verarbeitung von Wahrnehmungen, im Nervensystem Verbindungen gestärkt werden, ist in der Fachliteratur unter dem Schlagwort der »Hebbschen Synapse« bekannt. Synapsen sind bestimmte Verbindungsstücke, die wie Schaltstationen zwischen den Nervenzellen eingebaut sind. Diese sollen sich also verstärken, wenn sie häufiger benutzt werden. Leider gibt es bislang keine direkten experimentellen Hinweise dafür, daß etwa oft gebrauchte Synapsen größer werden als die anderen. Gerade die Idee, daß ein Nervennetz sich erst im Laufe der Benutzung ausbildet, ist von großer Faszination für die Konstrukteure von Computern. Könnte man nicht auch Computer bauen, die sich in ihrer Tätigkeit weitgehend selbständig selbst organisieren? Wir werden diese Frage im nächsten Kapitel wieder aufgreifen.

15. Kapitel

Die Emanzipation des Computers:
Wunsch oder Alptraum?

Das Wunderkind des 20. Jahrhunderts

Es liegt im Trend der Zeit, menschliche Arbeitskraft immer mehr durch Maschinen zu ersetzen. Vor gar nicht langer Zeit war es noch der Grundgedanke, dadurch den Menschen von Knechtsarbeit zu befreien oder zu entlasten. Denken wir nur an die vielen Maschinen im Haushalt, etwa Waschmaschine, Geschirrspülmaschine oder Staubsauger. In ähnlicher Weise haben Maschinen ihren Einzug in die Fabriken gehalten, wo nun eintönige Arbeit, etwa das Verpacken von Schokolade, schon lange von Maschinen übernommen wird. Erstaunlicherweise wenden sich aber in der neueren Zeit Forschung und Entwicklung immer mehr der Aufgabe zu, auch geistige Fähigkeiten durch Maschinen ersetzen zu lassen. Die Computertechnik ist hierfür ein typisches Beispiel, wobei allerdings die Fähigkeiten des Computers zu echter Denktätigkeit oft weit überschätzt werden. Jeder, der sich mit Computerprogrammierung befaßt, weiß, wie dumm ein Computer ist, der selbst einfache Fehler von sich aus nicht ausmerzen kann, es sei denn, man hätte ihn bereits vorher ausdrücklich darauf programmiert. Angestellte, die in Büros arbeiten, die auf Computerbuchhaltung umgestellt worden sind, wissen hiervon ein Lied zu singen. Plötzlich ist der ganze Buchungsvorgang im Computer verschwunden und einfach nicht mehr aufzufinden. Niemand kann dem Computer nachträglich beibringen, wie er die gewünschte Buchung wieder ans Tageslicht befördert, sofern man ihn nicht vorher genauestens instruiert hatte. Lassen wir aber hier die Frage der Computer-Intelligenz noch etwas beiseite. Wir werden später in diesem Kapitel darauf zurückkommen.
Sehen wir aber einmal von diesem oder jenem Mangel ab, so leisten die Computer Erstaunliches. Wahrscheinlich ist der Computer die größte technische Revolution dieses Jahrhunderts. Während wir früher von

seinem wissenschaftlichen Einsatz, insbesondere bei der Raumfahrt, hörten, begegnet er uns nun auf Schritt und Tritt. Ob wir Platzkarten bei der Bahn kaufen oder einen Flug buchen, die Hochrechnung von Wahlergebnissen erfahren oder gar einen Partner suchen, immer wieder sind Computer zu Diensten. Sie finden sich in Büros ebenso wie nun immer mehr in unseren Wohnungen, wo unsere Kinder schon nicht mehr auf sie verzichten wollen. Wo früher eine Logarithmentafel nötig war oder lange Zahlenkolonnen addiert werden mußten, genügen heute ein paar Knopfdrücke. Im Auto eingebaut soll er Benzin sparen helfen, bei der Post sorgt er für eine optimale Auslastung von Leitungen. Er führt die Planung von Konstruktionen von Häusern durch, gibt z. B. an, wo Türen und Elektroanschlüsse hingehören, und er zeichnet die Häuser in den verschiedensten gewünschten Perspektiven, selbst mit Bäumen in ihrer Umgebung. Computer berechnen Brückenkonstruktionen und entwerfen Siedlungen ebenso wie den Aufbau chemischer Raffinerien.

Sie dienen in Flugsimulatoren der Ausbildung von Piloten und Astronauten, sie lenken Raketen zum Mond und zu den äußersten Planeten unseres Sonnensystems. Sie steuern nicht nur Werkzeugmaschinen, sondern ganze komplizierte Fabrikationsvorgänge, und es ist wohl ein Wunschtraum zentralgelenkter Wirtschaftssysteme, daß ein Supercomputer auch hier alles vorausplanen und steuern möge. Gerade hier werden aber dann Grenzen sichtbar, die sich im Sprachgebrauch der Informatiker jener Länder im Wort »Informationsflaschenhals« ausdrücken. Beginnen wir zur Erläuterung dieses Begriffs mit einem ganz einfachen Beispiel.

In den meisten Wohnungen wird die Zimmertemperatur automatisch geregelt. Dazu stellen wir eine bestimmte Temperatur, den sogenannten Sollwert, am Thermostaten ein. Ein Meßfühler mißt ständig die Zimmertemperatur, den sogenannten Istwert. Weichen die beiden Werte voneinander ab, so gibt der Thermostat ein entsprechendes Signal an die Zentralheizung, die Warmwassertemperatur zu erhöhen oder zu senken.

Übertragen wir das ganze Prinzip auf einen Fabrikationsvorgang oder gar ein kompliziertes Wirtschaftssystem, so ergibt sich folgendes grundsätzliche Problem: Es müssen sehr viele Istwerte gemessen werden und der Computer muß nun berechnen, welche Steuerungsvorgänge ausgeführt werden müssen, damit die Sollwerte erreicht werden. Dies erfordert aber eine sehr schwierige und daher zeitraubende Rechnung. Diese kann so lange dauern, daß der Computer gar nicht mehr rechtzeitig die nötigen Steuerbefehle geben kann – die gesamte Steuerung bricht zusammen. Weil nämlich die Information – bildhaft gesprochen – nicht schnell genug durch den »Flaschenhals« fließen konnte. Die Antwort auf dieses Problem mögen in Spezialfällen noch schnellere Computer sein, die allgemeine Antwort ist jedoch in der Selbstorganisation von jeweiligen Teilprozessen zu sehen und nur gewisse relevante Größen müssen diesen vorgegeben werden, um den Vorgang als Ganzes und organisch ablaufen zu lassen.

Wir werden dem Problem der Selbstorganisation auch beim Computer selbst noch begegnen. Um die Möglichkeiten und eventuellen Grenzen von Computern zu erkennen, wollen wir uns ein klein wenig mit ihm selbst befassen: Wie funktioniert er »im Prinzip«, und wie machen wir ihn für unsere Zwecke nützlich oder mit anderen Worten, wie programmieren wir ihn? Beginnen wir mit letzterem.

Programmieren

Im Grundprinzip arbeitet ein Großcomputer nicht viel anders als ein kleiner Taschenrechner. Haben wir z. B. die Aufgabe, die Zahl 3 und die Zahl 5 zusammenzuzählen, so müssen wir beim Taschenrechner die 3, das Pluszeichen und die 5 drücken und schließlich das Gleichheitszeichen, damit nämlich der Taschenrechner weiß, daß er nun das Ergebnis anzugeben hat. Allgemeiner ausgedrückt bedeutet dies, daß wir dem Computer Kommandos der folgenden Art geben. Nimm eine Zahl (z. B. 5), eine andere Zahl (z. B. 3) und zähle diese beiden zusammen. Schreibe sodann das Ergebnis auf.

Das ganze Verfahren kann man in zwei große Gruppen teilen, nämlich in die Auswahl der speziellen Zahlen (z. B. 5 oder 3) und in die Rechnung selbst. Die von uns ausgewählten Zahlen kann man sich wie mit Zahlen beschriftete Kugeln vorstellen, die sich in einzelnen Schubladen befinden. In diesem Sinne kann der Rechenvorgang folgendermaßen ausgedrückt werden. Nimm die Zahl 5 aus Kästchen 1 und zähle die Zahl 3 aus Kästchen 2 dazu. Tue das Ergebnis in ein neues Kästchen, z. B. in Kästchen 3. Sodann kann man bei einer schwierigen Rechnung mit diesem Verfahren fortfahren, indem z. B. nun die Zahl aus Kästchen 3 mit einer Zahl aus Kästchen 4 multipliziert werden soll usw. Die Grundaufgabe ist also jedesmal sehr einfach, gewinnt aber dadurch eine große Variationsbreite, weil wir die Zahlen aus den Kästchen 1 und 2 variieren oder auch das Verfahren fortsetzen können. Hierbei kann es dazu kommen, daß wir dem Computer sagen: tue das Ergebnis, das du gewonnen hast, in Kästchen 1 zurück. Auf diese Weise kann man sogenannte Schleifen einbauen, wobei der Rechenvorgang immer wieder wiederholt wird. Auf diese Weise kann man z. B. 2x2x2x2 ausrechnen.

Auch bei wissenschaftlichen Computern hat der Programmierer diese zwei verschiedenen Aufgaben. Er muß angeben, welche einzelnen Rechenschritte der Computer vorzunehmen hat (wie Addieren, Subtrahieren, Multiplizieren, Dividieren), und er muß für einen Zahlenvorrat sorgen, so daß der Computer immer wieder die gleiche Folge von Rechnungen durchführen kann, aber jeweils mit neuen Daten.

Die eigentliche Arbeit des Programmierers besteht also in der Aufstellung der Rechenschritte selbst. Die Einfütterung der einzelnen Daten hingegen ist im allgemeinen nicht schwierig. Man braucht ja die einzelnen Zahlenwerte nur in die einzelnen Kästchen zu tun. Für viele Fälle genügt ein kurzes Programm, d. h. relativ wenige Rechenschritte, aber es können viele Daten verarbeitet werden. Z. B. das Ausrechnen von Zinsen auf der Bank, von Versicherungsbeiträgen, Gehältern und vieles andere mehr. Wird die Rechenaufgabe schwieriger, d. h. das Programm länger, so wird der Aufwand an hochqualifizierter Arbeitskraft unter Umständen ganz enorm. Hier entsteht dann die Frage, ob nicht menschliche Arbeitskraft dadurch gespart werden könnte, daß man den Computer so konstruiert, daß er sich selbst programmieren kann. Bleiben wir aber zunächst noch ein wenig beim menschlichen Programmieren.

Obwohl die einzelnen Rechenschritte höchst einfach sind, kann man diese doch auf die verschiedenste Weise kombinieren. Zugleich kann man die obenerwähnten Schleifen einbauen, die z. B. dazu führen sollen, eine Näherungsrechnung so lange zu wiederholen, bis einem das Resultat gut genug erscheint. Solche Rechnungen sind z. B. Wurzelziehen, nur um für den mathematisch interessierten Leser ein Stichwort zu nennen.

Die Computer können aber noch etwas mehr, und hier beginnt die Hoffnung aber auch die Schwierigkeit. So, wie wir vorhin in den einzelnen Kästchen Zahlen ablagerten, die dann wieder zur weiteren Verarbeitung im Computer bereitstanden, können wir dort auch Signale lagern, die dann eine bestimmte Rechenvorschrift bedeuten. In dem Fall wird also dem Computer gesagt, ziehe die nächste Kugel von Kästchen 3 und mache das, was diese Kugel dir sagt. (Natürlich zieht in Wirklichkeit der Computer keine Kugeln etwa wie beim Zahlenlotto. Er hat vielmehr einen Datenspeicher, von dem er von jeweils bestimmten

Plätzen elektrische Signale abruft, die dann für ihn den Befehl bedeuten, tue das oder jenes.) Diese »Kugel« kann z. B. bedeuten, nimm im nächsten Schritt die beiden Zahlen, die dir jetzt gegeben werden, miteinander mal. Sie kann aber auch bedeuten, führe ein bestimmtes, sehr kompliziertes Rechenprogramm aus. Durch diese Verknüpfung von verschiedenartigen Vorschriften können Computervorgänge schon sehr kompliziert werden. Dies führt gelegentlich zu einer gewissen »Abart« der Spezies »Programmierer«, die im englischen Fachjargon die »Hacker« heißen. Ein Hacker ist ein Programmierer, der wie ein Bastler immer wieder neue Programme austüftelt, dabei aber schließlich den Überblick verliert und bis spät abends mit hochrotem Kopf vor dem Computer sitzt, um ihm immer neue Rechentricks abzuluchsen. Dabei verheddert sich der Hacker aber immer mehr und am nächsten Morgen muß er feststellen, daß im Computer ein völliger Wirrwarr herrscht. Dieses Beispiel macht deutlich, daß die Programmierung eines Computers zweifellos große Tücken birgt.

Die Schwierigkeiten, die den Hackern begegnen, sind durchaus auch den anderen Programmierern bekannt. Eine führende Computerfirma hat deshalb z. B. die Frage des Aufbaus von Großcomputern vom Standpunkt der Architektur aus untersuchen lassen. Allerdings haben diese Untersuchungen nichts gebracht, was vom Standpunkt der Synergetik aus kein Wunder ist. Im Computer sind ja nicht nur starre Strukturen vorhanden, sondern es spielen sich hier ständig Vorgänge ab, die aufeinander abgestimmt und miteinander wechselwirken müssen. Mit anderen Worten, ein Computer ist ein ausgesprochen synergetisches System.

Computer-Netze

Heutzutage wird ein Großcomputer von vielen Ein- und Ausgabestellen »angezapft«. In vielen einzelnen Räumen stehen Endstationen, in denen dem Computer die Befehle eingegeben werden und wo die Ergebnisse dann auf dem Bildschirm erscheinen oder von Druckmaschinen in den Endstationen, den »Terminals« ausgedruckt werden.

Immer mehr setzt sich aber jetzt eine neue Tendenz durch, die ein wichtiges Aufgabengebiet der Synergetik zu werden verspricht. Statt des einen großen Computers will man nämlich miteinander verbunden viele kleine Computer bauen, damit diese die Aufgaben des früheren Großcomputers übernehmen. Hier soll nun gerade kein großer Computer mehr da sein, der wie ein Meister die kleinen Ein- und Ausgabestellen dirigiert, sondern die Ein- und Ausgabestellen sollen sich untereinander »absprechen« (Abb. 15.1). Die Vorteile eines Systems aus vielen kleinen Computern liegen auf der Hand. Diese kleinen Computer lassen sich gut in Serienfertigung herstellen, sie können gegeneinander ausgewechselt und damit leichter gewartet werden, und sie können von vornherein auf die verschiedenen Räume eines Rechenzentrums oder anderer Institutionen verteilt sein. Zum Teil können diese Computer miteinander identisch, zum Teil aber auch für speziellere Aufgaben ausgerüstet sein, so daß einer etwa einen Bildschirm trägt, ein anderer einen Drucker usw. Hierbei treten grundsätzlich neue Probleme auf, die damit zusammenhängen, wieviel Selbstorganisation man diesen Netzen aus kleinen Computern zumuten kann. Einmal könnte man sie natürlich wieder untereinander ganz fest verdrahten, so daß dann doch wieder ein Großcomputer entsteht. Hierbei wird die Aufgabenverteilung unter den einzelnen Computern durch die Verdrahtung selbst festgelegt. Eine andere Möglichkeit wäre, daß die Computer von allein neue Verknüpfungen untereinander herstellen. Dann müßte also ein Computer, der Hilfe braucht, Signale an einen anderen Computer schicken. Dieses Signal trägt, wie die Computerfachleute sagen, eine Flagge. Es enthält die Information, woher die Meldung kommt, wohin sie gehen soll, mit der Frage, ob der andere Computer bereit wäre, die Aufgabe zu übernehmen. Im Fachjargon findet dann ein »Protokoll« statt, bei dem der angesprochene Computer dem Sendecomputer mitteilen muß, ob er

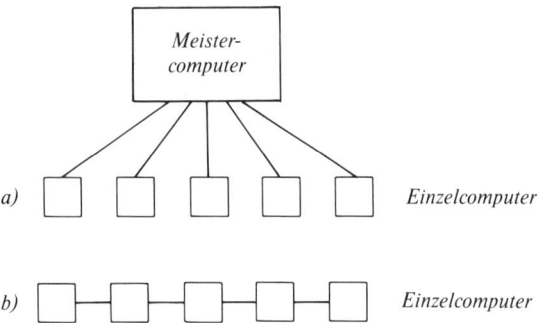

Abb. 15.1: Organisierte bzw. sich selbst organisierende Computer.
Oben: Ein Meistercomputer verteilt die Aufgaben: Organisation.
Unten: Die einzelnen Computer verteilen die Aufgaben unter sich: Selbstorganisation.

zur Übernahme der Aufgabe bereit ist. So kommt dann nach einigen Wechselbeziehungen schließlich die Übertragung der Aufgabe zustande. Diese Aufgabenübertragung erfordert natürlich einigen Aufwand, der bei der festen Verdrahtung entfällt. Hier ist es Aufgabe der Computer-Konstrukteure, ein Optimum zwischen der starren vorprogrammierten Verknüpfung und der sich selbst organisierenden Aufgabenverteilung zu finden. Bei letzterem ist man allerdings erst am Anfang. So sollen die Computer ihre Aufgaben verteilen und parallel rechnen, um dann wieder zu neuen Aufgabenverteilungen zu kommen usw. Computerfachleute sprechen hier vom Einbau »tiefliegender Strukturen«, die solche Selbstorganisationsvorgänge bewerkstelligen sollen.

Aber was sind solche »tiefliegenden Strukturen«? An dieser Stelle können die bisherigen Ergebnisse, die uns aus diesem Buch klar geworden sind, bereits etwas weiterhelfen, ohne daß es sich hier allerdings um die obengenannten tiefliegenden Strukturen handelt. Wie wir immer wieder sahen, kann es etwa in Flüssigkeiten oder bei chemischen Reaktionen zu makroskopischen Mustern kommen, wenn wir äußere Bedingungen ändern, z. B. dem System mehr Energie zuführen. Genau das gleiche können wir bei Computernetzen erwarten. Indem wir dem Computer mehr Aufgaben stellen, z. B. die Zahl der eingegebenen Daten erhöhen, können ganz neuartige Verteilungen der Rechenvorgänge in den einzelnen Computern automatisch, d. h. selbstorganisiert erfolgen. Allerdings kann es hierbei auch zu unerwünschten Erscheinungen kommen, die wir ebenfalls aus der Synergetik kennen, nämlich z. B. zu Oszillationen. In diesem Fall schwankt die Aufgabenverteilung zwischen den Computern periodisch, wodurch ein enormer Datenfluß zwischen den einzelnen Computern hervorgerufen wird. Auch hier kann der Computerfachmann Anleihen aus der Synergetik machen, um zu lernen, wie er solche Oszillationen beseitigen kann. Des weiteren sind für den Computerfachmann Analogien mit dem Neuronennetzwerk des Gehirns nützlich. So können Aufgabenverteilungen, die immer wieder vorkommen, dazu benutzt werden, daß zunächst lose Verbindungen zu festen Verbindungen heranreifen. Hierbei kommen die Prinzipien des Wettbewerbs, des »Überlebens« der effektivsten Verbindung und der Unterdrückung der übrigen ins Spiel. Das kann dazu führen, daß die Computer schließlich anfangen, in Blöcken zu denken, ähnlich wie das ein guter Schachspieler macht (vgl. hierzu unser früheres Kapitel). Diese Blöcke sind dabei nicht unbedingt jeweils in einem ganz speziellen Computer lokalisiert. Solche Blöcke können sich auch über mehrere Computer erstrecken.

Schließlich könnte man daran denken, daß man dem ganzen Computernetz Bedingungen auferlegt, die ähnlich wirken wie das Darwinsche Überlebensprinzip, etwa, daß immer wieder die gleiche Aufgabe in verschiedener Weise gelöst werden muß und daß das Netz am Schluß nur den Lösungsweg beibehält, der z. B. die kürzeste Zeit erfordert hat.

Wie es scheint, sind wir von der Verwirklichung dieser Ideen keineswegs so weit entfernt, sofern wir die Aufgabenstellungen jeweils nur wenig abändern. Dann kann es, ähnlich wie bei anderen synergetischen Systemen, plötzlich zu neuen »Strukturen« kommen, wobei also eine neuartige Aufgabenverteilung in den Computern verwirklicht wird.

Schwierig hingegen erscheint es, wenn das Computernetz ein völlig neuartiges Problem lösen soll. Da sollte man keine Wunder erwarten. Wie im menschlichen Leben auch, muß dann das Netz erst verschiedene Lösungsansätze ausprobieren und dabei lernen.

Nachdem Computer so vieles können, wollen wir uns nun fragen, wo denn die Computer noch, verglichen mit dem Menschen, am schwächsten sind. Die Verarbeitung vieler Daten in immer der gleichen Weise ist es sicher nicht, wohl aber das Problem der

Mustererkennung

Diese ist Voraussetzung für viele automatisierte Vorgänge. Beispielsweise muß eine automatische Schweißmaschine herausfinden, an welcher Stelle das entsprechende Werkstück geschweißt werden soll. Noch interessanter wird die Aufgabe aber, wenn die Maschine kompliziertere Gestalten erkennen muß. Ein bekanntes Beispiel hierfür ist die Lesemaschine, die in der Lage ist, Schriften zu entziffern und zu erkennen. Auch hier spielen wieder synergetische Effekte eine ausschlaggebende Rolle. Als einen ersten Schritt denkt man sich einen Buchstaben in bestimmte Einzelteile, sogenannte Primitive oder auch elementare Eigenschaften, zerlegt (Abb. 15.2). Diese primitiven Elemente sind so gewählt, daß sie von der Maschine wahrgenommen werden können, z. B. als ein Strich oder Bogen, der an einer bestimmten Stelle sitzt und in bestimmter Weise gekrümmt ist. Solche »Primitive« können mit Hilfe von Photozellen »abgetastet« und mit Hilfe von verhältnismäßig einfachen Schaltungen »erkannt« werden. Jedem solcher primitiven Elemente an einer bestimmten Stelle kann eine Zahl zugeordnet werden (Abb. 15.3). Genauso wie bei einem Zahlenschloß nur eine bestimmte Zahlen-

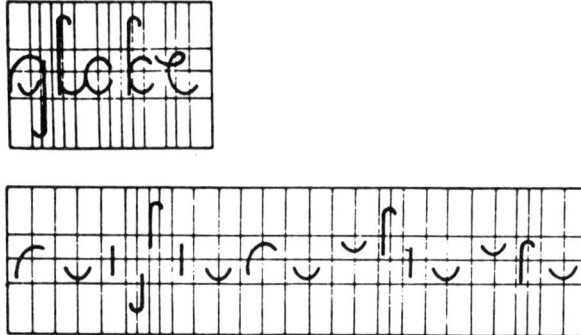

Abb. 15.2: Mustererkennung durch Zerlegung in einfache Bestandteile (»Primitive«).

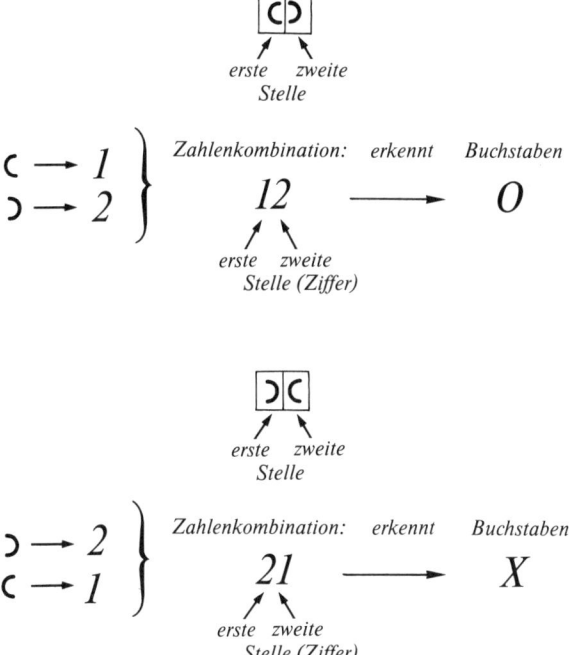

Abb. 15.3: Ein einfaches Beispiel für die Zuordnung von Zahlen zu Primitiven an bestimmten Stellen.

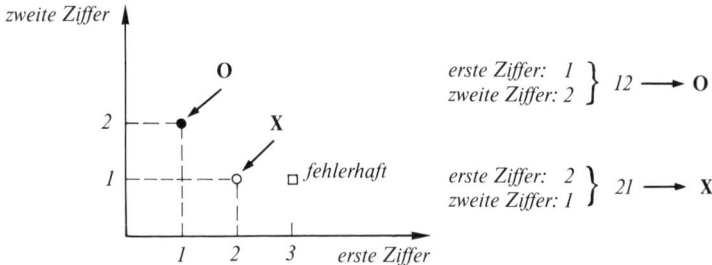

Abb. 15.4: Beispiele für die Darstellung von Zahlen in einem Koordinatensystem. Im ersteren Fall wird *0* identifiziert, im zweiten Falle *X*. Würde hingegen die Zahlenkombination 3,1 lauten, so würde dies ein fehlerhafter Buchstabe sein. In der Praxis muß man mit einem hochdimensionalen Koordinatensystem arbeiten.

kombination das Schloß aufschließt, so wird durch eine bestimmte Zahlenkombination, die allen Primitiven eines Buchstabens entspricht, dieser Buchstabe bestimmt. Die Maschine muß also nachprüfen, ob in ihrem Register sich eine Zahlenkombination findet, die gerade z. B. den Buchstaben »A« repräsentiert. Die Problematik bei dieser Erkennung besteht darin, daß das ganze Verfahren mit Irrtümern verknüpft sein kann, z. B. daß eines der primitiven Elemente nicht einwandfrei identifiziert werden konnte und etwa ein senkrechter Strich mit einem nach rechts geöffneten Bogen verwechselt wurde. Wir kommen dann auf das alte Problem zurück, wie ein fehlerhafter Satz korrigiert werden kann. Derartige Vorgänge sind uns schon beim Laser oder bei Flüssigkeiten begegnet. Hier war es ja auch so, daß durchaus anfänglich einige Untersysteme aus der Reihe tanzen konnten. Z. B. konnten einige der Laseratome anfänglich noch »falsche« Wellen ausstrahlen oder noch nicht alle Flüssigkeitsmoleküle nahmen an der Rollenbewegung teil. Diese wurden dann aber durch den Ordner sehr schnell in die allgemeine Ordnung hineingezogen. Bei einer Maschine bedeutet dies, daß sie bei fehlerhaften Angaben, die natürlich nicht in ihrem Verzeichnis stehen, diejenige richtige Angabe suchen muß, die der falschen am nächsten kommt. Hierzu kann man einzelne Verfahren mathematischer Natur entwickeln. Sie bestehen anschaulich darin, daß man den Zahlenangaben wie in einem Koordinatensystem Punkte zuordnet (Abb. 15.4) und dann die Abstände zwischen solchen Punkten mißt. Hierbei kann übrigens auch wieder das System der Symmetriebrechung stattfinden (Abb. 15.5). Eine falsche Kombination kann gleich weit entfernt sein

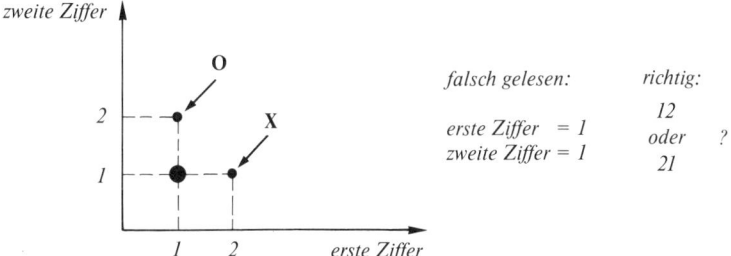

Abb. 15.5: Beispiel für einen Fehler. Die Maschine hat an vorderer und hinterer Stelle 1 gelesen, aber die eigentlich nur möglichen Buchstaben wären, wie in Abb. 15.4, *0* bzw. *X*. Der fehlerhafte Buchstabe ist von den beiden richtigen gleich weit entfernt. Zur endgültigen Entscheidung ist ein Symmetriebruch nötig.

von zwei richtigen. In diesem Fall ist die Maschine dann hilflos, es sei denn, man läßt sie neue Entscheidungskriterien heranziehen. Wenn ein geschriebenes Wort oder ein geschriebener Satz von der Maschine gelesen werden sollte und die Maschine nicht entscheiden kann, ob es sich bei einem Buchstaben etwa um O oder X handelt, so kann, wie wir aus dem menschlichen Bereich her wissen, die Entscheidung nur dadurch herbeigeführt werden, daß wir das Wort oder sogar den Satz als Ganzes ansehen. Grammatikalische Regeln oder oft erst die Bedeutung, die aus dem Zusammenhang hervorgeht, läßt dann die Entscheidung zu, wie der Buchstabe eigentlich hätte lauten müssen. An diesem Beispiel wird deutlich, daß Zeichenerkennung von einem zum nächsten Schritt zu einem ungemein komplizierten Vorgang werden kann, in dem Moment nämlich, wenn Inhalte entscheidend werden.

Die hier besprochene Methode ist verhältnismäßig starr, weil die jeweils betrachteten Primitiven, also etwa die einzelnen Bogen einer Schrift, an einer ganz bestimmten Stelle abgelesen werden müssen. Während dies bei Schreibmaschinenschrift, die einigermaßen genormt ist, noch gut zu bewerkstelligen ist, ist die Maschine bei Handschrift ziemlich hilflos. Daher sind andere Methoden entwickelt worden, um Schriftzüge zu erkennen. Hier nutzt man aus, daß die einzelnen Bogen in einer bestimmten Anordnung zueinander stehen müssen, ganz ähnlich wie in einer Sprache die jeweiligen Wörter eines Satzes an einer ganz bestimmten Stelle stehen. In der Tat wird diese Analogie zwischen der Grammatik einer Sprache und der Anordnung der Primitiven ausgenutzt, um für die Maschine Vorschriften auszuarbeiten, nach denen sie beim Zusam-

209

mensetzen der Primitiven vorgehen muß. Immer wieder steht dann die Maschine an einer Art Gabelung, wie in einem Labyrinth, wo aber die Anordnung der einzelnen Primitiven schließlich den Weg weist, um den Buchstaben als solchen zusammenzusetzen.

Wahrnehmung

Was bedeutet aber nun in diesem Zusammenhang überhaupt Wahrnehmung? Es bedeutet, daß wir einem Buchstaben, den wir Menschen als A wahrnehmen, nun eine bestimmte Zahl im Computer zuordnen. Diese Zahl selbst kann aber auch wieder für andere Befehle verwendet werden. Denken wir z. B. an eine Briefsortiermaschine, so ordnet diese dem Wort Hamburg gemäß den einzelnen Buchstaben eine bestimmte Zahlenkombination zu. Diese Zahlenkombination kann nun wieder im Computer ausgewertet werden, um hieraus den Befehl an die Sortiermaschine zu geben »schicke diesen Brief auf dasjenige Band, das die Briefe nach Hamburg aufnimmt« (Abb. 15.6).

HAMBURG ⟶ *Zahlenkombination* ⟶ *Steuerbefehl*

Abb. 15.6

Besonders interessant ist nun bei der menschlichen Wahrnehmung, daß wir in der Lage sind, auch verstümmelte Nachrichten zu verstehen, d. h. das Gehirn ist in der Lage, fehlende Informationsstücke von sich aus zu ergänzen. Dies scheint ein wesentlicher Bestandteil unseres Wahrnehmungsvermögens zu sein. Selbst Formen, die nur andeutungsweise vorhanden sind, werden automatisch mit uns bekannten Formen verglichen und dann zu diesen hin ergänzt, wobei wieder das Zusammenspiel der Einzelinformationen eine entscheidende Rolle spielt. Es ist in den letzten Jahren möglich geworden, Maschinen zu konstruieren, die Derartiges zu leisten vermögen. Dies geschieht ähnlich, wie wir das vorhin bei der Erkennung eines Buchstabens besprochen haben. Die Maschine vergleicht ein vorgegebenes lückenhaftes Bild z. B. durch Zerlegung in Primitive mit einem Bild, das als Referenzform vorliegt und das die Maschine ebenfalls in Primitive zerlegt. Sie sucht dann, welches Referenzbild dem vorgegebenen Bild am nächsten kommt. Hat sie dieses Referenzbild gefunden, wird das ganze Bild reproduziert und das ver-

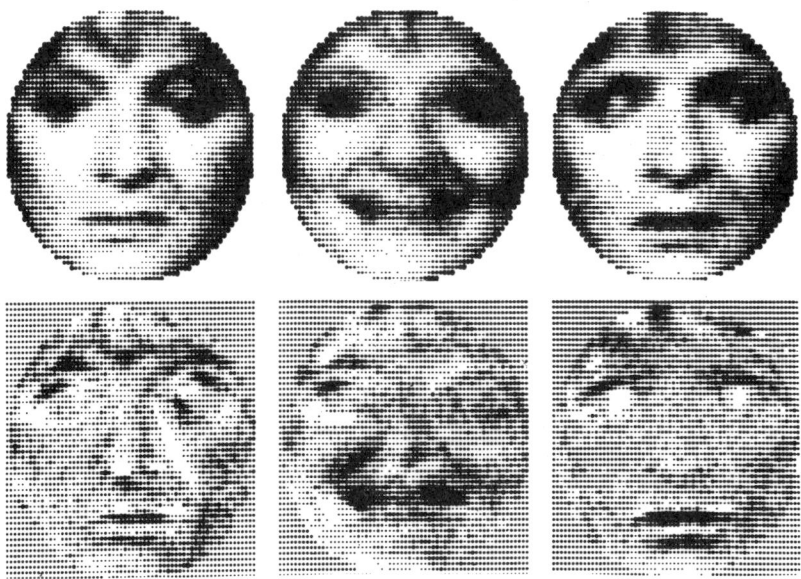

Abb. 15.7: Die in der oberen Reihe angegebenen Referenzmuster, die verschiedene Gesichtsausdrücke der gleichen Person ausdrücken, sind im Computer gespeichert. Die unteren Muster werden der Maschine vorgelegt. Diese ist dann in der Lage, die in der oberen Reihe angegebenen Muster wieder zu reproduzieren.

stümmelte Bild wird auf diese Weise wieder hergestellt (Abb. 15.7). Diese Fähigkeit von Maschinen wird auch als »assoziatives Gedächtnis« bezeichnet. Maßgebend sind die Verknüpfungen der einzelnen Elemente zu einem Ganzen, das dann entsprechend vervollständigt werden kann.

Maschinen sollen aber nicht nur geschriebene Sprache erkennen, sondern auch gesprochene. Hierzu verwandelt man die gesprochenen Laute in elektrische Schwingungen, die auf einem Fernsehschirm sichtbar gemacht werden. Es entsteht dann ein Schriftzug, bei dem eine ganz charakteristische Folge von Zacken jeweils einem bestimmten Laut entspricht (Abb. 15.8). Diese charakteristischen Formen werden in der Maschine mit Referenzmustern verglichen, so daß ein gesprochener Buchstabe A schließlich in einen geschriebenen Buchstaben A transformiert werden kann. Übrigens ist es in letzter Zeit gelungen, auch den umgekehrten Vorgang zu verwirklichen, nämlich Buchstaben, die man wie auf einer Schreibmaschine eingibt, in Laute zu übertragen. Wie wir

211

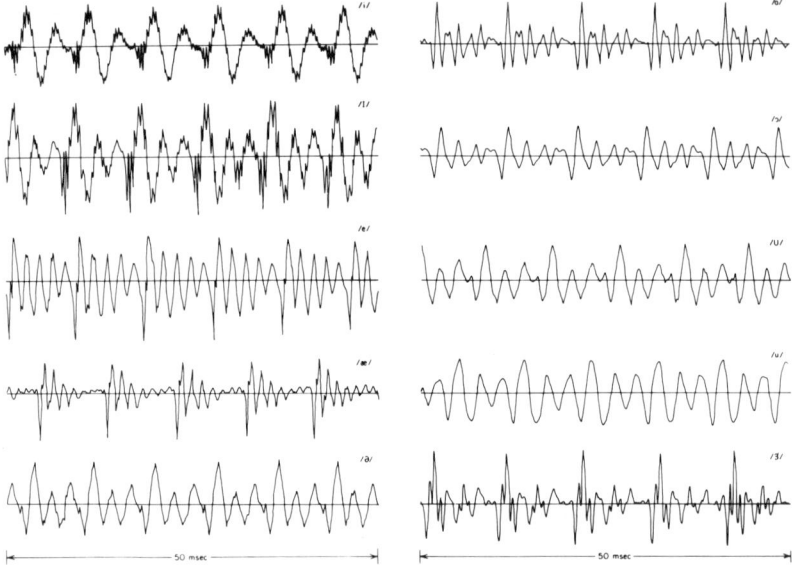

Abb. 15.8: Akustische Wellenformen für mehrere englisch-amerikanische Vokale (nach rechts ist die Zeit aufgetragen, nach oben die Amplitude).

an allen diesen Beispielen sehen, werden im allgemeinen die von der Maschine festgestellten Elemente in bestimmte Zahlenkombinationen übersetzt. Dies erinnert durchaus an Vorgänge im Nervensystem, wo die verschiedensten Sinneseindrücke immer wieder in Nervenimpulse, also gleichartige elektrische Signale, umgesetzt werden. Die Nervenimpulse sind also der universelle Code, mit dem das Nervensystem arbeitet. Insofern dürfen wir gar nicht erstaunt sein, daß es sich in Computern bei Wahrnehmungsprozessen genaugenommen immer nur um Signale in Form elektrischer Impulse handelt, die etwa Zahlenkombinationen übertragen.

Wie vorhin schon besprochen, ist die nächste Stufe, nämlich von der Identifizierung eines Buchstabens oder eines Wortes zur Erfüllung eines Wortes mit Bedeutung, ein qualitativ neuer und enorm schwieriger Schritt. Dies wird uns besonders bewußt, wenn wir den Computer für Sprachübersetzung verwenden wollen. Wie wir gesehen haben, kann der Computer jedes Wort in eine Zahlenkombination verwandeln. Mit Hilfe dieser Zahlenkombination sucht dann der Computer in einer Art Lexikon eine andere Zahlenkombination auf, die dem Wort der Fremd-

212

sprache entspricht. Diese zweite Zahlenkombination wird vom Computer verwendet, um das Wort der Fremdsprache auszudrucken.

Die eigentliche Schwierigkeit beginnt aber, wenn es sich um Feinheiten der Sprache handelt, wo z. B. einem Ausgangswort mehrere Worte der fremden Sprache entsprechen. Dies geschieht schon in primitiver Weise dann, wenn, wie man sagt, ein Wort ein »Teekessel« ist. Z. B. kann Hahn Wasserhahn oder Gockelhahn bedeuten. Wir stehen hier wieder vor den grundlegenden Problemen der Symmetriebrechung. Wir haben zwei völlig gleichberechtigte Bedeutungen vor uns. Die zutreffende kann erst aus dem Zusammenhang erschlossen werden. Wie soll aber eine Maschine einen Zusammenhang herstellen können? An dieser Stelle wird besonders deutlich, daß wir hier vor einer Hierarchie von Problemen stehen, die uns in immer komplexere Fragestellungen hineinführt. Im Sinne der Synergetik steht die Maschine vor der Aufgabe, eine passende Hierarchie von Ordnern zu finden. So müssen sich die einzelnen Wörter zu einer Bedeutung zusammenfinden, sie ergeben einen Ordner. Dieser ist in vielen Fällen zugleich in der Lage, auch (in bestimmten Grenzen) verstümmelte Sätze wieder zu »reparieren«, genauso wie die Laserwelle in der Lage ist, ein aus der Reihe tanzendes Atom zur Ordnung zu rufen. Zuweilen müssen einem (geschriebenen) Satz mehrere Ordner zugeordnet werden, wenn nämlich der Satz mehrdeutig ist. Dann muß die Maschine in der Hierarchie eine Stufe weitersteigen, um die Ordner eindeutig festzulegen. Die Schwierigkeit besteht nun oft darin, daß auf dem höheren Niveau ein enormer menschlicher Erfahrungsschatz dahinterstehen muß, um ein Schriftstück »richtig« zu interpretieren.

Die Unterwelt des Computers

Bis jetzt hatten wir hauptsächlich über den Teil der Computertechnik gesprochen, der als Software bezeichnet wird. Schauen wir uns nun an, wie denn der Computer im einzelnen rechnet. Der Teil, mit dem wir uns jetzt befassen wollen, wird in der Fachsprache als Hardware bezeichnet.

Im Computer werden die Rechenschritte oder auch das, was man als logisches Denken bezeichnet, in winzige Schritte zerlegt. Solche einfachen Schritte können »und«, »oder«, »ja«, »nein« oder auch die Speicherung in einem Gedächtnis, d. h. in einem Satz von Kästchen sein. Derart logische Funktionen können schon von ganz simplen Vorrichtungen ausgeführt werden. In öffentlichen Parks sehen wir des öfteren Mobile, die von Wasser betrieben werden (Abb. 15.9). Z. B. läuft Wasser von oben in eine Schale, die bei einer bestimmten Wassermenge umkippt. Das Wasser wird auf neue Schalen verteilt usw. Zunächst erscheint uns die Bewegung der Schalen ganz unregelmäßig, aber nach einigem Zusehen kommen wir doch dahinter, daß das einzelne Umkippen nach strengen Regeln erfolgt, und zwar nach Regeln, die gerade logische Schritte darstellen. Greifen wir ein einfaches Beispiel eines solchen Mobiles heraus. Zwei Schalen oder Gefäße, die mit Wasser gefüllt werden können. Diese beiden verbinden wir, wie in Abb. 15.10 angegeben, so daß das Wasser in ein Überlaufgefäß laufen kann.

Von dort aus kann es dann schließlich in ein viertes letztes Gefäß gelangen. Sind beide oberen Schalen leer, so bleibt die untere Schale auch leer. Ist nur eine der beiden oberen Schalen leer, so bleibt auch die

Abb. 15.9: Mobile

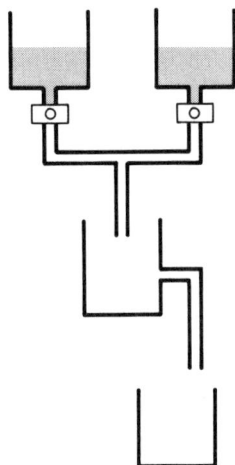

Abb. 15.10: Beispiel für eine Schaltung, die den logischen Vorgang »und« verwirklicht. Das unterste Gefäß wird nur dann mit Wasser gefüllt, wenn die beiden ersten Gefäße ursprünglich voll waren.

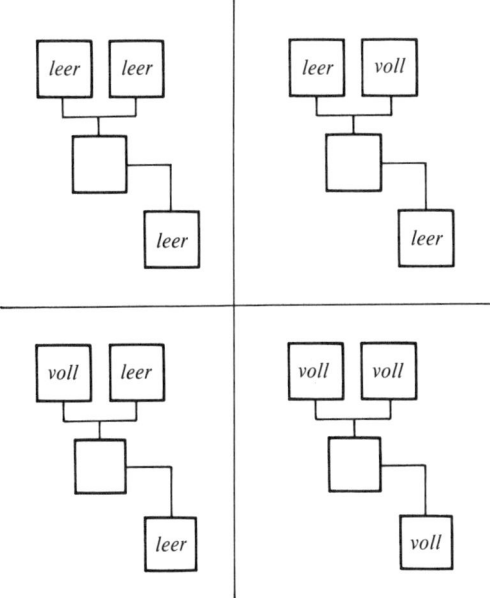

Abb. 15.11: Diese Abbildung veranschaulicht, wie die Wassergefäße es fertigbringen, die logische Verknüpfung »und« (sowohl als auch) zu verwirklichen.

untere Schale leer. Sie wird nur dann voll, wenn beide Schalen oben gefüllt sind. Dies können wir auch so formulieren: Unter der Voraussetzung, daß die oberen Schalen 1 *und* 2 gefüllt sind, wird die untere Schale auch gefüllt (Abb. 15.11). Das ist wohl eine der einfachsten Veranschaulichungen der logischen Verknüpfung »und«. Es müssen beide Vorbedingungen erfüllt sein. Viele Vorgänge im Leben laufen nach dieser Verknüpfung ab. Wenn wir ein Ei kochen, so muß 1. das Wasser kochen und 2. muß das Ei eine Mindestzeit (z. B. 4½ Minuten) im kochenden Wasser sein, damit es gar ist. (Dieses Beispiel hinkt insofern, als es vielleicht unserem Geschmack überlassen ist, wann wir ein Ei als gar empfinden. Nicht so ist es aber in der Mathematik, wo derartige Dinge streng auseinander hervorgehen.)

Ein anderes Mobile liefert uns ein schönes Beispiel für die Relation »oder«. Es ist praktisch die gleiche Vorrichtung wie die oben besprochene, aber der Ablauf in das unterste Gefäß ist bei dem mittleren unten angebracht. Ein Überlauf hat noch dafür zu sorgen, daß überflüssiges Wasser weggeschüttet wird. Hier wird das untere Gefäß bereits dann voll, wenn nur eins der beiden oberen Gefäße mit Wasser gefüllt wurde (vgl. Abb. 15.12, 15.13).

Wie in der mathematischen Logik gezeigt wird, können alle logischen Verknüpfungen mit ganz wenigen solcher elementarer Schritte wie »und, oder, ja, nein« dargestellt werden. Halten wir uns aber nicht mit diesen abstrakten Dingen zu sehr auf, sondern sehen wir nun, wie solche logische Verknüpfungen für praktische Rechnungen, d. h. für Zahlenrechnungen, verwendet werden können. Dazu müssen wir in die Unterwelt des Computers, die zugleich für den Laien eine Wunderwelt ist, hinabsteigen.

Wie die Mathematiker zeigen, lassen sich alle Zahlen durch Nullen und Einsen (dem sogenannten binären System) ausdrücken. Auch die Rechenregeln zwischen allen Zahlen lassen sich als solche der Addition, Subtraktion und Multiplikation von Zahlen im binären System wiedergeben.

Zu unserer Überraschung erkennen wir dann, daß die einzelnen Computerteile sich in einer Art Primitivsprache verständigen. Die Computersignale bestehen nur aus zwei Ziffern, 0 und 1. Die logische Verknüpfung »und« ermöglicht es uns, sofort zu sehen, wie ein Computer diese Zahlen 0 und 1 miteinander multiplizieren kann. Wir wollen sehen, wie der Computer die Multiplikation ausführt und uns davon überzeugen, daß er es richtig macht. Dazu müssen wir nachprüfen, ob er die gleichen Resultate liefert, die wir auch sonst finden würden. Wie jedes Schulkind

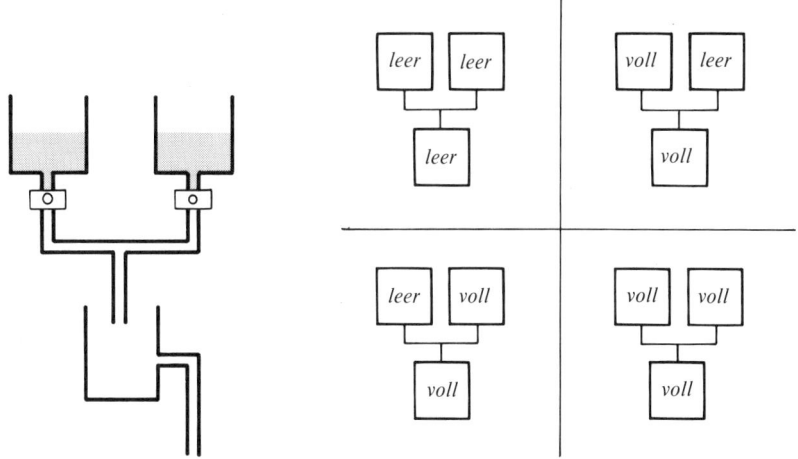

Abb. 15.12: So wird die Beziehung »oder« verwirklicht. Das untere Gefäß wird hier bereits voll, wenn nur eines der beiden oberen Gefäße voll war.
Abb. 15.13: Dieses Bild erläutert die einzelnen Möglichkeiten der Abb. 15.12.

weiß, ist $0 \times 0 = 0$, $0 \times 1 = 0$, $1 \times 0 = 0$ und $1 \times 1 = 1$. Diese Regeln können von unserem Wassercomputer genau imitiert werden. Dabei soll leeres Gefäß 0, volles Gefäß 1 bedeuten. Lassen wir beide oberen Gefäße leer, so bleibt auch das unterste Gefäß, das das Endresultat anzeigt, leer. Damit haben wir nachgeprüft, daß der Computer die Regel $0 \times 0 = 0$ erfüllt. Füllen wir ein Gefäß mit Wasser, lassen das andere leer, so bleibt ebenfalls das unterste Gefäß leer. Wir finden die Regel $0 \times 1 = 0$ bestätigt. Füllen wir beide Gefäße mit Wasser, so wird schließlich auch das unterste Gefäß voll. Damit haben wir die Regel $1 \times 1 = 1$ nachgeprüft. Damit haben wir sozusagen das Einmaleins des Computers bereits verstanden. Auch andere Rechenregeln lassen sich mit solchen Wasser-mobiles verwirklichen, z. B. die Addition.
Die Wasserschaltung ist hierzu etwas komplizierter. Den hieran interessierten Leser verweisen wir auf das Schaubild (Abb. 15.14 a und b). Anhand solcher einfacher Vorrichtungen können wir uns sehr schnell davon überzeugen, daß der Computer alle Rechenschritte durch ganz einfache Vorrichtungen verwirklichen kann.
Die Idee, hier Wasserspiele zur Illustration eines Computers heranzu-ziehen, mag ein klein wenig an den Haaren herbeigezogen scheinen.

217

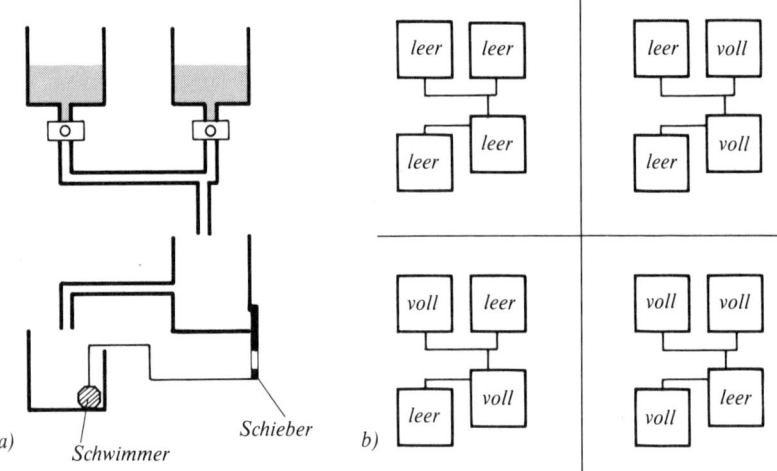

a) Schwimmer   Schieber   b)

Abb. 15.14: Eine Wasserschaltung für die Addition

a) Dieses »Wasserspiel« zeigt uns, wie der mathematische Vorgang der Addition durch eine solche Anordnung verwirklicht werden kann. Je nachdem, ob ein oberer Behälter voll oder leer ist, stellt dieser die Zahlen 1 oder 0 dar. Die sich dann ergebende Füllung der unteren Behälter stellt dann die Zahlen im sogenannten 2er System (auch binäres System genannt) dar. Im folgenden sprechen wir nur von den beiden unteren Behältern. Sind beide Behälter leer, so stellt dies die Null dar. Ist der linke Behälter leer, der rechte Behälter dagegen voll, so bedeutet dies 1. Ist der linke Behälter voll, der rechte hingegen leer, so wird dies im binären System durch 10 dargestellt. Im gebräuchlichen Zehnersystem entspricht diese Zahl der 2.

Wir wollen uns nun anhand der Figur 15.14b klarmachen, wie mit Hilfe der Anordnung der Fig. 15.14a die Regeln der Addition erfüllt sind.

Sind beide oberen Behälter leer, so bedeutet dies, wir wollen 0 zu 0 addieren. Dann sind natürlich auch die beiden unteren Behälter leer. Ist der linke obere Behälter leer, der rechte hingegen voll und öffnen wir sodann die Hähne unter den beiden oberen Behältern, so läuft der rechte untere Behälter voll, der linke untere Behälter bleibt hingegen leer. Dies entspricht dem Ergebnis der Addition 1.

Genau die gleiche Überlegung gilt natürlich, wenn der linke obere Behälter voll ist und der andere leer.

Besonders interessant ist der Fall, wenn die beiden oberen Behälter voll sind, wir also 1 zu 1 addieren wollen. Leeren wir nur den einen oberen Behälter aus, so wird der rechte untere Behälter zunächst voll. Schütten wir den Inhalt des zweiten oberen Behälters hinzu, so läuft der rechte untere Behälter über. Damit wird der linke untere Behälter voll. Der angebrachte Schwimmer sorgt dafür, daß der Schieber nun nach oben geschoben wird. Der rechte untere Behälter wird damit leer und wir erhalten das in Abb. 15.14b unten rechts angegebene Endresultat, das gerade der Darstellung der 2 im binären System entspricht. Diese Schaltung ist also in der Tat in der Lage, eine Addition im binären System durchzuführen. Durch geeignete Kombination solcher Schaltungen lassen sich auch noch kompliziertere Zahlen als 0 bzw. 1 zueinander addieren. Das Grundprinzip bleibt aber im wesentlichen immer erhalten.

b) Die logischen Schritte für die Schaltung a)

218

Tatsächlich gibt es aber Rechenmaschinenfirmen, bei denen kleine Computer in Form solcher hydraulischer Vorrichtungen existieren.

Am Beispiel des Schaubildes sehen wir zugleich, daß schon die einfache Operation »und« eine relativ komplizierte Schaltung der Wasserröhren erfordert. Wenn wir auch nur etwas kompliziertere Multiplikationen, Divisionen oder andere Rechenregeln vom Computer in die Tat umsetzen lassen wollen, gelangen wir zu einer sehr großen Zahl solcher Wasserschaltungen, die sehr leicht ein Hochhaus füllen könnten. Nichts liegt also näher, als die Physiker oder Elektrotechniker zu fragen, ob man nicht auch andere Schaltungen dieser Art bauen könnte, die aber viel kleiner in den Dimensionen sind. Wenn aber ungeheuer viel Elemente nötig sind und damit sehr viele Einzelschritte, so muß man gleichzeitig anstreben, daß die Einzelschritte in sehr kurzer Zeit ablaufen. Glücklicherweise haben die Physiker schon lange gefunden, wie sich Schaltungen nicht nur mit Wasser, sondern auch auf andere Weise bauen lassen. Wir hatten ganz zu Anfang dieses Buches einmal von den Elektronen gesprochen, jenen kleinsten Teilchen, die den Strom in Metallen tragen. Diese kleinsten Teilchen können nun nicht nur transportiert, sondern auch gespeichert werden, wie wir z. B. alle von Batterien oder Kondensatoren her wissen.

Genauso wie im Beispiel des Wassers dieses aufgrund der Schwerkraft von einem Gefäß ins andere strömte, können wir auch Elektronen von einem Behälter, etwa einem Kondensator, in einen nächsten transportieren, wenn wir die Elektronen ein elektrisches Spannungsgefälle »hinunterrollen« lassen. Diese Analogie zwischen Wasser und Elektronen erlaubt es dem Ingenieur, alle Schaltungen, die wir vorhin besprochen haben, mit Hilfe der Elektronik zu verwirklichen.

In den letzten Jahren hat die Technik wahre Wunderwerke vollbracht, immer kleinere Schaltungen zu bauen. In den sechziger Jahren waren die Computer noch mit Radioröhren, in Aussehen und Größe Gluhbirnen ähnlich, bestückt, von denen jede Röhre nur eine Schaltfunktion (ähnlich unserem Wasser-Bauelement) ausführte. Mit 18 000 Röhren wog der amerikanische Eniac Computer 18 Tonnen, Kostenpunkt 1,6 Millionen DM. Heute sind Zehntausende von Bauelementen, jedes mit der Funktion früherer Radioröhren, auf hauchdünnen Plättchen von 1 cm Durchmesser vereinigt, Kostenpunkt 10 DM. Immer neue Ideen wurden und werden verwirklicht. Gleichzeitig sind die Schaltzeiten immer wieder heruntergedrückt worden. Sie liegen zur Zeit bei dem hundertmillionsten Teil einer Sekunde.

Nach den Röhren hielten Halbleiterelemente, die sogenannten Transistoren, Einzug nicht nur in Radio und Fernseher, sondern auch in die Computertechnik. Heute entsteht mit Hilfe supraleitender Schaltungen (den sogenannten Josephson-junctions, ein englischer Fachausdruck) eine neue Generation von Computern, die oft nicht größer als Zigarrenkisten sind, aber nahe dem absoluten Nullpunkt in Tiefkühltruhen aufbewahrt werden müssen, um dort betriebsfähig gehalten zu werden. Werden sie auch nur um einige Grade erwärmt, so verlieren sie ihre Gedächtnisleistung und ihre »Denkfähigkeit«, die wiederum ein Vielfaches der heutigen Computer ist.

Logische Vorgänge – unabhängig vom Stofflichen

An dieser Stelle kommt nun wieder die Synergetik herein. In unserem Buch hatten wir immer wieder den Begriff des Ordners angetroffen. Wie die Synergetik zeigt, unterliegen die Ordner, von denen wir gesprochen haben, selbst logischen Prozessen. Zum Beispiel sind in den hier aufgeführten Fällen die Dichten der Elektronen in den verschiedenen Teilen eines Bauelements jeweils Ordner, sie charakterisieren den makroskopischen Zustand. Durch die Schaltungen haben wir erreicht, daß diese Ordner miteinander in Wechselwirkung treten und wieder zu neuen Ordnern führen. Das Interessante an den Resultaten der Synergetik liegt nun darin, daß solche Schaltvorgänge zwischen Ordnern auf die verschiedensten Weisen verwirklicht werden können, und zwar oft von einem System allein, ohne daß wir erst diese Schaltung selbst einbauen müssen. So können Computerschaltungen heutzutage auch durch das Laserlicht verwirklicht werden, und stellen Schaltzeiten in Aussicht, die bei einer Billionstelsekunde liegen, also nur noch ein Zehntausendstel der heute schon unvorstellbar kurzen Schaltzeiten ergeben. Computerschaltungen lassen sich ebenso durch chemische Reaktionen verwirklichen. Besonders wichtig sind diese Überlegungen, wenn wir nach Computerelementen suchen, die noch kleiner als die bisherigen sind. Wir stoßen dann unmittelbar an die Dimension der Atome und Moleküle selbst und hier liefert uns die lebendige Natur das Vorbild für das kleinste, wohl überhaupt denkbare Computerelement. Es handelt sich hier um Membranen, die in den Zellen, insbesondere auch in den Nervenzellen, vorhanden sind. Diese Membranen bestehen aus langgestreckten Molekülen, von denen jedes eine Art Kopf und eine Art Schwanz hat, wobei der eine Teil sich in Richtung einer umgebenden Wasserhülle streckt, der andere sich hingegen davon abwendet. So

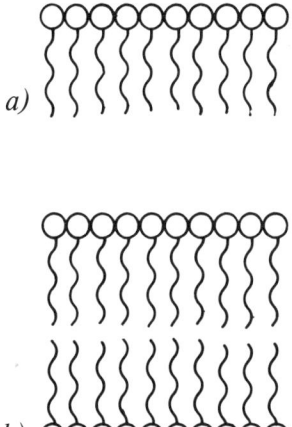

a)

b)

Abb. 15.15: Beispiele für Membranen
a) aus einer einzigen Molekülschicht
b) aus einer doppelten Molekülschicht

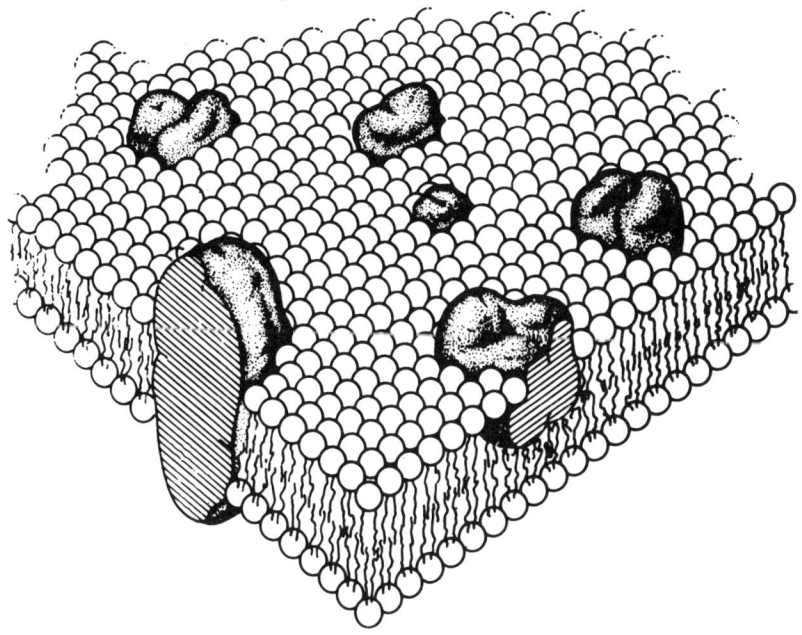

Abb. 15.16: Graphische Darstellung einer Biomembrane mit eingebauten Molekülen.

221

zwingt die Moleküle ihre gemeinsame Abneigung gegen das Wasser, sich auszurichten und sich, wie Soldaten in Reih und Glied aufzustellen (Abb. 15.15). Solche Membranen lassen sich auch künstlich herstellen, sie sind nur so dick, wie ein Molekül lang ist. Durch Einwirkung bestimmter anderer Moleküle können sich in einer solchen Membrane Poren öffnen oder schließen und damit in bestimmter Weise elektrisch geladene Atome oder andere Moleküle durchlassen (Abb. 15.16). Auf diese Weise entstehen wieder Schaltelemente, die logische Funktionen ausüben können. Es wird wohl nicht lange dauern, bis es dem Menschen gelingt, auch in diesen atomaren Dimensionen Computerelemente, vielleicht auch sogar ganze Computer zu bauen.

Die Ordnungsvorgänge auf dieser mikroskopischen Ebene genügen den Gesetzmäßigkeiten der Synergetik. Es handelt sich hier fast ausschließlich um Effekte, die nur durch das Zusammenwirken vieler einzelner Teile zustande kommen. Von hier aus eröffnen sich faszinierende Ausblicke. Erkennen wir doch, daß logische Prozesse, d. h. daß schließlich Denkvorgänge auf ganz verschiedenen Substraten vor sich gehen können. Es kann das Wasser sein, es können Elektronen sein, aber auch chemische Vorgänge, der Laser oder biologische Moleküle. Mit diesen Betrachtungen sind wir in die Unterwelt des Computers hinabgestiegen, wir haben ihn auf seine einzelnen Elemente hin durchleuchtet. Wir dürfen aber nun nicht in den Fehler verfallen, zu glauben, daß alle Denkvorgänge an derartige kleine logische Elemente geknüpft sein müssen. Vielleicht gibt es noch andere Möglichkeiten, wie Denkvorgänge ablaufen können, von denen wir heute noch gar nichts ahnen, z. B. Denkvorgänge, die sich nicht in winzige Elementarschritte zerlegen lassen.

Können Computer launisch sein?

Computer erscheinen uns als tote Maschinen, die in streng programmierter Weise vorgehen, so daß keine Freiheit, keine Unbestimmtheit mehr bleibt. Nun haben wir aber in diesem Buch schon Probleme kennengelernt, die keine eindeutige Lösung besitzen, etwa bei der Symmetriebrechung: die Kugel in der Schale mit den beiden Vertiefungen. Wohin geht die Kugel? Oder bei der Wahrnehmung: Vase – Gesichter. Was von beidem nehmen wir wahr? Füttert man den Computer mit solchen Aufgaben, so kommt er nicht weiter. Hier muß man dann zur Lösung der Aufgabe den Zufall bemühen. Man muß den Computer durch einige zufällige Schwankungen zum Weiterrechnen oder weiterem Problemlösen anschubsen. Die Launen des Computers sind vorprogrammiert. Aber selbst wenn wir sie gar nicht absichtlich einprogrammiert haben, können uns die vom Computer dargebotenen Lösungen als Launen erscheinen. Dies ist besonders bei komplizierten Vorgängen zu erwarten, die denen im psychologischen Bereich entsprechen – hier folgt ja eine Konfliktsituation auf die nächste.

Damit kommen wir zugleich zur Frage, inwieweit ein Computer höhere Denkvorgänge ausführen kann. Am Beispiel der Erkennung von Sätzen hatten wir schon oben bemerkt, daß der Schwierigkeitsgrad enorm ansteigt, wenn wir auch nur um einen Schritt in der Hierarchie von Buchstabe zu Wort zu Bedeutung eines Satzes höher steigen. Es scheint, daß hierin der Computer in der Fähigkeit, Querverbindungen oder, mit anderen Worten, Assoziationen herzustellen, dem menschlichen Gehirn noch weit unterlegen ist. Es ist aber nicht auszuschließen, daß auch hier der Computer nicht nur in der Menge des Materials, das er verarbeiten kann, sondern auch in der Art, wie er es verarbeitet, dem menschlichen Gehirn eines Tages überlegen sein wird. Vorläufig ist jedoch nicht daran zu denken. Daran ändert auch nichts, daß es einen Zweig moderner Forschung gibt, der »artificial intelligence«, auf deutsch künstliche Intelligenz, genannt wird. Lassen wir aber trotzdem unserer Phantasie freien Lauf. Bestimmte Computer können in gewissem Umfang bereits sprechen und manche können auch in gewissen Grenzen einfache, gesprochene Wörter oder Sätze erkennen. Wie weit kann ein Computer also menschenähnlich werden? Kann ein Computer Gefühle haben? Hat er ein Bewußtsein? Diese Dinge liegen außerhalb des eigentlichen Bereichs der Synergetik, die ein vornehmlich naturwissenschaftlich orientiertes Gebiet ist. Trotzdem seien hier einige Gedanken angeführt, mehr um den Leser zum Nachdenken anzuregen, als um hier fertige Antworten zu geben.

Weshalb können wir Menschen überhaupt von Gefühlen sprechen? Einerseits, weil wir diese Gefühle selbst erfahren, andererseits aber, weil wir diese Gefühle dem anderen mitteilen und in gewissem Sinne beschreiben können. Diese Fähigkeit, Gefühle mitzuteilen, beruht natürlich darauf, daß der andere selbst über ähnliche Gefühle verfügt, sonst würde er wohl nie verstehen, was ein Gefühl ist. Hier bereits gehen wir von einer Annahme aus, nämlich daß die Gefühle, die der eine empfindet, gleich oder zumindest ähnlich denen sind, die ein anderer empfindet. Wir werden vielleicht nie in der Lage sein, dies in irgendeiner Weise objektiv nachprüfen zu können. Es ist eine Vermutung, die sehr viel Wahrscheinlichkeit an sich hat, die wir aber nicht nachprüfen können. Bevor wir fragen, ob ein Computer Gefühle hat, sollten wir uns die Frage vorlegen, wie es denn in der belebten Natur ist. So würden wir wohl allen größeren Tieren Gefühle, wenn auch vielleicht nicht so ausgeprägt wie beim Menschen, zubilligen. Etwa insbesondere das Gefühl des Schmerzes. Bei Pflanzen ist dies schon ganz anders. Hier schlagen wir Bäume um, reißen Blumen ab oder mähen Getreide, ohne daß wir je dazu kämen, bei diesen Lebewesen von Gefühlen zu reden. Ein Grund hierfür liegt sicher darin, daß die Pflanzen sich uns nicht mitteilen können. Ein Tier kann dies, indem es Laute ausstößt oder zurückzuckt oder beißt, also reagiert.

Dies will besagen, daß wir eigentlich über Gefühl nur dann sprechen können, wenn wir ein gleichartiges Wesen vor uns haben und uns gegenseitig Mitteilungen machen können. Werden dann aber Computer nicht doch im Laufe der Entwicklung immer menschenähnlicher werden? Hier kann man bereits mit relativ simplen Mitteln einen Computer bauen, der uns Gefühle vortäuscht. Wir brauchen ja nur eine Schaltung einzubauen, bei der der Computer folgendes tut. Falls irgendein Element von ihm überlastet ist, spricht der Computer die Worte: Mir tut es da und da weh. Dies läßt sich heute bereits ohne weiteres verwirklichen. Hat der Computer aber nun deshalb das Gefühl, daß es ihm weh tut? An dieser Stelle würden wir wohl alle sagen: Nein! Diese Äußerung ist künstlich vom Menschen eingebaut, der Computer ist nach wie vor ein totes Gebilde.

Was passiert aber, wenn wir Computer haben, die sich selbst programmieren können und aus dem Umgang mit ihrer Umwelt lernen können? Es könnte doch dann z. B. einen Diagnose-Computer geben, der von den Patienten das Wort »Schmerz« oder »Wehtun« oder eventuell auch das Wort »Freude« hört. Es ist dann nur ein kleiner Schritt, daß der Computer die Zusammenhänge erkennt und beim Versagen eines seiner Elemente oder bei deren Überlastung das Wort »Schmerz« gebraucht. Hat er aber dann wirklich Schmerzen?

Wir sehen, daß hier die Übergänge zwischen Mensch und Maschine durchaus fließend werden können und daß es vielleicht in einer gar nicht allzu fernen Zukunft genauso Roboterrecht oder Roboter-Schutzgesetze gibt, wie es heute Menschenrechte gibt. Vielleicht werden die Roboterrechte von den Menschen sogar mehr geachtet, als die Menschenrechte selbst (Roboter sind teuer!). Es mag heute noch utopisch erscheinen, aber man kann sich durchaus eine Zeit ausmalen, in der über diese Fragen aufs heftigste diskutiert werden wird, nämlich dann, wenn die

Computer noch menschenähnlicher werden. Man darf nicht vergessen, daß es schon heute Computer gibt, die für den Laien so verblüffend sind, daß er sich sogar in seelischen Nöten an ihn wendet. Ich denke hier an den von Weizenbaum konstruierten Computer Eliza, der den Patienten Fragen stellte und dem, wie Weizenbaum beobachten konnte, sich dann auch seine Sekretärin anvertraute. Der Trick des Computers war im Prinzip sehr einfach. Sagte z. B. ein Benutzer (um nicht zu sagen »Patient«) »Ich habe Schwierigkeiten mit meinem Vater«, so war der Computer darauf getrimmt zu antworten »Erzählen Sie mehr über Ihren Vater«. Der wesentliche Trick bei der Programmierung des Computers bestand darin, den Patienten zu veranlassen, mehr und mehr von sich zu erzählen. Dieser Computer machte solchen Eindruck, daß sogar Psychotherapeuten erwogen, ihn in die psychotherapeutische Praxis einzubeziehen. Sein Vater Weizenbaum hingegen hat nie an so etwas gedacht und hält es im Gegenteil für gefährlich, Computern Aufgaben anzuvertrauen, die dem menschlichen Urteilsvermögen vorbehalten sein müssen. Auch der klügste Computer kann nicht ethische Gesichtspunkte ersetzen. Es wäre töricht und unverantwortlich, einem Computer Entscheidungen, die weit ins Moralische oder Ethische hineinreichen, wie im Extremfall über Krieg und Frieden, zu überlassen.

Sich das Denken nicht aus der Hand nehmen lassen

Aber auch in anderen Fällen ist große Vorsicht geboten. Immer wieder hören wir von Weltmodellen, Rechnungen von Computern, die uns die Wirtschaftsentwicklung in den nächsten fünfzig oder hundert Jahren vorhersagen. Wir denken hier an die Weltmodelle von Forrester und seiner Gruppe oder an die Studien des Club of Rome, Rechnungen zum Weltenergie-Problem und viele andere Studien. In meinen Augen beruht der Wert solcher Studien im Wachrütteln, im Bewußtmachen, daß unsere Hilfsquellen beschränkt, vielleicht sogar einige von ihnen bald erschöpft sein können. Andererseits wandern gerade komplexe Systeme, wie die Synergetik zeigt, von Instabilität zu Instabilität. Dies hat zur Folge, daß die Resultate von Computerrechnungen ganz empfindlich von Dingen abhängen können, die wir zunächst als unwesentlich abtun würden. Kleine Unsicherheiten über Rohstoffverteilungen oder Fabrikationsabläufe, über Recycling und anderes, können sich zu völlig andersartigen Endresultaten hochschaukeln, wie wir es im Kapitel über Chaos an ganz einfachen Beispielen so deutlich kennenlernten. Oft ist es daher wichtiger, daß den Computern nicht ungeheure Datenmengen eingegeben und von ihnen in für uns nicht mehr zu übersehender Weise verarbeitet werden, sondern daß wir uns zuerst qualitativ die einzelnen Schritte klarmachen. Hier ist es wichtig, ein »Gefühl« dafür zu entwikkeln, was die »relevanten Größen« sind. Zweifellos müssen wir uns an die Lösung komplexer Probleme erst herantasten, wobei, sinnvoll eingesetzt, Computer eine wesentliche Hilfe sein können. Trotz aller Vorausplanung und Vorausberechnung müssen wir aber wohl für die Zukunft immer auf Überraschungen gefaßt sein, im Guten wie im Bösen.

16. Kapitel

Die Dynamik wissenschaftlicher Erkenntnis oder der Kampf der Wissenschaftler

Mit der Wissenschaft kommen wir wohl erstmalig in unserem Leben beim Schulbesuch in Berührung. Sie tritt uns in den verschiedenen Unterrichtsfächern, wie Geschichte, Erdkunde, Biologie, Mathematik oder Physik, um nur einige zu nennen, entgegen. Dabei wirkt sie auf uns wie etwas einmalig fest Gegebenes, schon in Urzeiten entstanden. Vom Forscherdrang erfüllte junge Menschen sind frustriert, daß schon alles entdeckt und erforscht zu sein scheint, die Erde bis zum letzten Winkel hin durchstöbert.

Daneben hören wir aber zuweilen von ganz neuartigen Entdeckungen oder Erfindungen. Ein ganz neuer Stern, dessen Helligkeit ungleichmäßig schwankt, wird entdeckt, neue Elementarteilchen mit dem Namen Gluon werden nachgewiesen, mit der neuartigen Lichtquelle Laser wird es möglich, dicke Stahlplatten zu durchbohren oder in der Mathematik wird das schon über hundert Jahre alte Vierfarbenproblem gelöst. Dieses Problem schien so einfach, daß sich an seiner Lösung auch immer wieder Laien versuchten. Aber deren Bemühen blieb ebenso vergeblich wie das hochkarätiger Mathematiker. Das Problem ist mit wenigen Worten geschildert: Bei der Herstellung von Landkarten werden Länder, die aneinandergrenzen, durch verschiedene Farben dargestellt (Abb. 16.1). Sind auf einer Landkarte viele Länder vorhanden, so könnte man denken, daß man beim Druck der Landkarten viele Farben benötigt. Die Drucker fanden im letzten Jahrhundert aber durch Probieren, daß für die jeweils zu druckende Landkarte vier Farben ausreichten. Für den Mathematiker stellt sich die Frage, ob man bei jeder denkmöglichen Landkarte mit vier verschiedenen Farben auskommen kann, oder ob sich doch eine Landkarte ausdenken läßt, bei der mehr als vier Farben, z. B. fünf, nötig sind. Nach über hundert Jahren ist erst vor wenigen Jahren die Lösung dieses Problems Kenneth Appel und Wolfgang Haken gelungen, wobei ein Computer so programmiert wurde,

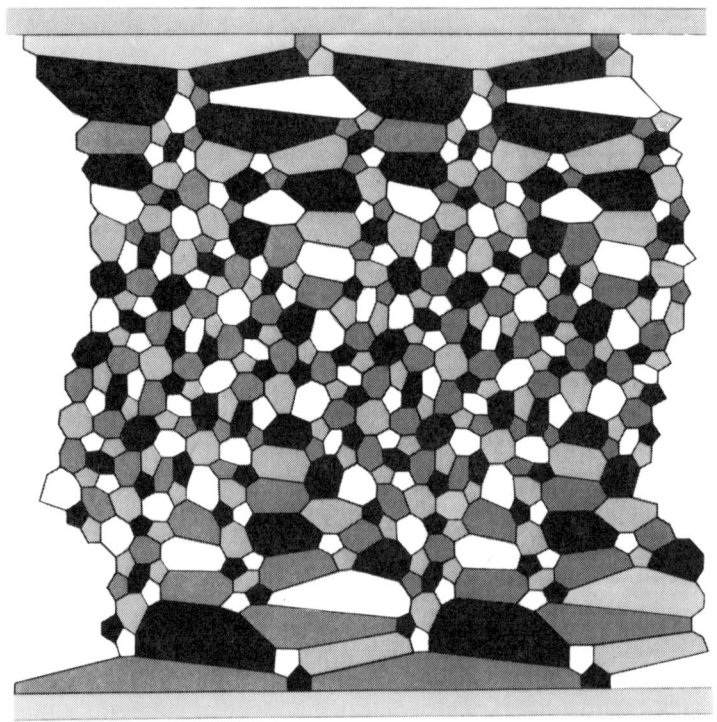

Abb. 16.1: Beispiel einer Landkarte zum Vier-Farben-Problem. Die vier Farben sind hier dargestellt durch Weiß, Schwarz, Hellgrau und Dunkelgrau.

daß er eine Fülle von Details des Beweises selbst ausführen konnte. Die Wissenschaft tritt uns bei all diesen Beispielen und vielen anderen von einer anderen Seite entgegen. Oft sind es einzelne große Entdecker oder Naturforscher, die unser Weltbild verändern. So entwickelte Einstein in diesem Jahrhundert die Relativitätstheorie und revolutionierte unsere Vorstellungen von Raum und Zeit. Heisenberg und Schrödinger schufen die Quantentheorie, die uns ein völlig neues Bild von der Welt der Atome vermittelte, Crick und Watson entdeckten die doppelte Helix als Träger der Erbinformation. Studiert man und wird man später selbst Wissenschaftler, so erdrückt einen die Flut wissenschaftlicher Veröffentlichungen. Immer neue Erkenntnisse und neue Entdeckungen dringen von allen Seiten auf uns ein, auf der Welt erscheinen täglich 17000 Veröffentlichungen. Während uns also zunächst die Wissenschaft als etwas Statisches, Ruhendes erscheint, erkennen wir bei näherem

Hinsehen, daß sie sich in einer unglaublichen Bewegung befindet, einer, wenn man sich positiver ausdrückt, Evolution, einer Höherentwicklung. An dieser Stelle kommen wieder Überlegungen zum Tragen, die uns in der Synergetik schon häufig begegnet sind. Bei den verschiedenartigsten Erscheinungen, die wir bisher in unserem Buch untersucht haben, stellten wir fest, daß es hier bei Änderung äußerer Einwirkungen Entwicklungsabschnitte gibt, in denen die Systeme sich mehr oder minder gleichmäßig fortentwickeln. Bei bestimmten Situationen hingegen tritt ein völlig neuer makroskopischer Ordnungszustand auf. In dieses von der Synergetik allgemein aufgezeigte Bild paßt nun gerade die Vorstellung hinein, die der bekannte Wissenschaftshistoriker Thomas S. Kuhn in seinem Buch »Wissenschaftliche Revolutionen« (Scientific Revolutions) beschreibt. Hiernach unterscheidet er zwischen der normalen Wissenschaft und den Umwälzungen, die in der Wissenschaft stattfinden. Auch die normale Wissenschaft entwickelt sich weiter, aber stetig, in kleinen Schritten. Sie baut das einmal Erkannte immer mehr aus, vertieft es. Zum Beispiel werden im Brückenbau altbekannte physikalische Gesetze zugrunde gelegt, aufgrund derer neuartige Brückenkonstruktionen entwickelt werden. Vielleicht nichts grundsätzlich Neues, aber doch ein Voranschreiten der Wissenschaft und Technik. Oder es werden Experimente in der Physik gemacht, um z. B. die Lichtgeschwindigkeit immer genauer zu messen. In der Biologie wird weiter untersucht, wie elektrische Ladungen durch Zellmembranen transportiert werden. Diese Forschungen führen aber zuweilen zu ganz neuartigen Erkenntnissen. Zum Beispiel häuften sich um die Jahrhundertwende die Hinweise, daß die Gesetze der Mechanik nicht mehr auf die Bewegung der Elektronen in den Atomen anwendbar sind. Es dürfte z. B. gar keine stabilen Atome geben. Die Elektronen, die den Atomkern umkreisen, müßten schließlich in diesen hineinfallen. Es ergaben sich also immer mehr Anzeichen dafür, daß die bisherigen Gesetze nicht richtig waren oder nur in bestimmten Grenzen ihre Gültigkeit besaßen. Die Wissenschaft erscheint im Sinne der Synergetik wie ein offenes System. Es werden in sie immer neue Entdeckungen und Ideen hineingefüttert. Die neuen Entdeckungen können derart einschneidend sein, daß das bisherige Bild des jeweiligen naturwissenschaftlichen Zweiges erschüttert wird. Die Wissenschaftler werden verunsichert. Im Sinne der Synergetik treten immer stärkere Fluktuationen in Form neuer Ideen oder neuer Experimente auf, die Anhänger finden, auf diese Weise verstärkt werden, eventuell aber dann widerlegt werden, bis schließlich eine neue Idee auftritt, die viele Erscheinungen erklären kann und dann so endgültig von den Wissenschaftlern übernommen wird. Eine neue wissenschaftliche Idee, wie etwa die schon oben erwähnte Quantentheorie, hat eine wissenschaftliche Revolution im Sinne von Thomas S. Kuhn herbeigeführt. Im Sinne der Synergetik ist diese neue Idee, die vieles vorher Unzusammenhängende vereinigt, der Ordner. Dieser Ordner, im Buche von Thomas S. Kuhn Paradigma genannt, hat nun alle die Eigenschaften, die wir von den anderen Ordnern aus der Synergetik kennen. Er selbst »versklavt« die weiteren Arbeiten der Wissenschaftler, die die neue Wissenschaftsrichtung im Sinne dieser Idee ausbauen, verbreitern, vertiefen und dabei wieder »normale« Wissenschaft treiben. Umgekehrt tragen die Wissenschaftler durch ihre Arbeit die neue Idee, das neue Paradigma weiter und ermöglichen so die Existenz des Ordners. Der Übergang von einem Bewußtseinszustand der Wissenschaft in den nächsten ist wie ein Phasenübergang. Die neue Idee, das neue Grundprinzip oder das Paradigma haben eine weitreichende Ordnung im Denken hervorgerufen. Derartige Ordner können teils durch Entdeckungen gewissermaßen von außen her an die Wissenschaft herangetragen werden. Sie können aber auch wie Moden entstehen und vergehen, parallel zum allgemeinen Zeitgeist. Es läßt sich wohl kaum leugnen, daß eine enge Wechselbeziehung zwischen wissenschaftlichen Anschauungen und den anderen geistigen Strömungen einer Zeit besteht. Nicht umsonst hat es etwa tiefe Auseinandersetzungen zwischen religiösen oder philosophischen Fragen auf der einen Seite und den wissenschaftlichen Erkenntnissen auf der anderen Seite gegeben. Von der Synergetik her wissen wir, daß ein Ordner die Untersysteme, in unserem Falle die einzelnen Wissenschaftler, »versklavt«. Genau dies tritt tatsächlich in der Wissenschaft auf. Ein Wissenschaftszweig kann ja nur dadurch als solcher existieren, daß er zumindest von einer größeren Zahl von Gelehrten allgemein anerkannt wird. Der Wissenschaftszweig schafft sich seine eigene Sprache, die den Wissenschaftlern gemeinsam ist. Ein Außenstehender, und hierzu gehören auch Wissenschaftler einer *anderen* Disziplin, kann eine derartige Sprache praktisch nicht mehr verstehen, handle es sich um Medizin, Computerwissenschaften oder Mathematik. Auf diese Weise stabilisiert sich der Wissenschaftszweig selbst. Seine Grundideen erscheinen als so stabil, als wären sie eingefroren. Zum Teil werden diese Ideen von nachfolgenden Generationen gedankenlos übernommen. Diese Situation bringt gerade für junge Wissenschaftler eine erhebliche Schwierigkeit mit sich. Für sie ist es verhältnismäßig leicht, ihre Arbeiten in Fachzeitschriften zu veröffentlichen, sofern sich die Arbeiten im konventionellen Rahmen halten.

Schwierig hingegen ist es, völlig neuartige, unkonventionelle Ideen zu publizieren und dafür Anhänger zu finden. Der junge Wissenschaftler befindet sich daher in einem echten Dilemma. Um sich zu profilieren, hervorzutun, Anerkennung zu finden, müßte er eigentlich unkonventionelle, völlig neue Ideen haben und publizieren. Das Referentensystem der Zeitschriften, das jede eingereichte Arbeit begutachtet und über deren Annahme oder Ablehnung, also deren Veröffentlichung entscheidet, wird aber hier gerade einen Riegel vorschieben. Die Referenten gehören ja der »alten« Denkrichtung an. Natürlich gibt es auch hierzu Ausnahmen, aber es bedurfte in der Physik schon des Genies Max Planck, um das Genie Einstein zu erkennen und ihm den Weg zu bahnen.

Natürlich habe ich dieses Problem der Durchsetzung einer neuen Idee hier etwas überspitzt dargestellt. Um die Wissenschaft voranzutreiben, ist eine ungeheure Anstrengung auch in ihrem normalen Betrieb nötig und nur selten ist es einem Wissenschaftler vergönnt, eine wirklich fundamentale Idee zu haben und durchzusetzen. Dann aber ist es meist wie bei anderen synergetischen Systemen. Die Zeit war reif für diese neue Idee, so daß sie sich, nachdem sie einmal hervorgebracht ist, schnell durchsetzt. Dieses »Reifsein« äußert sich oft auch darin, daß ähnliche, zuweilen auch gleiche Ideen ganz unabhängig voneinander von verschiedenen Wissenschaftlern hervorgebracht werden.

Obwohl immer einige bedeutende Wissenschaftler besonders herausragen, ist die Wissenschaft doch ein kollektives Unterfangen. Die wissenschaftlichen Erkenntnisse Einzelner werden von der Masse der Wissenschaftler, später sogar von deren Schülern und Studenten, weitergetragen. Umgekehrt baut das Werk der einzelnen Wissenschaftler wieder auf dem früherer Generationen auf. Dieses gemeinschaftliche Verhalten macht die Wissenschaft einer neuen Disziplin zugänglich, nämlich der Soziologie der Wissenschaft. Einer ihrer Begründer, Robert Merton, stellt diese Welt soziologischer Beziehungen in der Wissenschaft in zugleich wissenschaftlicher, aber auch menschlich packender Weise dar. Zwei Dinge sind es, die sich wie ein roter Faden durch die einzelnen Abschnitte seines Buches ziehen. Der Kampf der Wissenschaftler um die Priorität und der »Matthäus-Effekt«. Bei näherem Hinsehen ist, wie schon eben bemerkt, keineswegs eine Neuentdeckung das Werk immer nur eines Einzelnen. Oft stehen mehrere Gelehrte in einem harten Wettbewerb, wer als erster die neue, fundamentale Entdeckung macht. Die Geschichte ist voll von Entdeckungen, die praktisch zur gleichen Zeit gemacht wurden. Etwa wurde die Differential-Integralrechnung praktisch gleichzeitig und unabhängig voneinander von Newton und Leibniz erfunden. In der Biologie waren es zugleich Darwin und Wallace, die die grundlegenden Prinzipien der Evolutionstheorie aufstellten. Während Darwin und Wallace miteinander wohlwollend umgingen, führte Newton einen harten Kampf mit der Behauptung, Leibniz hätte ihm seine Idee gestohlen. Der berühmte Newton war es auch, der schließlich zugeben mußte, daß der Kraftbegriff ursprünglich von seinem Landsmann Hooke stammte.

In diesem Sinne wird man an die Worte Rousseaus erinnert, die wir schon auf S. 177 zitierten.

Was sind nun die Antriebskräfte des Wissenschaftlers und was trägt die Synergetik dazu bei, Einblick in das Entstehen wissenschaftlicher Erkenntnisse zu erhalten?

Wie für jeden anderen Menschen auch spielt für einen Wissenschaftler die Frage des Lebensunterhalts eine Rolle. Ausschlaggebend sind aber wohl andere Motive, die so schön in einem Motto zum Buche von Harriet Zuckerman »The Scientific Elite« (New York 1977) genannt werden. Dieses Motto, das von Simone Weil stammt, lautet: »Die Wissenschaft muß heute nach einer Quelle der Inspiration über ihr suchen oder sie wird zugrundegehen. Es gibt genau drei Gründe, um Wissenschaft zu treiben: 1. technische Anwendungen, 2. Schachspiel, 3. der Weg zu Gott. (Das Schachspiel ist verziert mit Wettbewerben, Preisen und Medaillen).«

Heute würden wir wohl nicht nur von technischen Anwendungen, sondern von Anwendungen überhaupt sprechen. Über die gesellschaftliche Relevanz der Forschung wird gerade heute so viel geschrieben, daß ich dieses Thema nur zum Schluß kurz streifen will.

Der letzte Punkt, der Weg zu Gott, ist uns auch geläufig: die Suche nach der Wahrheit, nach dem, »was die Welt im Innersten zusammenhält«. Was aber soll Punkt 2, »Schachspiel« bedeuten? Es ist Wissenschaft als eine intellektuelle Herausforderung, sei es, daß man der Natur ein neues Geheimnis entreißt, sei es aber, und das besonders, der Wettkampf der Gelehrten untereinander, um die Freude, der »erste« zu sein oder wissenschaftlich anerkannt zu werden, was sich vielleicht auch äußerlich in Preisen und Medaillen niederschlägt. Genauso wie Schachgroßmeister um den ersten Platz ringen, gibt es derartige intellektuelle Auseinandersetzungen auch unter Wissenschaftlern. Der Kampf der Wissenschaftler um wissenschaftliche Anerkennung bedeutet letztlich Kampf um Prioritäten. Wer hat eine Entdeckung als erster gemacht? Wer hat eine Idee als erster veröffentlicht? Obgleich im Zeitalter des teamworks diese Haltung oft absurd erscheint, dürfen wir nicht übersehen, daß der Konkurrenzkampf in der Wissenschaft immer härter wird. Hier kommen wieder Grundprinzipien der Synergetik zum Tragen. Es gibt sehr, sehr viele Wissenschaftler, aber ihre wissenschaftlichen Ressourcen einerseits und auch die Möglichkeiten, etwas wirklich Neues zu entdekken, sind begrenzt. Dies führt zu einem weiteren Anwachsen des Konkurrenzkampfes und im Sinne vieler Beispiele, die wir in diesem Buch kennengelernt haben, kommt es schließlich zum Überleben des »Besten« auf dem jeweiligen Gebiet. Nur so, wie in der Physik nur eine Laserschwingung überlebt und den Wettbewerb gewinnt, so gewinnt ein Name, ein Werk den Wettbewerb. Dieser Name, dieses Werk wird immer wieder zitiert und dringt in das Bewußtsein der Wissenschaftler und schließlich vielleicht auch weiterer Bevölkerungskreise ein.

Das mag zuerst weit hergeholt erscheinen in purer Analogie zu den übrigen Überlegungen der Synergetik. Das ist es aber gerade, was Robert Merton als den Matthäus-Effekt bezeichnet und was er durch viele Beispiele belegt. Im Neuen Testament hat Matthäus geschrieben: »Denen, die haben, wird noch gegeben, denen die nichts haben, wird noch genommen werden.« Ragt erst einmal ein Name heraus, so wird dieser aus den verschiedensten Gründen von den anderen Autoren immer mehr zitiert, bis nur er schließlich übrigbleibt. Dieser Effekt wird durch Preise, besonders wenn diese auch in der Öffentlichkeit bekannt sind, nur noch verstärkt. Wegen der vielen Wissenschaftler kommt es immer häufiger vor, daß neue Ergebnisse gleichzeitig und unabhängig von mehreren aufgefunden werden. Erhält dann einer eine Auszeichnung, so ist die Chance groß, daß nur noch er schließlich zitiert wird und ihm alle Erkenntnisse, selbst wenn sie nicht mehr von ihm stammen, zugeschrieben werden. Hierzu gehört auch, daß Preiskomitees eine bestimmte Dynamik entwickeln. Sind erst einmal Preisträger, die eine bestimmte Denkrichtung vertreten, vorhanden, so besteht die Tendenz, daß durch die Vorschläge aus den Reihen dieser Preisträger weitere Preisträger aus der gleichen Ideenrichtung stammen. Es gibt dann Anhäufungen von Preisen in ganz ähnlichen Gebieten oder »Schulen«. Das Buch von Harriet Zuckerman ist hierfür eine Fundgrube.

Es ist interessant zu sehen, wie Wissenschaftler gelegentlich versuchen, diesem Konkurrenzdruck entgegenzuwirken oder ihn für sich auszunutzen. Wie wir schon sahen, ist es für das Bekanntwerden eines Wissenschaftlers wichtig, daß seine Ergebnisse von anderen Autoren verwendet werden und seine Arbeit dort zitiert wird. Es gibt aber nun ein großes Nachschlagewerk, den in den USA erscheinenden Citation-

Index. In diesem kann man folgendes nachschlagen: Angenommen Herr X hat eine Arbeit veröffentlicht. Dann steht in diesem Werk jedes Jahr, welche anderen Wissenschaftler den Herrn X zitiert haben. Am Citation-Index läßt sich also ablesen, wie oft ein Wissenschaftler zitiert wird. Nun muß natürlich die bloße Zahl der Zitate nicht unbedingt ein Maß für das Ansehen des Herrn X sein. Er könnte ja eine Arbeit veröffentlicht haben, deren Problemstellung wichtig, deren Lösung aber falsch war. Viele andere Gelehrte hätten dann diese Arbeit gelesen und ihre Richtigstellung veröffentlicht. Sehen wir von solchen Grenzfällen ab, so wird der Citation-Index doch ein Indiz für die Wirkung eines Forschers auf seine Kollegen sein. Es wird übrigens behauptet, daß manche amerikanischen Firmen oder Universitäten sich bei der Bezahlung ihrer Mitarbeiter am Citation-Index orientieren. Diejenigen, die oft zitiert werden, haben mit einem höheren Gehalt zu rechnen als die anderen. Aber nun zum eigentlichen Thema zurück, wie Wissenschaftler gelegentlich versuchen, dem Konkurrenzdruck zu entrinnen. Obwohl es sich hier nur um Einzelfälle, die für das Gros der Wissenschaftler nicht typisch sind, handelt, sind diese vom Standpunkt der Synergetik her recht interessant. Wie sich nämlich anhand des Citation-Index verfolgen läßt, gibt es zuweilen, besonders in großen Ländern, Gruppen von Wissenschaftlern, die sich ausschließlich gegenseitig zitieren, andere Gruppen jedoch gar nicht (oder nur höchst selten) erwähnen. Auf diese Weise wollen sich dann die Mitglieder des »Klubs« gegenseitig in ihrem Ansehen nach außen hochschaukeln.

In gewissem Sinne ist dieses Verhalten ähnlich wie das von Geschäften, die an einem Platz zusammen sind und so einzelne, verstreute Geschäfte ausstechen können wie wir dies in Kapitel 12 kennenlernten. Gibt es aber mehrere Klubs dieser Art, so wird der Wettbewerb der einzelnen Wissenschaftler durch den ihrer Klubs ersetzt. Das Auftreten solcher Klubs könnte auf den ersten Blick für eine objektive Entwicklung der Wissenschaft gefährlich erscheinen. Es könnte ja sein, daß ein Klub Ideen verbreitet, die nicht richtig sind. Ganz zweifellos lassen sich solche Fehlentwicklungen nicht völlig ausschließen. Dabei sollte man aber die aus dem Prioritätenkampf entstehende eingebaute Selbstkritik der Wissenschaft nicht unterschätzen. Es ist ja gerade dann eine besonders große Leistung, wenn man nachweisen kann, daß eine bisher propagierte Idee falsch war. Es kann durchaus sein, daß sich durch das Auftreten von Klubs oder auch »Schulen« eine neue Idee, die von denen eines solchen Klubs abweicht, nur schwer durchsetzen kann.

In einem solchen Fall konnte früher das Durchsetzen einer neuen Idee zweifellos zu einer Generationsfrage werden. Während noch die Mitglieder einer Wissenschaftsgeneration über eine Frage zerstritten waren, wendet sich die neue Generation der ihr richtig erscheinenden Lösung zu und vergißt den vorangegangenen Kampf. Die heutige Zeit und mit ihr die Wissenschaft sind so schnellebig geworden, daß es jetzt kaum mehr eines Generationswechsels bedarf, um ein neues Paradigma sich durchsetzen zu lassen. Wem kommt also letztlich all dieser Konkurrenzkampf zugute? Die Antwort erscheint überraschend. Allein der Menschheit und ihrer Zukunft, sofern sie die hart errungenen Erkenntnisse verantwortungsvoll benutzt. Die im oben zitierten Motto erwähnten Punkte 2 und 3 kommen ihr am Schluß genauso zugute wie Punkt 1.

Der Wettkampf der Wissenschaftler ist nichts anderes als ein Leistungswettbewerb mit selbstgesteckten Zielen. Die Wissenschaft ist ein sich selbst organisierendes System. Manches in ihrer Entwicklung erinnert an die Vorstellungen, die sich die Biologen vom Ursprung des Lebens selbst machen. Zunächst zufällig entstandene organische Moleküle, wie z. B. Aminosäuren, finden sich zu immer größeren Gebilden zusammen, die dann plötzlich einen solchen Ordnungszustand erreichen, daß auf einer höheren Ebene etwas Neues, Sinnvolles von ganz neuer Qualität entstanden ist. In diesem Sinne entstehen wissenschaftliche Erkenntnisse mehr oder weniger bruchstückhaft, um sich dann schließlich auf einer höheren Ebene zu einem Neuen, einem Paradigma, zu vereinigen.

Kann man denn Wissenschaft aber nicht systematisch planen, statt sich auf solche »Zufälligkeiten«, solche »Bruchstücke« zu verlassen? Mit der Wissenschaft ist es nicht viel anders als mit unseren Gedanken: Wir können sie nicht dazu zwingen, morgen mache ich die oder jene Erfindung oder Entdeckung. Ob wir dabei Erfolg haben, hängt von vielerlei Dingen ab, nicht zuletzt davon, ob sich unsere bruckstückhaften Gedanken richtig zusammenfügen – letztlich wieder von alleine – selbstorganisiert. Diese Erfahrungstatsache macht Wissenschaftsplanung, Wissenschaftspolitik so schwierig.

Aber wir können aus den sich selbst organisierenden Systemen der Natur lernen: allgemeine Zielsetzungen angeben und fördern, ohne dabei ins Detail zu gehen, gerade junge Wissenschaftler an die großen Bezüge, an die großen Zusammenhänge erinnern. Die Zusammenarbeit, den Gedankenaustausch zwischen den Wissenschaftlern und zwischen verschiedenen Disziplinen fördern. Oft erweist sich eine Idee auch in einem anderen Gebiet als sehr fruchtbringend und trägt im neuen Zusammenhang zu einem Durchbruch bei. So hörte ich, daß Ford die Idee zur Auto-Serienfertigung durch Zufall aus der Landmaschinenherstellung bekam.

Bei allen solchen Einwirkungen sollte man aber nicht übersehen, daß gerade die hervorragenden Wissenschaftler eine Art »Instinkt« besitzen, was wichtig, was relevant und was auch erreichbar, machbar ist. Für diese ist es dann geradezu frustrierend, wenn ihnen weniger Einsichtige oder gar Wissenschaftsfremde dauernd vorhalten, was sie eigentlich zu entdecken hätten. Etwas entdecken können heißt nämlich, an *den* Stellen zu suchen, die aussichtsreich sind – und hierfür sind u. a. viel wissenschaftliche Erfahrung, Glück und der eben genannte »Instinkt« Voraussetzung.

Wenn sich alles vorausplanen ließe, jede Entdeckung und Erfindung vorhersehen, bräuchten wir die Wissenschaft nicht. Die geschichtliche Erfahrung zeigt aber, daß dies nicht so ist. Manches wurde gar nicht einmal geahnt, sondern zufällig gefunden, wie z. B. die Röntgenstrahlen, aber dann von Wissenschaftlern schnell deren Bedeutung erkannt. Folgerungen für Wissenschaftspolitik: Allgemeine Trends angeben, aber Platz für die Selbstorganisation lassen.

Es gehört zum Wesen sich selbst organisierender Systeme, daß auch Zielsetzungen immer wieder neu formuliert, immer den neuen Gegebenheiten angepaßt werden müssen. Dies kann im Falle der Wissenschaft (einschließlich Technik, die ich immer einbegreife) nur durch einen ständigen Dialog mit der Gesellschaft geschehen. Jede von beiden, Wissenschaft und Gesellschaft, ist nämlich unbedingte Voraussetzung für die Existenz der anderen, eine echte Symbiose, die es zu fördern gilt, wo immer möglich. Bei einem solchen Dialog wird sich dann ergeben, wie allgemein (evtl. zu allgemein) gestellte Ziele abzuändern sind, wie: »Löst das Energie-Problem« oder: »Löst das Krebsproblem«. Wir haben an Beispielen in diesem Buch gesehen, wie manche Probleme nicht eindeutig zu lösen sind, und wir werden im Schlußkapitel Fälle besprechen, wo Probleme prinzipiell unlösbar sind (was nicht bedeuten soll, dies träfe auf die eben genannten Probleme Energie und Krebs zu). Dieser Dialog wird auch angesichts einer wachsenden Wissenschafts- und Technikfeindlichkeit immer dringender. Für manchen haben diese Gebiete deshalb etwas so Bedrohliches an sich, weil durch die Sprachbarriere der Wissenschaft hindurch nicht mehr deren Gedankenstruktur, Absichten und Auswirkungen allgemein erkennbar sind. So erwächst das Gefühl, von der Wissenschaft (und Technik) manipuliert und überrollt zu werden.

Wettbewerb der Zeitschriften

Das Prinzip des Wettbewerbs, das uns in diesem Buch immer wieder begegnet, sei es in der Physik, in der Wirtschaftslehre oder in der Soziologie, gilt nicht nur für Wissenschaftler, sondern z. B. auch für die wissenschaftlichen Zeitschriften. Neue werden gegründet, um neu auftretenden Gebieten Rechnung zu tragen, andere sterben. Hierbei spielen auch Fragen des wissenschaftlichen Ansehens sowie wirtschaftliche Probleme eine wichtige Rolle. Durch Veröffentlichungen bedeutender Wissenschaftler gewinnen einige Zeitschriften ein höheres Ansehen als andere. An sie werden dann wiederum viele Arbeiten gesandt und von den Referenten ausgewählt. Auf diese Weise steigt die Auflage und damit die Verbreitung von Zeitschriften mit hohem Prestige immer mehr. Da aber die finanziellen Möglichkeiten der Bibliotheken beschränkt sind, muß auch dies zwangsläufig zum Aussterben anderer Zeitschriften führen. Werden diese letzteren weniger gekauft, so müssen sie, um überhaupt noch wirtschaftlich zu sein, höhere Preise verlangen. Dies beschleunigt aber ihren Untergang um so mehr, da die Bibliotheken nun erst recht weniger bereit sind, diese teuren Zeitschriften zu kaufen.

Eine wichtige, oft übersehene Rolle bei der Verbreitung wissenschaftlicher Zeitschriften ist auch die Sprache, in der sie erscheinen. Früher war es Latein, später in den Naturwissenschaften Deutsch, heute ist die Weltsprache der Wissenschaft Englisch. Beim Übergang von Deutsch zu Englisch hat es einen »Phasenübergang« gegeben, der sich zeitlich genau zurückverfolgen läßt. Als nämlich die Emigration vieler bedeutender Gelehrter in den dreißiger Jahren aus Deutschland einsetzte, veröffentlichten diese in den USA und England auf Englisch.

Da in großen Ländern, wie den USA, bereits viele Leser vorhanden sind, von den Bibliotheken ganz abgesehen, können die Verlage ihre Zeitschriften günstiger und effektiver herstellen. Zugleich haben sie eine Reihe hervorragender Gelehrter an der Hand. Dies führt dazu, daß auf dem Weltmarkt derartige Zeitschriften eine führende Rolle spielen, aber zugleich im Sinne der Synergetik dabei sind, die Rolle eines Ordners zu übernehmen. Damit ist zugleich ein enormer Ideenexport verknüpft, der, wie es manchem europäischen Wissenschaftler erscheint, doch zuweilen die tatsächlichen wissenschaftlichen Errungenschaften nicht völlig gerecht wiedergibt. So manche europäische wissenschaftliche Leistung erfährt auf diese Weise nicht ihre gerechte Würdigung, alles scheint schließlich aus den USA zu uns zu kommen.

Synergetik über Synergetik

Die Synergetik gehört zu den wenigen Wissenschaftszweigen, deren Prinzipien auf sie selbst angewendet werden können. Ebenso wie in einem speziellen Wissenschaftszweig ein neues Paradigma entstehen kann, aufgrund dessen bisher verschieden erscheinende Vorgänge als etwas Einheitliches erkennbar werden, so ergeht es mit der Synergetik. Diese erlaubt ja nunmehr ganz verschiedenartige Erscheinungen, die völlig verschiedenen Disziplinen angehören, unter einem einheitlichen Gesichtspunkt darzustellen. Als ich dieses neue Gebiet begann, erschien es mir als ein waghalsiges Unternehmen, bei dem man leicht seinen wissenschaftlichen Namen und seinen wissenschaftlichen Ruf verlieren konnte. Zu diesem Zeitpunkt erschien die Behauptung allgemeiner Gesetzmäßigkeiten, wie sie in diesem Buch dargelegt sind, als ein kühnes Unterfangen. Aber wie sich bald gezeigt hat, war die Zeit reif, und die Idee der Synergetik hat sich nunmehr weitgehend durchgesetzt. Die Synergetik ist so selbst ein typisches Beispiel für die Entstehung einer neuen Wissenschaft geworden.
Vergleichen wir das Auftreten eines neuen Paradigmas, einer neuen Grundidee, mit einem Phasenübergang der Physik, so drängt sich die Frage auf, ob es auch im geistigen Bereich »kritische Fluktuationen« gibt, Schwankungen also, die die »Geburt« der neuen Idee begleiten, ihr vielleicht sogar vorauseilen, um aber dann schließlich von ihr verdrängt oder aufgesogen zu werden. Diese allgemeinen Thesen der Synergetik werden nun auch im Bereich der Synergetik als Wissenschaft in überraschender Weise untermauert. In der Tat sind praktisch gleichzeitig mit ihr mindestens zwei weitere Ideen geboren worden, die eine Vereinheitlichung der Gesamtwissenschaften zum Ziel haben. Hier handelt es sich zum einen um die Katastrophentheorie, die in der Öffentlichkeit mit dem Namen René Thom verknüpft ist, an deren Entwicklung und Anwendung aber auch andere Mathematiker wie Christopher Zeeman, Tim Poston und V. I. Arnold wesentlich beteiligt waren. Auf wohl kaum eine andere mathematische Theorie der neueren Zeit treffen Schillers Worte aus Wallenstein besser zu:»Von der Parteien Gunst und Haß verwirrt, schwankt sein Charakterbild in der Geschichte.« Wie kommt es, daß eine Theorie aus dem kristallklaren, abstrakten Gedankengebäude der Mathematik überhaupt mit einem so gefühlsbeladenen Ausspruch in Verbindung gebracht werden kann? Dazu müssen wir ein klein wenig weiter ausholen.
Nachdem die Katastrophentheorie auf große Anerkennung in Mathe-

matikerkreisen gestoßen war, wurde die Öffentlichkeit durch populäre Artikel in internationalen Nachrichtenmagazinen auf sie aufmerksam. In den begleitenden Bildern sah man Katastrophen, durch Feuersbrunst oder Erdbeben zerstörte Häuser, entgleiste Eisenbahnen und ähnliches. Gab es nun also eine Theorie, mit deren Hilfe sich solche Katastrophen voraussagen ließen? Um dies zu beantworten, müssen wir wiederum etwas weiter ausholen. Die Katastrophentheorie befaßt sich im Rahmen bestimmter mathematischer Gleichungen mit drastischen Änderungen – in diesem Sinne ganz ähnlich wie die Synergetik, wo ja ebenfalls plötzlich auftretende neuartige Zustände im Mittelpunkt der Untersuchungen stehen. So gestattet es z. B. die Katastrophentheorie zu untersuchen, wie eine Brücke unter einer kritischen Last zusammenbricht, Resultate übrigens, zu denen Ingenieure unabhängig von der Katastrophentheorie gelangt waren. Aber nun kommt der Punkt, an dem sich die Geister scheiden: Eine jede mathematische Theorie, ein jeder mathematischer Satz ist an bestimmte Voraussetzungen geknüpft. Z. B. lernen wir auf der Schule, daß die Winkelsumme im Dreieck 180° beträgt. Später auf der Universität, zum Teil aber auch in der Oberstufe unserer Gymnasien lernen wir dann, daß dies an eine bestimmte Voraussetzung geknüpft ist, daß nämlich die Axiome, die Grundannahmen der Euklidschen Geometrie gelten. Zeichnen wir ein Dreieck auf einer Kugel, etwa einem Globus, aus Großkreisen, so ist hier die Winkelsumme keineswegs mehr 180°. Analog verhält es sich mit der Katastrophentheorie. Diese ist nämlich an die sogenannte Potentialbedingung geknüpft, die ich hier nicht näher erläutern will, da dies zu fachspezifisch werden würde. Zwei Aspekte sind jedoch für die allgemeine Beurteilung wichtig:
Eine ganze Reihe von Mathematikern war deshalb von der Thomschen Theorie so angetan, weil Thom so wenig über die Potentialbedingung annehmen mußte, es war eben eine sehr »schöne« Theorie. Vom Standpunkt des Naturwissenschaftlers und Ingenieurs hingegen ist die Katastrophentheorie in vielen, gerade den wichtigsten Bereichen, wie den offenen Systemen, nutzlos, da die Potentialbedingung überhaupt nicht erfüllt ist. Wie sich nachweisen läßt, ist in offenen Systemen die Potentialbedingung prinzipiell nicht erfüllt, oder – noch anders ausgedrückt – in offenen Systemen, aber auch in den meisten abgeschlossenen Systemen, verlaufen die Naturvorgänge nach ganz anderen Gesetzmäßigkeiten, als sie die Katastrophentheorie postuliert.
Nachdem die Katastrophentheorie zuerst hochgelobt wurde, wurde sie dann plötzlich scharf angegriffen. G. B. Kolata veröffentlichte einen

Artikel unter der Überschrift: The Emperor Has no Clothes – Der Kaiser hat keine Kleider an. Er spielte damit auf das bekannte Märchen des weisen dänischen Erzählers Hans Christian Andersen (1805–1875) an. Nach diesem Märchen kommen Fremde zum Kaiser, die vorgeben, herrliche Gewänder weben zu können, die eine besondere Eigenschaft hätten: Dumme könnten diese Gewänder nicht sehen. Die Fremden beginnen nun scheinbar zu weben, niemand sieht ein Gewand entstehen, aber keiner traut sich, es zu sagen, da er ja damit seine Dummheit eingestehen müßte. Schließlich findet ein großer Umzug des Kaisers in seinen neuen »Kleidern« statt und alles preist bewundernd die Schönheit von des Kaisers neuen Kleidern (übrigens Andersens Beitrag zum Thema »öffentliche Meinung«). Schließlich aber ruft ein kleines Kind: Der Kaiser hat ja gar keine Kleider an.

Der Angriff von G. B. Kolata wie auch von H. J. Sussmann und R. S. Zahler auf die Katastrophentheorie rief nunmehr bei denen, die die Katastrophentheorie anwendeten, ihrerseits einen Sturm der Entrüstung hervor, wie er in zahlreichen Zuschriften an die Zeitschrift, die den Kolata-Artikel gebracht hatte, zum Ausdruck kam. Heute setzt sich eine gelassenere Betrachtungsweise, wenn auch erst langsam, durch – das uns aus den Phasenübergängen bekannte langsame Abklingen kritischer Fluktuationen ist auch hier zu beobachten. Es setzt sich nunmehr unter den Wissenschaftlern immer mehr das kollektive Bewußtsein, oder mit anderen Worten die wissenschaftliche Erkenntnis durch, daß die Katastrophentheorie nur ganz spezielle Anwendungen besitzt. Zudem kommt hinzu, daß Thom die Existenz von Fluktuationen völlig leugnet. Als Thom auf einem der von mir veranstalteten Synergetik-Symposien diese Meinung äußerte, stieß er auf starke Verwunderung bei den Physikern. In der Tat haben wir in diesem Buche immer wieder gesehen, daß Fluktuationen eine grundlegende Rolle bei vielen Prozessen der Synergetik spielen.

Ein weiterer interessanter Versuch einer Vereinheitlichung der Naturbetrachtung stammt von Ilya Prigogine, der von chemischen und biochemischen Prozessen ausging. Er unterschied dabei zwischen Strukturen, die, wie z. B. ein Kristall, nach ihrer Entstehung ohne weitere Energiezufuhr bestehen bleiben, und solchen, die nur eine ständige Energie- und vielleicht auch Stoffzufuhr aufrechterhält. Ein Beispiel für die letztere Struktur stellen die Bienenwabenzellen in Flüssigkeiten, die von unten her erhitzt werden, dar, die wir im 4. Kapitel kennenlernten. Die hier ständig zugeführte Wärmeenergie wird zum Teil in die Bewegungsenergie der Flüssigkeitswaben umgesetzt. Die Bewegungsmuster der Flüssigkeit erreichen aber deshalb einen stabilen Zustand, weil hier ständig Reibungsverluste auftreten, bei denen Energie »zerstreut«, oder, in der Fachsprache ausgedrückt, »dissipiert« wird. Prigogine prägte daher für diese Strukturen die Bezeichnung »dissipative Strukturen«. Ihr Auftreten sollte durch ein bestimmtes universelles Prinzip bestimmt sein. Dieses von P. Glansdorff und I. Prigogine aufgestellte Prinzip befaßt sich damit, wie Entropie, d. h. wie Unordnung auf mikroskopischer Ebene, bei dissipativen Vorgängen erzeugt wird. Wie von Rolf Landauer und von Ronald F. Fox gezeigt wurde, ist leider dieses Prinzip nicht universell gültig, und es hat auch nicht immer die von ihm behauptete Eigenschaft, eine sogenannte Ljapunov-Funktion zu sein. (Die Bedeutung einer solchen Funktion läßt sich übrigens leicht darstellen: Ebenso wie in einer Schale eine Kugel den tiefsten Punkt anstrebt, so gibt die Ljapunov-Funktion an, ob ein System einem stabilen Zustand zustrebt). Während dies wohl nur für die Experten von Interesse sein mag, ist ein anderer Gesichtspunkt sofort einleuchtend: Dieses Prinzip ist nämlich auch gar nicht in der Lage, vorauszusagen, welche »dissipativen Strukturen« überhaupt entstehen. Es kann z. B. weder die Eigenschaften des Laserlichts, noch die Form der Bénardzellen, also die Bienenwabenstruktur bei Flüssigkeiten, voraussagen.

Dies vermögen in der Tat erst die in der Synergetik benutzten oder sogar hierzu neu entwickelten mathematischen Methoden.

Erfolgreicher war ein zweiter, von der Brüsseler Schule eingeschlagener Weg: Die mathematische Formulierung und Behandlung eines chemischen Modells, das zu makroskopischen Oszillationen der Konzentrationen zweier Stoffe oder auch zu räumlichen Mustern Anlaß gibt. In diesem Modell sollen zwei chemische Substanzen nach bestimmten Regeln miteinander reagieren und in einer oder auch zwei Dimensionen, also wie in einem Löschblatt, diffundieren, ganz ähnlich, wie z. B. das Modell von Gierer und Meinhardt, das wir bei der biologischen Gestaltbildung besprachen. Diese Modelle können als eine wesentliche Erweiterung des Turingschen Modells, von dem in Kap. 6 die Rede war, betrachtet werden. In dem Turingschen Modell sollte ein Stoffaustausch zwischen *zwei* Zellen, in denen sich jeweils eine chemische Reaktion abspielt, möglich sein, und dadurch sollte es zu einer »Zelldifferenzierung« kommen. Die neueren Arbeiten der Brüsseler Schule haben inzwischen eine Richtung genommen, wie sie von der Synergetik z. B. beim Laserproblem von Anfang an eingeschlagen wurde.

17. Kapitel

Rückblick

Ein neues Prinzip

Der Leser, der uns bis zu diesem Kapitel gefolgt ist, wird nun bald am Ende dieses Buches angelangt sein. Ganz zu Anfang verglichen wir ein komplexes System mit einem Buch. Es hat vielerlei Aspekte und was ein Einzelner als charakteristische Eigenschaften eines komplexen Systems ansieht, hängt oft ganz wesentlich von seiner persönlichen Einstellung ab. So wird es auch dem Leser mit diesem Buch selbst gehen. Er wird viele Einzeltatsachen aus ganz verschiedenen Gebieten kennengelernt haben, einige mögen ihn mehr oder weniger interessiert oder angesprochen haben. Einigen Schlußfolgerungen, besonders im wirtschaftlichen und soziologischen Bereich, wird er vielleicht begeistert zustimmen oder andere zutiefst ablehnen. Aber neben all diesen Einzeleindrücken bleibt eine Frage, die der Wissenschaftler immer stellt: Bleiben nämlich diese Einzelteile wie ein wirres Mosaik nebeneinander stehen oder fügen sie sich zu einem einheitlichen Ganzen zusammen? Mit anderen Worten, vermag dieses Buch eine neue allgemeingültige Einsicht zu vermitteln? Verweilen wir zur Beantwortung dieser Frage zunächst im naturwissenschaftlichen Bereich, also in Physik, Chemie, Biologie und verwandten Gebieten.

Wir hatten zu Anfang von den Schwierigkeiten gesprochen, denen sich die Physik noch vor kurzer Zeit bei der Beantwortung der Frage gegenübersah, ob die Entwicklung biologischer Strukturen mit ihren Grundprinzipien vereinbar ist. Wie wir an einer Reihe konkreter Beispiele sahen, kann es auch in der unbelebten Natur zu Strukturbildungen kommen, wobei diese Strukturen durch einen ständigen Strom von Energie aufrechterhalten werden. Beispiele hierfür waren der Laser mit seiner streng geordneten Lichtausstrahlung, Bienenwabenstrukturen in Flüssigkeiten oder Spiralwellen in der Chemie. Bei all diesen Beispielen handelt es sich um Systeme, bei denen ständig ein Energiefluß, zum Teil auch ein Fluß ständig neuer Stoffe, dem System zugeführt, in ihm verwandelt und schließlich in veränderter Form wieder ausgeschieden wird. Es handelt sich dabei um sogenannte offene Systeme. Hier setzt nun die neue Erkenntnis der Synergetik ein. Für offene Systeme gilt das Prinzip nicht mehr, daß die Unordnung in einem System immer größer wird, wenn man dieses System sich selbst überläßt. Das alte Boltzmannsche Prinzip, nach dem die Entropie ein Maß für die Unordnung ist und einem Maximum zustrebt, gilt eben nur für abgeschlossene Systeme. Bei diesem Boltzmannschen Prinzip kam es, wie wir im Kapitel 2 über das Anwachsen der Unordnung gesehen haben, nur auf die Zahl von Möglichkeiten an, etwa die verschiedenen Lagen der Gasmoleküle, die ein System, in diesem Fall das gesamte Gas, im einzelnen verwirklichen kann. Es handelt sich hier also jeweils um eine ganz bestimmte Zahl und damit um ein *statisches* Prinzip. Gibt es nun aber ein gemeinsames neues Prinzip für die Entstehung von Strukturen in offenen Systemen? Dies ist es gerade, was die Synergetik vor allem zutage gefördert hat. In einem offenen System testen die einzelnen Bestandteile ständig neue Lagen zueinander, neuartige Bewegungsabläufe oder neuartige Reaktionsvorgänge, an denen jeweils sehr viele Einzelteile des Systems beteiligt sind. Unter dem Einfluß der ständig zugeführten Energie oder auch ständig neu zugeführter Materie zeigen sich eine oder einige solcher gemeinschaftlicher, d. h. kollektiver, Bewegungen oder Reaktionsabläufe anderen überlegen. Diese speziellen Abläufe verstärken sich also immer mehr, wie wir das bei der Laserwelle oder bei der Ausbildung von Flüssigkeitsrollen ganz deutlich sahen, oder, mit anderen Worten, sie wachsen immer mehr an. Schließlich gewinnen sie über die anderen Bewegungsformen die Oberhand und versklaven, im Fachausdruck der Synergetik, alle anderen Bewegungsformen. Diese neuen Bewegungsabläufe – auch Moden genannt – prägen also dem System eine makroskopische Struktur auf, die wir als Menschen oft sehr leicht wahrnehmen können. Die neuen Zustände, die das System so erreicht, erscheinen uns in der Regel als von höherer Ordnung. Wir haben dabei ein dynamisches Prinzip vor uns: Es kommt auf die Wachstumsraten der Moden an; die mit der höchsten Rate setzen sich in der Regel durch und bestimmen die makroskopischen Strukturen. Haben mehrere dieser Kollektivbewegungen, die wir auch als die Ordner bezeichneten, gleiche Wachstumsraten, so können diese unter Umständen auch miteinander kooperieren und so wieder eine ganz neuartige Struktur zustande bringen. Um zu erreichen, daß bestimmte

Wachstumsraten positiv werden (auch in der Natur gibt es Nullwachstum oder negatives Wachstum), muß die Energiezufuhr hinreichend groß sein. Bei bestimmten kritischen Werten der Energiezufuhr kann sich dann der Gesamtzustand eines Systems makroskopisch ändern, d. h. eine neue Ordnung tritt auf. Die Natur verwendet dabei die zugeführte Energie nach einer Art Hebelgesetz. Nach dem Hebelgesetz der Mechanik können wir auch sehr schwere Lasten mit geringer Kraft heben, wenn wir nur den eigenen Hebelarm genügend lang machen. Ähnlich macht es die Natur bei offenen Systemen, die Strukturen bilden.

Eine geringfügige Änderung der Umweltbedingungen, etwa der Stromzufuhr beim Laser oder der Temperaturerhöhung bei der Flüssigkeitsschicht, wird in ihrer Wirkung dadurch vervielfacht, daß eine ganz bestimmte Bewegungsform immer heftiger wird. Die Stärke dieser Bewegung spielt, wie man mathematisch nachweisen kann, die Rolle des Hebelarms, die Änderung der Umweltbedingungen hingegen die Rolle unserer Kraft am Hebelarm, während die Erhöhung des makroskopischen Ordnungszustands der zu hebenden Last entspricht.

Brücken von der unbelebten zur belebten Natur

Das Anliegen der Synergetik ist aber nicht nur das Auffinden allgemeiner Gesetzmäßigkeiten in der unbelebten Natur, sondern sie will gerade eine Brücke von der unbelebten Natur zur belebten Natur bauen. Zwei Erkenntnisse sind es, die diesen Brückenschlag besonders ermöglichen: zum einen die Erkenntnis, daß wir es auch in der belebten Natur ausschließlich mit offenen Systemen zu tun haben, und zum anderen die Idee des Wettbewerbs zwischen Moden. Beginnen wir mit dieser letzteren. Die Idee, daß die verschiedenen Wachstumsraten einzelner kollektiver Bewegungsformen (oder Moden) darüber entscheiden, welche Struktur sich schließlich durchsetzt, bedeutet, daß ein ständiger Wettbewerb zwischen diesen verschiedenen Bewegungsformen stattfindet. Dies erinnert natürlich sehr stark an die Grundidee des Darwinismus für die belebte Natur, wo der Wettkampf der Arten Motor der Entwicklung ist. Wir erkennen nun, daß der Darwinismus der Spezialfall eines noch umfassenderen Prinzips ist. Der Wettkampf findet auch schon in der unbelebten Materie statt. Nach unserem jetzigen Wissensstand spielen derartige Konkurrenz-Vorgänge beim Wachstum und bei der Entwicklung eines jeden Lebewesens selbst statt, sei es bei der Formenbildung oder der Entwicklung des Gehirns. Dieses Prinzip des Wettkampfs kollektiver Verhaltensweisen gilt aber nicht nur für die unbelebte Welt und die Lebewesen, sondern auch im geistigen Bereich, wie wir es in der Soziologie deutlich sahen. Dies gilt bis hin zu neuen Ideen der Wissenschaft, die in einem ständigen Wettstreit miteinander leben und die nur durch das kollektive Bemühen und kollektive Bewußtsein der Wissenschaftler entwickelt und weitergetragen werden können.

Die andere Erkenntnis, die wir nochmals genauer betrachten wollen, bezieht sich auf die offenen Systeme, die in der unbelebten wie auch in der belebten Natur vielfältige Strukturen bilden können.

Leben zwischen Feuer und Eis

Die Existenz von Feuer einerseits, etwa dem Feuer der Sonne, und der Eiseskälte des Weltraums andererseits, bedeutet, daß das Weltall nicht im thermischen Gleichgewicht ist. Es war auch noch nie in diesem. Als die Welt nach unseren jetzigen Vorstellungen im Urknall entstand, war sie zwar ein unglaublich heißer Feuerball, zugleich aber dehnte sich das Weltall aus und sorgte dabei für die Abkühlung. Von Anfang an war also für den Gegensatz von ungeheurer Hitze und ungeheurer Kälte gesorgt. Ob das Leben weiter bestehen kann, hängt davon ab, ob der Kosmos ständig diesen Gegensatz aufrechterhalten kann. Ich glaube, daß hierüber das letzte Wort noch nicht gesprochen ist. Nach neuesten Vorstellungen der Astrophysiker hat das Weltall noch eine bewegte Zukunft vor sich, die allerdings dem Leben nicht immer freundlich gesonnen ist. So kann unsere Sonne eines Tages in ferner Zukunft explodieren und zu einem roten Riesen werden. Es können sogenannte schwarze Löcher im Weltraum aufreißen, die alles, was in ihre Nähe kommt, mit unwiderstehlicher Gewalt in sich hineinziehen und verschlingen. Aber diese schwarzen Löcher können schließlich auch wieder verdampfen. Nach vielerlei Hin und Her ist die Energie soweit verpufft und die Materie so umgewandelt, daß schließlich nur noch riesige Eisenkugeln im Weltall als tote Materie übrigbleiben. In diesen Zukunftsvisionen stecken natürlich einige Annahmen. Eine davon ist, daß sich unsere Welt immer weiter ausdehnt. Diese Ausdehnung ist wissenschaftlich gut fundiert. Die Grundidee hierzu ist ganz einfach und beruht auf der sogenannten Flucht der Spiralnebel, die mit der Rotverschiebung des Lichts dieser Spiralnebel begründet wird. Beim in der Physik wohlbekannten Phänomen der Rotverschiebung handelt es sich um folgendes: Strahlt ein ruhender Körper gelbes Licht ab, so erscheint uns dieses nach Rot verschoben, wenn er sich von uns entfernt. Nun hatten Astronomen schon seit langem festgestellt, daß Spiralnebel, die weiter von uns entfernt sind, »röter« erscheinen als näher gelegene. Sie schlossen daraus, daß diese weiter entfernten Spiralnebel sich fortbewegen, und zwar um so schneller, je weiter außen sie im Weltraum liegen. Aus diesen Befunden schloß man, daß das Weltall sich ständig ausdehnt. Wird sich aber diese Ausdehnung ständig fortsetzen? Es kann nämlich durchaus sein, daß diese Ausdehnungsbewegung eines Tages zum Stillstand kommt und sich das Weltall wieder zusammenzieht. Dann würde es voraussichtlich am Schluß in einem heißen Feuerball enden, und das ganze Spiel kann von neuem beginnen – vielleicht sogar eine ewige Wiederkehr? Es wäre aber auch denkbar, obwohl es hierüber noch wenig Theorien gibt, daß im Weltall selbst immer wieder eine Art Urknall, vielleicht jedoch in kleinerem Umfang, stattfindet, so daß hier immer wieder neue Energiequellen auftauchen. Ich halte diese Schlußfolgerung für nicht spekulativer als die, daß schließlich die Materie in toten Eisenkugeln enden wird.

Noch ein Charakteristikum des Lebens?

Wenn Leben aufgrund des Gegensatzes von heiß und kalt möglich wird, so können wir uns natürlich fragen, ob es nicht auch auf anderen Sternen Leben gibt. Hierbei denkt man natürlich wohl meist an Leben auf Sternen, die dem Planeten Erde in ihren Bedingungen ähnlich sind. Da aber bereits die unbelebte Materie eine Vielfalt von kollektiven Bewegungsformen hervorbringen kann, könnte man auch darüber spekulieren, ob es nicht ganz andere Arten von Leben gibt. So weiß man ja, daß die Sonne ein Plasma ist, in dem sich die kompliziertesten Kollektivbewegungen, zumeist als Plasmainstabilitäten bezeichnet, abspielen. Könnten derartige Vorgänge nicht schließlich Eigenschaften haben, die man in Analogie zum Leben setzen könnte? Wenngleich diese Gedanken vielleicht nicht völlig von der Hand zu weisen wären, so kommt beim Leben auf der Erde etwas hinzu, was wir bei offenen Systemen der unbelebten Natur nicht haben. Schalten wir nämlich etwa den Energiefluß in einem Laser oder bei den von unten erhitzten Flüssigkeiten ab, so bricht die Struktur, die sich einmal ausgebildet hat, sehr rasch wieder zusammen. Die Lebewesen haben es aber verstanden, zugleich feste Strukturen aufzubauen. Dies gilt von den Grundbausteinen, den Biomolekülen, wie etwa der DNS, bis hin etwa zum Knochengerüst oder zum ganzen Körper selbst. Die Natur hat es also verstanden, die Formbildungsvorgänge immer wieder in feste Strukturen niederzulegen. Dies ermöglicht es den Lebewesen, auch noch hinzulernen zu können, sei es als einzelnes Lebewesen, sei es als Gesamtheit der Lebewesen, die sich von einer Stufe zur nächsten entwickeln konnten. Wie mir scheint, ist gerade an dieser Nahtstelle zwischen fester Struktur einerseits und der Funktion, die diese Strukturen dann ausführen und durch die sie auch wieder gebildet werden, noch ungeheuer viel Forschungsarbeit zu leisten und es ist zu vermuten, daß hier noch tiefliegende Grundprinzipien zu entdecken sind, von denen wir heute wahrscheinlich kaum etwas ahnen.

Grenzen der Erkenntnis

Wie wir in diesem Buch sahen, hat die Synergetik in ganz verschiedenen Gebieten gleichartige Gesetzmäßigkeiten bei der Entwicklung von Strukturen aufgezeigt.
Bestimmte Ordnungszustände wachsen immer mehr an und setzen sich schließlich durch, bis sie alle Teile eines Systems versklaven und in den Ordnungszustand hereinziehen. Oft trifft eine nicht vorhersehbare Fluktuation die endgültige Auswahl zwischen an sich gleichberechtigten Ordnungszuständen. Diese Erscheinungen treten uns auch im geistigen Bereich entgegen.
Solche Entwicklungen sehen wir bei der Sprache, bei der Kunst, der Kultur oder beim Denken überhaupt. Plötzlich tritt ein neuer geordneter Zustand auf. Wie beim Zusammenwachsen eines Bildes bei einem Puzzle wird mit einem Mal eine ganz neue Richtung deutlich. Plötzlich ist ein Zustand höherer Ordnung oder im geistigen Bereich eben hoherer Einsicht da. Im naturwissenschaftlich-technischen Bereich können wir in vielen Fällen die neuen Ordnungszustände vorausberechnen. Im rein geistigen Bereich geht das natürlich nicht mehr. Aber wir erkennen doch, daß die gleichen qualitativen Gesetzmäßigkeiten gelten.
Nachdem alles schließlich aus Materie besteht und wir nunmehr sehen, daß die Gesetze der Selbstorganisation nicht den Gesetzen der Physik widersprechen, sondern mit ihnen verträglich sind, drängt sich natürlich sofort die Frage danach auf, ob ein Schöpfer überhaupt noch notwendig ist. Hier steht wohl jeder von uns an einer Weggabelung. Es steht ihm frei, an einen Schöpfer zu glauben oder nicht. Der eine wird sagen: Wir

können diese ganzen Entwicklungen ja nun wenigstens im Prinzip auf materiellem Gebiet verstehen. Alles ist durch Selbstorganisation entstanden. Der andere wird sich daran erinnern, daß z. B. bei der Konstruktion von Rechenmaschinen es sich als äußerst schwierig erweist, grundsätzliche Regeln aufzustellen, die dann die Selbstorganisation der Computer gewährleisten.

Dieser andere wird also sagen: Nachdem alles in so wundervoller Weise in der Natur entstanden ist, muß ein Schöpfer da gewesen sein, der erst einmal die richtigen Gesetze geschaffen hat, damit sich dann die Selbstorganisation der Materie verwirklichen kann.

Zugleich tritt noch ein Gesichtspunkt hervor, der uns in unserem Buch nie verließ und der etwas Unheimliches an sich hat. Immer wieder mußten wir bei der Entstehung neuer Ordnungszustände mit zufälligen Ereignissen rechnen, ja oft wurde der neue Zustand erst durch diese endgültig bestimmt. Hier geraten wir nun an Probleme, die wohl bei weitem noch nicht ausgelotet sind. Sollten wir etwa sagen, beim Zustandekommen einer speziellen Laserschwingung handelt es sich um Zufälle, beim Zustandekommen eines bestimmten Biomoleküls hingegen nicht?

Hier erkennen wir eine erste Grenze unserer Erkenntnisse, die meiner Ansicht nach eine fundamentale Grenze ist. Wie es immer deutlicher wird, gibt es in den Naturwissenschaften und wohl erst recht im philosophischen oder soziologischen Bereich Probleme, die prinzipiell nicht oder nicht eindeutig lösbar sind. Dies mag uns zugleich überraschen und schockieren. Tatsächlich konnte aber der Mathematiker Kurt Gödel (* 1906) zeigen, daß es selbst in der strengen Mathematik Aufgaben gibt, bei denen man grundsätzlich nicht weiß, ob man sie lösen kann oder nicht, oder – genauer gesagt – bei denen das Problem der Lösung nicht entscheidbar ist.

Wenn wir solche Einsichten der Mathematik auch auf andere Wissenschaftszweige zumindest intuitiv ausdehnen, so müssen wir damit rechnen, daß es Fragen gibt, die wir prinzipiell nicht beantworten können. Gerade ein junger Leser mag hier nun enttäuscht sein. Ihm sei aber zum Trost gesagt, daß es ungeheuer viele Probleme gibt, die sich lösen lassen und die auch für das weitere menschliche Dasein gelöst werden müssen, um ein Weiterbestehen der Menschheit zu gewährleisten.

Anhang

Literaturhinweise und Anmerkungen

Da die Synergetik Querverbindungen zwischen sehr vielen Wissensgebieten herstellt, ist die Zahl der Einzelarbeiten, zu denen Beziehungen aufgestellt werden können, fast unübersehbar und insbesondere in einem allgemeinverständlichen Buch wie diesem gar nicht wiederzugeben. Ich muß mich daher im folgenden auf einige wesentliche Hinweise beschränken. Dabei führe ich einerseits solche Originalarbeiten oder Artikel auf, deren Ergebnisse im vorliegenden Buch verwendet wurden. Andererseits gebe ich für den interessierten Leser Hinweise auf weiterführende oder ergänzende Literatur. Die Hinweise sind nach den einzelnen Kapiteln gegliedert.

1. Vorwort, Einleitung und Übersicht

M. Eigen, R. Winkler-Oswatitsch: »Das Spiel«, Piper, München 1975.
Der Begriff »Synergetik« wurde von mir in meiner Vorlesung an der Universität Stuttgart, WS 1970, eingeführt, siehe auch: H. Haken, R. Graham: »Synergetik. Die Lehre vom Zusammenwirken«, Umschau 6, 191 (1971).
Eine wissenschaftliche Darstellung gibt die Monographie H. Haken: »Synergetics. An Introduction. Nonequilibrium Phase Transitions in Physics, Chemistry and Biology«, Zweite erweiterte Auflage, Springer, Berlin 1978 (Bd. 1 der Springer Series in Synergetics), deutsch »Synergetik. Eine Einführung. Nichtgleichgewichts-Phasenübergänge und Selbstorganisation in Physik, Chemie und Biologie«. Springer, Berlin 1981.
Eine Reihe von Aspekten wird von führenden Wissenschaftlern in den folgenden Konferenz-Bänden abgehandelt: »Synergetics. Cooperative Phenomena in Multi-Component Systems«, hrsg. von H. Haken, Teubner, Stuttgart 1973; »Cooperative Effects. Progress in Synergetics«, hrsg. von H. Haken, North Holland, Amsterdam 1974.
Sowie in den Bänden der Springer Series in Synergetics: Bd. 2: »Synergetics. A Workshop«, hrsg. von H. Haken, Springer, Berlin 1977; Bd. 3: »Synergetics: far from Equilibrium«, hrsg. von A. Pacault und C. Vidal, Springer, Berlin 1978; Bd. 4: »Structural Stability in Physics«, hrsg. von W. Güttinger und H. Eikemeier, Springer, Berlin 1979; Bd. 5: »Pattern Formation and Pattern Recognition«, hrsg. von H. Haken, Springer, Berlin 1979; Bd. 6: »Dynamics of Synergetic Systems«, hrsg. von H. Haken, Springer, Berlin 1980; Bd. 8: »Stochastic Nonlinear Systems in Physics, Chemistry and Biology«, hrsg. von L. Arnold, R. Lefever, Springer, Berlin 1981; sowie in der Monographie Bd. 7: L. A. Blumenfeld: »Problems of Biological Physics«, Springer, Berlin 1981.
Der im vorliegenden Buch verwendete Begriff des Ordners entspricht dem in der Fachliteratur der Synergetik verwendeten Begriff des Ordnungsparameters (Englisch:

order parameter), der dort in mathematisch präziser Weise definiert wird. Ebenso besitzt dort das Versklavungsprinzip eine mathematisch präzise Fassung (vgl. hierzu: H. Haken: »Synergetics, An Introduction . . .« (a.a.O.) Die Wichtigkeit einer ganzheitlichen (»systemischen«) Betrachtungsweise wird auch in dem Buch von F. Vester: »Neuland des Denkens«, DVA, Stuttgart 1980, betont. Darüberhinaus weist aber die Synergetik die tiefgreifenden Analogien im Verhalten der verschiedenartigsten Systeme auf.

2. Wächst die Unordnung immer mehr an? Der Wärmetod der Welt.

L. Boltzmann: Entropie-Verteilungsfunktion, Sitzungsber. Akad. Wien *63*, 712 (1871).

3. Kristalle, geordnete, aber tote Strukturen

Eine allgemeinverständliche Einführung in die Festkörperphysik gibt H. Pick: »Einführung in die Festkörperphysik«, Wiss. Buchgesellschaft, Darmstadt 1978.
Eine Darstellung von Phasenübergängen gibt H. E. Stanley: »Phase Transitions and Critical Phenomena«, Clarendon, Oxford 1971.

4. Flüssigkeitsmuster, Wolkenbilder und geologische Formationen

Das Entstehen von Bewegungsmustern bei einer von unten erhitzten Flüssigkeit wurde zuerst von H. Bénard: Rev. Gen.Sci. Pures. Appl. *12*, 1261 (1900); Annls. Chim.Phys. *23*, 62 (1901) beschrieben. In den letzten Jahren erlebte dieses Gebiet ein wahres Come-back. Die neuen Experimente von Busse, Gollub, Koschmieder, Swinney und anderen sind u. a. in den Bänden 2 und 5 der Springer Series in Synergetics beschrieben. Bezüglich einer theoretischen Behandlung im Rahmen der Synergetik vgl. H. Haken: Synergetics, a.a.O. Zur Kontinentalverschiebung siehe: H. Berckheimer: Vortrag auf der 111. Versammlung Deutscher Naturforscher und Ärzte, Hamburg 1980.

5. Es werde Licht – Laserlicht

Laserprinzip: A. L. Schawlow, C. H. Townes: Phys. Rev. *112*, 1940 (1958). Der Maser wurde unabhängig voneinander von J. P. Gordon, H. J. Zeiger, C. H. Townes: Phys. Rev. *95*, 282 (1954); 99, 1264 (1954), sowie von N. G. Basov, A. M. Prokhorov: J. Exptl. Theor. Phys. USSR *27*, 431 (1954); *28*, 249 (1955) entwickelt. (Nobelpreis Basov, Prokhorov, Townes, im Jahr 1964). Der erste Laser wurde von T. H. Maiman: Brit. Commun. Electr. *7*, 674 (1960); Nature *187*, 493 (1960) mit Hilfe eines Rubins verwirklicht.
Statistische nichtlineare Theorie des Laserlichts: H. Haken: Z. Physik *181*, 96 (1964). Siehe auch H. Haken: »Laser Theory« Handbuch der Physik XXV/2c, Springer, Berlin 1970, sowie H. Haken: »Licht und Materie«, Bibliographisches Institut, Mannheim 1981. Der Phasenübergang des Lasers wurde aufgezeigt von R. Graham, H. Haken: Z. Physik *213*, 420 (1968); *237*, 31 (1970), V. DeGiorgio, M. O. Scully: Phys. Rev. *A2*, 1170 (1970).

6. Chemische Muster

Über chemische Oszillationen (chemische Uhren) wurde bereits 1921 berichtet: C. H. Bray: J. Am. Chem. Soc. *43*, 1262 (1921).
Eine mathematische Theorie von chemischen Oszillationen gab bereits: K. F. Bonhoeffer: Z. Elektrochemie u. angewandte physikalische Chemie *51*, 24 (1948). Die Belousov-Shabotinsky Reaktion: B. P. Belousov: Sb.ref.radats. med. Moscow (1959), V. A. Vavilin, A. M. Shabotinsky, L. S. Yaguzhinsky: »Oscillatory Processes in

Biological and Chemical Systems« (Moscow Science Publication 1967), S. 181.
Allgemeinverständliche Darstellungen finden sich bei A. T. Winfree: Science, *175*, 634 (1972); Sci. Am. *230*, 82 (1974).

7. Biologische Evolution. Der Beste überlebt.

Bei der Darstellung der Prioritätsfrage Darwin – Wallace folgen wir R. K. Merton: »The Sociology of Science«, The University of Chicago Press, Chicago 1973. Die Original-Mitteilung von Darwin und Wallace lautete: »On the Tendency of Species to Form Varieties and on the Perpetuation of Varieties and Species by Natural Means of Selection«, by C. Darwin and A. R. Wallace. Communicated by Sir C. Lyell and J. D. Hooker, Journal of the Linnean Society 3 (1859); 45. Read, 1. July 1858.
Es würde den Rahmen dieses Buches sprengen, auf den Einfluß, den Darwins Theorien auf die Sozialwissenschaften hatten, und die Kritik am Sozialdarwinismus hier näher einzugehen. Siehe dazu z. B. R. Hofstadter: »Social Darwinism in American Thought«, Braziller, New York 1959.
Die Konkurrenz zwischen Laserschwingungen wird dargestellt bei H. Haken, H. Sauermann: Z. Physik *173*, 261 (1963).
Konkurrenz von Biomolekülen, präbiotische Evolution: M. Eigen: Die Naturwissenschaften *58*, 465 (1971); M. Eigen, P. Schuster: Die Naturwissenschaften *64*, 541 (1977); *65*, 7 (1978); *65*, 341 (1978); M. Eigen, W. Gardiner, P. Schuster, R. Winkler-Oswatitsch: »The Origin of Genetic Information«, Scientific American *244*, April 1981, S. 78.

8. Überleben ohne der Beste zu sein

V. Volterra: Mem. Acad. Lincei *2*, 31 (1926); A. J. Lotka: J. Wash. Acad. Sci. *22*, 461 (1932).
Mathematische Modelle für unregelmäßige Schwankungen von Insektenpopulationen gibt R. M. May: »Model Ecosystems«, Princeton Univ. Press, Princeton, 1974.

9. Wie entstehen biologische Organismen? Vererbung durch Moleküle

Eine allgemeinverständliche Darstellung (einschließlich der Geschichte der Entdeckung der Doppelhelix) gibt J. D. Watson: »Die Doppelhelix«, Rowohlt Taschenbuch, Hamburg 1973.
Zum Schleimpilz siehe z. B. G. Gerisch, B. Hess: Proc. nat. Acad. Sci. *71*, 2118 (1974), sowie insbesondere zum Nachweis der Spiralwellen: K. J. Tomchik, P. N. Devreotes: Science *212*, 443 (1981).
Ein Modell zur Zelldifferenzierung gab A. M. Turing: Phil.Trans.R.Soc. London *B237*, 37 (1952).
Ein detailliertes Modell von biologischen »Musterbildungen«, das auf Reaktions-Diffusions-Gleichung beruht, entwickelten u. a. A. Gierer, H. Meinhardt: Kybernetik *12*, 30 (1972).
Eine Behandlung dieses Modells mit den Konzepten der Synergetik geben H. Haken, H. Olbrich: J. Math. Biol. *6*, 317 (1978).
Eperimenteller Nachweis von Anregungs- und Hemmstoffen in Hydra: Tobias Schmidt, Cornelius J. P. Grimmelikhuijzen, H. Chica Schaller, in: »Developmental and Cellular Biology of Coelenterates«, hrsg. von P. Tardent, R. Tardent, Elsevier/North Holland Biochemical Press 1980, S. 395.
Die Rolle des Nervenwachstumsfaktors wird dargestellt in R. Levi-Montalcini, P. Calissano: »The Nerve-Growth Factor« Sci. Am. *240–6*, 44 (1979).

10. Konflikte sind manchmal zwangsläufig

Psychologische Testbücher: J. G. Howeller, J. R. Lickorish: »Familien-Beziehungs-Test«, Ernst Reinhardt Verlag, München/Basel 1975. S. Rosenzweig: »Aggressive Behaviour and the Rosenzweig Picture Frustration Study«, Praeger, New York 1978. B. Bettelheim: »Erziehung zum Überleben«, DVA, Stuttgart 1980.

11. Das Chaos, der Zufall und das mechanistische Weltbild

Zu philosophischen Grundfragen der Quantentheorie vgl. C. F. v. Weizsäcker: »Zum Weltbild der Physik« Hirzel, Leipzig 1945, Stuttgart 1970; C. F. v. Weizsäcker: »Die philosophische Interpretation der modernen Physik«, Nova Acta Leopoldinae, Barth, Leipzig 1972; W. Heisenberg: »Der Teil und das Ganze«, Piper, München 1969.
Chaos bei Flüssigkeitsbewegungen: E. N. Lorenz: J. Atmos. Sci. 20, 130 (1963).
Chaos in der Belousov-Shabotinsky-Reaktion, siehe z. B. O. E. Roessler: Z. Naturforschg. 31a, 259 (1976); Bull.Math.Biol. 39, 275 (1977).
Chaos in der Biologie: R. M. May: »Model Ecosystems«, Princeton Univ.Press, Princeton 1974.
Unregelmäßige Bewegungen in der Himmelsmechanik: H. Poincaré: »Les Methodes Nouvelles de la Méchanique Céleste«, Reprint Dover, New York 1957.
Eine Übersicht über charakteristische Beispiele von Chaos gibt S. Großmann: Vortrag auf der 111. Tagung Deutscher Naturforscher und Ärzte, Hamburg 1980.
Zur Energiegewinnung durch Kernfusion siehe H. Zwicker: »Kernfusion als mögliche Energiequelle der Zukunft«, in: Brennpunkte der Forschung, herausgegeben von W. Weidlich DVA, Stuttgart 1981.

12. Synergetische Effekte in der Wirtschaft.
Zu »Wohlstand und wirtschaftliche Depression« sowie »Technische Neuerungen« etc.

Das hier besprochene Modell stammt von Gerhard Mensch, Klaus Kaasch, Alfred Kleinknecht und Reinhard Schnopp: IIM/dp 80–5, »Innovation Trends, and Switching between Full- and Under-Employment Equilibria«, 1950–1978, Discussion paper series, International Institute of Management, Wissenschaftszentrum Berlin.
Im vorliegenden Buch folge ich meiner Diskussionsbemerkung anläßlich des Vortrags von G. Mensch an der Universität Stuttgart, Sommersemester 1980. Auch weichen einige meiner Schlußfolgerungen von denen der zitierten Arbeit ab.

13. Sind Revolutionen vorhersagbar?

Isaac Asimov: »The Foundation«, Avon Books, New York 1964.
Elisabeth Noelle-Neumann: »Die Schweigespirale«, R. Piper & Co, München 1980. Eine Reihe der folgenden Zitate verdanke ich diesem Buche.
Solomon E. Asch: »Group Forces in the Modification and Distortion of Judgements«, in: Social Psychology, Prentice Hall Inc. New York 1952, S. 452.
Das Buch von E. Noelle-Neumann enthält eine ganze Reihe ihrer eigenen Untersuchungen mit Hilfe demoskopischer Methoden zu dieser Problematik.
Jean-Jacques Rousseau: »Dépêches de Venise, XCI«. La Pléiade. Gallimard, Paris 1964, Band 3, S. 1184.
James Madison, in: The Federalist, 1788, No. 49, February 2.
Alexis de Tocqueville: »Autorität und Freiheit«, Rascher, Zürich, Leipzig 1935, S. 55.
James Bryce: »The American Commonwealth«, Macmillan, London, Vol. II, Part IV, Chapter LXXXV, S. 337.
Guy de Maupassant: »Bel Ami«.

Walter Lippmann: »Public Opinion«, The Macmillan Comp., New York 1922, 1954; deutsch: »Die öffentliche Meinung«, Rütten u. Loenig, München 1964.
Niklas Luhmann in: Politische Vierteljahrsschrift, 11. Jg., 1970, Heft 1, S. 2–28.
David Hume: »Essays Moral, Political and Literary«, Oxford University Press, London 1963, S. 29.
Jean-Jacques Rousseau: »Schriften zur Kulturkritik«, französisch-deutsche Ausgabe. Deutsche Übersetzung von Kurt Weigand, Felix Meiner, Hamburg 1978, S. 257.
Phasenübergangsanalogien von Revolutionen: W. Weidlich, in: H. Haken (Hrsg.), »Synergetik«, Teubner, Stuttgart 1973.
A. Wunderlin u. H. Haken: »Vortrag zum Projekt Mehrebenenanalyse im Rahmen des Forschungsschwerpunkts Mathematisierung«, Universität Bielefeld 1980, s. a. H. Haken: »Synergetik. Eine Einführung« (a.a.O.)
Ivan London: Vorabdruck 1981. Alexis de Tocqueville: »L'Ancien Régime et la Révolution«, deutsch: Das alte Staatswesen und die Revolution, Leipzig 1857.

14. Beweisen Halluzinationen Gehirntheorien?

Einen guten allgemeinverständlichen Überblick über Gehirnforschung gibt: »The Brain«, Scientific American, September 1979; D. H. Hubel, T. H. Wiesel: The Journal of Physiology, 195, No 2, 215, November 1968 (Experimente zum visuellen System von Affen). J. D. Cowan, G. B. Ermentrout, in: Springer Series in Synergetics, Bd. 5, S. 122, l.c. (Theorie drogeninduzierter Halluzinationen).
Epileptische Anfälle siehe z. B.: A. Babloyantz, in: Springer Series in Synergetics, Bd. 6, S. 180, l.c.
bezüglich Hebbsche Synapse siehe: D. Hebb: »Organization of behavior«, Wiley, New York 1979.

15. Die Emanzipation des Computers: Wunsch oder Alptraum?

Zur Mustererkennung siehe: K. S. Fu: »Digital Pattern Recognition«, Springer, Berlin, Heidelberg, New York 1976; K. S. Fu: »Syntactic Pattern Recognition Applications«, Springer, Berlin, Heidelberg, New York 1976; K. S. Fu, in: Springer Series in Synergetics, Springer, Berlin 1979, Bd. 5, S. 176 l.c., T. Kohonen: Associative Memory – A System – Theoretical Approach, Springer, Berlin, Heidelberg, New York 1978, sowie in Springer Series in Synergetics, Springer, Berlin 1979, Bd. 5, S. 199 l.c.
Können Computer launisch sein? Siehe J. Weizenbaum: »Computer Power and Human Reason«, W. H. Freeman & Co., San Francisco 1976.

16. Die Dynamik wissenschaftlicher Erkenntnis oder der Kampf der Wissenschaftler

Thomas S. Kuhn: »The Structure of Scientific Revolution«, University of Chicago Press, Chicago 1970.
R. K. Merton: »The Sociology of Science«, The University of Chicago Press, Chicago 1973.
Harriett Zuckerman: »Scientific Elite«, The Free Press, Macmillan Publishing Co. Inc., New York 1977.
René Thom: »Stabilité Structurelle et Morphogénèse«, Benjamin, New York 1972.
Tim Poston, Jan Stewart: »Catastrophe Theory and its Applications«, Pitman Publishing Limited, London 1978.
E. C. Zeeman: »Catastrophe Theory. Selected Papers«, Addison-Wesley, Reading, Mass. 1977.
G. B. Kolata: Science 196, 287, 350–351 (1977).

H. J. Sussmann und R. S. Zahler: Synthese *37*, 117–216 (1978), H. J. Sussmann und R. S. Zahler: Behavioral Science *23*, 383–389 (1978).
P. Glansdorff, I. Prigogine:»Thermodynamic Theory of Structure, Stability and Fluctuations«, Wiley, New York 1971.
G. Nicolis und I. Prigogine:»Self-Organization in Nonequilibrium Systems«, Wiley Interscience, New York 1977.
R. Landauer: Phys. Rev. *A12,* 636 (1975).
Ronald Forrest Fox: Proc. Natl. Acad. Sci, USA, 77, No 7, 3763 (1980).

17. Rückblick

Zur Zukunft des Weltalls siehe z. B.: F. J. Dyson: Rev. Mod. Phys. *51,* 447 (1979), s. a. R. Breuer:»Vom Ende der Welt«, Bild der Wissenschaft, Stuttgart 1981, Heft 1, 18. Jahrgang, S. 46.
Kurt Gödel:»Über formal unentscheidbare Sätze der Prinzipia Mathematica und verwandter Systeme«, I., Monatshefte für Mathematik und Physik, 38, 173–198 (1931); vgl. auch Douglas R. Hofstadter:»Gödel, Escher, Bach, an Eternal Golden Braid«, The Harvester Press Ltd., Hassocks 1979.

Bildernachweis

1.1 Galaxie M81, aus H. C. Arp:»The Evolution of Galaxies«, Readings from Scientific American:»New Frontiers in Astronomy«, Freeman and Co, San Francisco 1975
1.3 Naturwissenschaftl. Rundschau, 10, 1979
1.4 »Zeichnen«, aus M. C. Escher:»Graphik und Zeichnungen«, Heinz Moos Verlag, München 1975
2.3 »Ordnung und Chaos«, aus M. C. Escher:»Graphik und Zeichnungen«, Heinz Moos Verlag, München 1975
3.1 Aus G. Adam, P. Läuger, G. Stark:»Physikalische Chemie und Biophysik«, Springer, Berlin 1977, nach L. Pauling:»The Nature of the Chemical Bond«, Cornell Univ. Press, 1960
3.3 Aus Gerthsen, Kneser, Vogel:»Physik«, Springer, Berlin 1977
3.6 Aus C. Kittel:»Introduction to Solid State Physics«, Wiley, New York 1956
4.4 Aus H. Haken:»Die Synergetik. Ordnung aus dem Chaos«, Bild der Wissenschaft/ Keidel
4.19 Aus M. G. Velarde, C. Normand:»Convection«, Sci. Am. July 1980
4.21 Aus U. George:»Geburt eines Ozeans«, Geo 7, Juli 1978, Gruner + Jahr, Hamburg 1978
4.22 Aus H. Haken:»Die Synergetik. Ordnung aus dem Chaos«, Bild der Wissenschaft
4.23 Aus J. A. Whitehead jr.:»A Survey of Hydrodynamic Instabilities«, in:»Fluctuations, Instabilities and Phase Transitions«, ed. T. Riste, Plenum Press, New York 1975
4.24 Aus»Pattern Formation and Pattern Recognition«, ed. H. Haken, Springer, Berlin 1979, nach F. H. Busse, J. A. Whitehead; J. Fluid Mech. *47,* 305 (1971)
4.25 Aus H. L. Swinney, P. R. Fenstermacher, J. P. Gollub:»Transition to Turbulence in a Fluid Flow«, in»Synergetics. A Workshop«, ed. H. Haken, Springer, Berlin 1977
4.26 Aus R. P. Feynman, R. B. Leighton, M. Sands:»The Feynman Lectures of Physics II«, Addison Wesley, 1965

6.5 Aus M. L. Smoes: »Chemical Waves in the oscillatory Zhabotinskii System. A Transition from temporal to spatio-temporal Organization«, in »Dynamics of Synergetic Systems«, ed. H. Haken, Springer, Berlin 1980

8.3 Aus D. A. McLulich: »Fluctuations in the Numbers of varying Hare«, Univ. of Toronto Press, Toronto 1973

8.4 Aus R. M. May: »Model Ecosystems«, Princeton Univ. Press, Princeton 1974

9.1 a) Aus M. W. Nirenberg: »The Genetic Code II«, b) Aus V. Yanofsky: »Gene Structure and Protein Structure«, in Readings from Scientific American: »The Molecular Basis of Life«, Freeman and Co, San Francisco 1968

9.4 Aus J. C. Fiddes: »The Nucleotide Sequence of Viral DNA«, Sci. Am. December 1977, 54 (1977)

9.5 Aus F. Vester: »Das Kybernetische Zeitalter«, S. Fischer Verlag, Frankfurt a. M. 1974

9.6 Aus J. T. Bonner: »Differentiation in Social Amoebae«, Readings from Scientific American: »From Cell to Organism«, Freeman and Co, San Francisco 1967

9.7 Aus G. Gerisch, B. Hess; Proc. nat. Acad. Sci. (Wash.), 71, 2118 (1974)

9.13 Aus H. Meinhardt: »The Spatial Control of Cell Differentiation by Autocatalysis and Lateral Inhibition«, in »Synergetics. A Workshop«, ed. H. Haken, Springer Berlin 1977

10.3 »Kreislimit IV« aus M. C. Escher: »Graphik und Zeichnungen«, Heinz Moos Verlag, München 1975

10.4 Aus G. C. Davison/J. M. Neale: »Klinische Psychologie«, Urban & Schwarzenberg, München-Wien-Baltimore 1979.

11.1 Film- und Bildarchiv Werner-Büdeler, 8153 Thalham/Obb.

11.3 Aus H. Haken: »Synergetics. An Introduction«, Springer, Berlin 1978

11.4 Aus Physics Today, January 1978

12.6 Aus G. Mensch, K. Kaasch, A. Kleinknecht, R. Schnopp: »Innovation Trends, and Switching Between Full- and Under-Employment Equilibria 1950–1978«, IIM/dp 80-5, discussion paper series, International Institute of Management, Wissenschaftszentrum Berlin, Berlin 1980

14.1, 14.2 Aus T. H. Bullock, R. Orkand, A. Grinell: »Introduction to Nervous Systems«, Freeman and Co, San Francisco 1977

14.2 Aus D. H. Hubel: »The Brain«, Sci. Am. September 1979, 39 (1979)

14.4 Aus N. A. Lassen, D. H. Ingvar, E. Skinhøj: »Brain Function and Blood Flow«, Sci. Am. October 1978

14.6 Aus A. Babloyantz: »Self-Organization Phenomena in Multiple Unit Systems«, in »Dynamics of Synergetic Systems«, ed. H. Haken, Springer, Berlin 1980

15.2 Aus K. S. Fu: »Syntactic Methods in Pattern Recognition«, Academic Press, New York 1974

15.7 Aus T. Kohonen: »Representation and Processing of Associations using Vector Space Operations«, in »Pattern Formation and Pattern Recognition«, ed. H. Haken, Springer, Berlin 1979

15.8 Aus L. R. Rabiner, R. W. Schafer: »Digital Processing of Speech Signals«, Prentice-Hall Inc., Englewood Cliffs, New Jersey © 1978 Bell Labs Inc.

15.9 Aus G. Hoffmann: »Brunnen und Wasserspiele«, J. Hoffmann Verlag, Stuttgart 1980

15.16 Aus G. Adam, P. Läuger, G. Stark: »Physikalische Chemie und Biophysik«, Springer, Berlin 1977, nach Singer, Nicolson; Science 1975, 720 (1972)

16.1 Aus K. Appel, W. Haken: »Der Beweis des Vierfarbensatzes«, Spektrum der Wissenschaft, Erstedition

Ergänzungen zu den Literaturhinweisen

1. Vorwort, Einleitung und Übersicht

Eine weiterführende mathematische Grundlegung der Synergetik findet sich in der Monographie H. Haken:»Advanced Synergetics. Instability Hierarchies of Self-Organizing Systems and Devices«, Springer, Berlin 1983. Im Zusammenhang mit der Synergetik verdient der von v. Bertalanffi eingeführte Begriff des Fließgewichts Beachtung (s. z. B.: L. v. Bertalanffi:»Biophysik des Fließgleichgewichts«, Vieweg, Braunschweig 1953). Während v. Bertalanffi die Existenz des Fließgleichgewichts in biologischen Systemen voraussetzt, befaßt sich die Synergetik u. a. damit, wie Fließgleichgewichte entstehen und ineinander übergehen können.

4. Flüssigkeitsmuster, Wolkenbilder und geologische Formationen

Bezüglich der Bildung geordneter und chaotischer Flüssigkeitsmuster auf Kugeln (Planeten-Atmosphären!) siehe insbesondere R. Friedrich und H. Haken in»Complex Systems – Operational Approaches«, hrsg. von H. Haken, Springer, Berlin 1985.

5. Es werde Licht – Laserlicht

Experimente zum Laserlicht-Chaos, s. z. B.: C. O. Weiss, A. Godone und A. Olafsson, Phys. Rev. H 28, 892, 1983. Inzwischen ist die Literatur sehr umfangreich geworden.

6. Chemische Muster

Überblicke über neue Entwicklungen geben die Konferenzberichte: C. Vidal and A. Pacault:»Nonequilibrium Dynamics in Chemical Systems«, Springer, Berlin 1984 und V. I. Krinsky:»Self-Organization«, Springer, Berlin 1984.